良田工程建设研究

郑文聚　主编

海洋出版社

2014年·北京

图书在版编目（CIP）数据

良田工程建设研究/郧文聚主编．—北京：海洋出版社，2014.4
ISBN 978－7－5027－8854－4

Ⅰ.①良…　Ⅱ.①郧…　Ⅲ.①农田基本建设－研究－中国　Ⅳ.①S28

中国版本图书馆 CIP 数据核字（2014）第 062812 号

责任编辑：苏　勤
责任印制：赵麟苏
海洋出版社　**出版发行**

http：//www. oceanpress. com. cn
北京市海淀区大慧寺路 8 号　邮编：100081
北京旺都印务有限公司印刷　　新华书店发行所经销
2014 年 4 月第 1 版　2014 年 4 月北京第 1 次印刷
开本：797mm×1092mm　1/16　印张：14.5
字数：322 千字　定价：80.00 元
发行部：62132549　邮购部：68038093　总编室：62114335

《良田工程建设研究》编委会

要推进农业现代化，中国农业必须立足已有的良好基础，坚持把科技创新作为农业可持续发展的根本出路，要造良田、推良种、用良法

国土资源部农用地质量与监控重点实验室主任郧文聚研究员作关于“对坚守耕地红线的再认识”的主题发言

国土资源部农用地质量与监控重点实验室张凤荣教授作关于“大都市区土地整治与农田水肥管理模式探讨”的主题发言

国土资源部农用地质量与监控重点实验室朱德海教授作关于“农用地质量基础数据管理、更新与应用信息化建设”的主题发言

国土资源部农用地质量与监控重点实验室杨晓光教授作关于“气候变化对我国种植制度界限和作物产量潜力的影响”的主题发言

国土资源部农用地质量与监控重点实验室朱道林教授作关于“中国农村发展与农村土地制度改革”的主题发言

万物土中生，有地斯有粮。

土地是中华民族生存与发展的物质基础。耕地是实现国家粮食安全的根本保障。良田是建设"新四化"的先导，是良种、良法、良制发挥作用的平台。

祝 贺

中国致公党中央委员会
2013 年度中国发展论坛
成功举办

要切实加强土地科技基础研究、技术集成、制度创新和工程示范，充分发挥土地科学与工程的支撑和引领作用。

杨邦杰

2013/11/4 于南京钟山宾馆

序　言

改革开放30多年来，中国工业化城镇化快速推进，经济总量持续保持快速增长态势，但也面临经济结构不合理、城乡收入差距拉大、资源浪费与环境遭到破坏等问题，发展中潜伏着危机。"打造中国经济升级版"成为保持经济持续平稳较快发展的必然选择。如何打造中国经济升级版？城镇化是重要的工作着力点。中国的经济发展与农业现代化，城镇化是必由之路，党中央、国务院高度重视城镇化工作，十八大报告提出了新型城镇化质量的战略目标，明确了促进工业化、信息化、城镇化、农业现代化的同步发展的总体要求。

过去30多年发展中，土地成为经济发展的核心要素。我国独特的土地使用制度，尤其是宽口径供应的建设用地、低成本利用的工业用地以及土地财政和土地金融滋长等产生的"土地红利"，为我国城镇化快速发展提供了持久动力，取得了显著成效。自2000年以来，我国城镇化率年均提高1.36%，2012年城镇化率达到52.57%。但是，随着工业化、城镇化和农业现代化的同步推进，我国用地供求矛盾愈加突出，有限的土地资源，面临多种用途的竞争，粮食生产任务更加艰巨，耕地保护形势日益严峻。2003—2012年间，全国国有建设用地供应总量从28.64×10^4 hm^2增加到69.04×10^4 hm^2，年均增长10.27%。大量优质耕地被占，而补充的耕地往往是光温水资源配置较差的低质量耕地。建设占用耕地虽然在数量上得到补充，甚至略有盈余，但质量普遍偏低并导致全部耕地质量总体上存在降低趋势，严重威胁国家粮食安全。中国30多年的高速发展，改变了千年的农业生产格局。传统的优质粮食产区，如"长三角"、"珠三角"、湖广、天府之国的四川平原良田大量减少，改变了数千年粮食靠南方的局面。中国的粮食生产要靠北方。适合种粮的地方要建城修路，不适合种粮的地方必须种粮。中国的能源依赖国际市场，如果粮食与农产品也要依赖国际供给，对中国这样的大国，是不现实的。在此背景下，推进良田建设、提升耕地质量，成为确保国家粮食安全和推动发展方式转型的必然要求，也是打造中国经济升级版、推进新型城镇化的必由之路。

当前，中国农业正处于推进现代农业发展的关键转型期。规模化种植、标准化生产、农机化作业、精细化管理和科技普及应用是现代农业的重要标志。在耕地数量基本稳定的前提下，着力提高耕地质量、全面提升耕地持续增产能力成为保障国家粮食安全的根本途径。目前我国农业经营方式较为粗放，粮食生产仍以传统小户分散经营为主，不合理利用资源现象较为严重，利用效率总体低下。农业基础设施较为薄弱，因而加快改变农田基础薄弱的现状、提升耕地综合产能成为当务之急。据测算，高产田可在稳定现有粮食产量水平基础上增产5%～10%，中产田增产

15%～25%，低产田增产25%以上。实践证明，没有良田建设，就没有现代农业发展。推进良田建设已成为经济升级和城镇化过程中确保粮食安全、实现农业现代化、建设生态文明、促进农民增收的必然要求，也是加快农业先进科技和现代装备普及应用，促进农业发展方式转变，着力提高土地产出率、资源利用率和劳动生产率，稳步提升农业综合生产能力的重大举措。

良田建设意义重大，国家有关部门也已做了科学合理的规划部署。我们必须认识到，良田建设是全社会和各部门的共同责任，需要高层高度关注、基层做好统筹、群众有效参与，需要不断加强体制机制创新。一是不断完善体制机制。按照国家监管、省级负总责的要求，建立起职责明确、各有侧重、上下联动、监管和实施有力的新型管理体制和机制。二是加大资金整合力度。按照“渠道不变、管理不乱、统筹安排、各计成效”的原则，聚合相关涉地涉农资金，集中投入土地整治特别是良田建设，充分发挥资金集中使用的综合效益。三是加强高效利用和科学管护。按照“高标准建设、高标准管护、高标准利用”要求，积极探索管护工作模式，落实建后管护补助资金，组织开展后续地力培肥和农业产业发展工作，切实发挥良田在农业现代化发展中的基础平台作用。四是大力推进公众参与。坚持走“群众自愿、群众参与、群众受益”的群众路线，切实维护项目区域农民土地合法权益，把良田建设办成真正的“惠民工程”和“民心工程”。五是统筹考虑土地整治、增产增收和土地流转问题。着眼保障国家粮食安全和推动农村深化改革等经济社会发展战略，从增加耕地数量、提高耕地质量、提升耕地产能出发，大力推进土地平整工程、着力配套农田基础设施，切实做好土地权属调整，让良田在农业现代化发展中发挥更大作用。

致公党中央副主席 杨邦杰

2013年10月28日

目 录

第一章　良田工程的科技基础

第一节　对坚守耕地红线的再认识

摘　要： 本节分析了耕地红线提出的背景；阐述了耕地红线内涵的四大变化，即从保基本农田到保耕地总量的转变、从数量保护到数质并重保护再到多功能保护的转变、从单纯保护到建设促保护再到建管用并重的转变、从重耕地产能到重生态安全的转变；从科技支撑和法制建设的角度提出了新形势下坚守耕地红线的重要支撑性工作。

耕地资源是人类生存和发展的物质基础。我国人口多、耕地少，耕地后备资源不足，保持一定数量的耕地对维护国家粮食安全和社会稳定具有重大战略意义。耕地红线的提出至今已有很多年，随着社会经济的快速发展及土地管理与改革工作的不断深化，耕地红线的内涵也发生了深刻变化，有必要进行再认识，这对新形势下做好耕地保护与管理工作至关重要。

一、耕地红线的提出

新中国成立后，耕地总量基本上呈直线递减趋势。1986 年国家土地管理局成立，《土地管理法》颁布实施，耕地递减势头得到有效控制。但到 20 世纪 90 年代初期，随着开发区热和房地产热的兴起，耕地面积又开始大量减少。1994 年，国务院颁布了《基本农田保护条例》，对基本农田即所谓的“饭碗田”、“保命田”实行严格保护。1999 年，《1997—2010 年全国土地利用总体规划纲要》经国务院批准正式实施，在全国范围划定了基本农田保护区，基本农田面积为 16. 28 亿亩，这是当时号称保障国家粮食安全的“不可逾越的红线”。

但随后的近 10 年中，耕地总量仍在大幅减少，严峻的耕地资源形势引起了党中央、国务院的高度重视，一致认为必须从总量上控制。2006 年 3 月，全国人大十届四次会议上通过的《国民经济和社会发展第十一个 5 年规划纲要》明确提出，18 亿亩耕地是未来 5 年一个具有法律效力的约束性指标，是不可逾越的一道“红线”，在全国范围面向全社会首次明确提出了确保“18 亿亩耕地红线”的硬指标，并纳入

本节由程锋，王洪波，郧文聚编写。

作者简介：程锋，博士，研究员，从事土地评价、农用地分等定级与估价领域的研究；王洪波，博士后，研究员；郧文聚，博士，博士生导师，研究员。

了经济社会发展的目标。

然而，有人以为这只是个号召性的口号而已，没想到是来真的了。2006 年 9 月 6 日，在国务院召开的第 149 次常务会议上，国土资源部上报的《全国土地利用总体规划纲要（2006—2020 年）》没有获得通过，核心问题是 18 亿亩耕地的保有量被突破了。会议作出了暂缓批准《纲要》的决定，并且强调，18 亿亩耕地的底线坚决不能突破，不仅要管到 2010 年，而且要管到 2020 年甚至更长时间。2007 年 3 月，时任国务院总理的温家宝在十届全国人大五次会议上再次强调："在土地问题上，我们绝不能犯不可改正的历史性错误，遗祸子孙后代。一定要守住全国耕地不少于 18 亿亩这条红线。"从此，坚守 18 亿亩耕地红线成为国土资源管理部门的一项硬任务，也成为全社会高度关注的焦点。

二、对耕地红线内涵的再认识

从最初意义上耕地红线的提出至今已有 10 多年，这 10 多年来，始终把强化数量管控放在首位，通过规划和计划的指标控制、耕地占补平衡、土地开发整理复垦等一系列手段和措施的实施，使耕地总量基本维持稳定。但随着工业化、城市化进程的进一步加快，仅靠单纯保数量已不能完全满足社会经济发展的需求，加强耕地质量建设和生态安全建设已成为当前和今后一个时期耕地保护的重要内容。所以，耕地红线在不同时期有着不同的内涵，正在从单一目标向着多目标、综合性保护方向转变。

（一）从保基本农田到保耕地总量的转变

基本农田是耕地中的精华，承担了我国粮食生产的主要任务。1987 年提出"基本农田"的概念；1988 年设立全国第一块基本农田保护区；1994 年国务院发布《基本农田保护条例》；1995 年全国开展了基本农田划定工作。基本农田一经划定，任何单位和个人不得改变或者占用。所以，在当时，基本农田就是高压线，谁也碰不得。

但在随后的几年中，耕地总量减少的幅度越来越大，人均耕地面积下降到了历史最低点，耕地保护形势十分严峻。严格保护基本农田固然重要，但如果耕地总量上得不到保证，国家粮食安全仍然无从谈起。于是，保 18 亿亩耕地红线的呼声越来越强烈。因此，从保耕地中的精华到保全部的耕地是日益严峻的耕地形势所决定的，也是国家从保障粮食安全和社会稳定的战略高度做出的英明决策。

基本农田保护既有数量的概念，还有空间的概念，保证国家粮食安全在很大程度上主要还是依赖于基本农田的保护与建设。因此，保 18 亿亩耕地的重点仍然是要首先保护好 15.6 亿亩基本农田。

（二）从数量保护到数质并重保护再到多功能保护的转变

耕地红线内的 18 亿亩耕地条件差异非常大，约有 10 亿亩是旱地，只有约 8 亿亩是水浇地；25°以上的坡地近 1 亿亩，15°以上的坡地有 3 亿亩；有一年三熟的优质高产高效农田，也有3年不下一滴雨的所谓基本农田；还有不少耕地是草帽田、天梯田。所以，看似保住了18亿亩耕地面积，但其中耕地的生产能力差异很大。

如果18亿亩耕地数量保持不变，但分布状态和质量状况由集中、连片、优质为主逐步向破碎、零星、劣质转变，那累积起来的效应将是令人吃惊的。因此，仅仅守住18亿亩的耕地数量是远远不够的，必须重视18亿亩耕地的质量，也就是要把18亿亩耕地生产能力的稳定提高问题摆到更加重要的位置上来，要特别重视耕地红线所圈定的18亿亩耕地的生产能力问题，坚守红线的关键是要提升生产能力的底线。

此外，耕地还承载着重要的生态保障功能，耕地可以说是生态安全的基础设施，人类生存离不开这个基础，它远比高速公路、铁路、机场重要得多；耕地还具有保护生物多样性的功能，是对耕地中未知未利用生物种质资源的保护，尤其是具有珍稀土壤资源的耕地，它是发挥传统文化功能和体现社会文化价值的基本载体。因此，坚守耕地红线既要保护和提高耕地的生产能力，还要加强耕地的生态环境建设，充分发挥耕地的生态保障功能。

（三）从单纯保护到建设促保护再到建管用并重的转变

过去耕地保护以数量管控为主，通过严格执行耕地占补平衡制度维持耕地总量平衡，通过划定基本农田稳住优质耕地面积。但随着经济的持续快速发展，保数量的压力日益增大，“以整治促建设、以建设促保护”的思路应运而生，近年来通过大力推进土地整治，有效实施土地整治重大工程、示范省建设和高标准基本农田建设等，耕地生产能力稳步提升。

“十一五”期间整治土地1.66亿亩，“十二五”开局年整治土地的规模达6 000万亩，建成了一大批旱涝保收高标准基本农田，在增加有效耕地面积的同时，提高了耕地质量，整治后的耕地生产能力普遍提高10%～20%。但与此同时，土地整治实际工作中也呈现出后期工程管护不力、权属调整不到位、地力培肥跟不上等诸多问题，造成整治后的耕地利用不充分，甚至出现撂荒现象等，造成人力、物力、财力投入的极大浪费。

因此，当前在强化土地整治的建设性作用的同时，更要通过深入的调查研究，制定切实可行的政策制度，落实好相关的监管措施，使耕地得到更加合理高效的利用，实现耕地保护从单纯保数量到以建设促保护再到建设、监管、利用并重的转变。

（四）从重耕地产能到重生态安全的转变

坚守耕地红线不仅是保护数量、质量问题，也要保证耕地的健康问题。耕地质量强调耕地的生产能力，耕地健康重在保证农产品的品质，只有健康的耕地和安全的生产、加工环节，才能生产出健康的食品，才能确保从地头到餐桌的安全。

我国经济发展付出了资源与环境代价。当前，有关耕地污染的案件报道很多，维护耕地健康的形势十分严峻，耕地污染有从发达区域到欠发达区域转移，从东向西转移，从南向北转移，从上游到下游扩大的趋势，而耕地污染的治理需要相当长的时间，有些污染甚至无法进行修复。因此，耕地污染问题已经引起了社会各界的高度重视。

我们的观点是，正确理解坚守耕地红线的内涵，必须保护耕地的健康。只有这样，才能保障耕地的健康生产能力，这个耕地生产能力才是中华民族赖以生存和发展的绿色家园。

三、坚守耕地红线的重要支撑

（一）加强耕地质量等级更新评价与监测

开展耕地质量等级评定是土地管理法赋予国土资源管理部门的重要职责，也是加强耕地质量建设与管理的重要基础性工作。1999 年，国土资源部通过实施国土资源大调查计划，在全国部署开展了农用地分等定级估价工作，历时 10 年，全面查清了我国耕地质量等级及其分布状况，其成果已在基本农田调整划定、耕地占补平衡考核、土地整治项目管理等领域发挥了重要作用，支撑了耕地管理由数量管理为主向数量质量并重管理的转变。

按照《关于提升耕地保护水平全面加强耕地质量建设与管理的通知》（国土资发〔2012〕108 号）和《耕地质量等别调查评价与监测工作方案》（国土资厅发〔2012〕60 号）的要求，今后要从加强组织领导、技术培训、制度完善、队伍建设、资金保障等方面下大力气，确保耕地质量等级定期全面评价、年度更新评价与年度监测评价各项任务的落实，及时掌握耕地质量等级动态变化，以更好地支撑耕地质量保护与监管工作。

（二）做好农村土地整治权属调整

实施土地整治，必然要涉及田块重整、村庄合并、权属重划和利益再分配等诸多关系土地产权人切身利益的问题，其中核心是权属调整问题。我们在对某省土地整治工作的调研中发现，有些地块在投入很多资金进行整治之后因权属问题没有解决好一直闲置，造成土地整治工程的效益难以发挥。所以，做好权属调整是农村土地整治的重要内容。

根据《国土资源部关于加强农村土地整治权属管理的通知》（国土资发〔2012〕99 号）的要求，农村土地整治项目涉及土地权属调整的，要按照依法依规、确权在先、自愿协商、公平公开、维护稳定的原则，切实做好整治前土地调查和确权登记工作，认真抓好土地权属调整方案的编制和报批工作，及时做好整治后的土地调查、确权登记和信息化建设工作，确保土地整治权属调整工作规范有序开展，以更好地发挥土地整治的效益。

（三）落实好土地整治公众参与

土地整治公众参与既是保护农民利益，调动农民积极性的需要，又是保证土地整治项目科学有力实施的关键。只有建立在公众参与基础上的土地整治才能正确反映项目区域的客观实际，才能根据项目区域的社会经济环境协调发展的要求做出合理的工程布局，才能确保土地整治工程取得实效。

经国务院批准的《全国土地整治规划（2011—2015年）》把公众参与提到了前所未有的新高度，明确提出“要始终把维护农民和农村集体经济组织的主体地位放在首位，按照以人为本、依法推进的要求，保障农民的知情权、参与权和受益权”；“要形成政府主导、国土搭台、部门联动、公众参与、共同推进的责任机制。”因此，要在土地整治规划编制、项目设计、项目实施、监督管理等各阶段落实好公众参与，确保土地整治实施效果。

（四）加强土地整治法制建设

土地整治作为当前耕地保护与建设的重要内容，在增加耕地有效面积、提升耕地生产能力方面发挥了越来越重要的作用，但如此重要的一项工作，目前还没有一部专门的法律法规，这在很大程度上制约和影响了其健康有序发展。

目前，部分省份已根据本省实际情况出台了土地整治方面的法律法规，包括条例、办法等，建议国家层面尽快制定出台《土地整治条例》，作为《土地管理法》的配套法规颁布实施，为土地整治持续健康发展奠定法制基础。

四、讨论

以上分析表明，坚守耕地红线，建设大规模旱涝保收高标准基本农田是保障国家粮食安全、促进社会经济可持续发展的必然要求和重要基础。当然，要建立现代农业生产体系、促进粮食增产增收，除建设好“良田”外，还必须充分发挥良种、良法、良态的重要作用，它们之间是相互影响和相互促进的。良田是基础，良种是核心，良法是手段，良态是保障，只有这些要素共同发挥作用，才能更好地促进农业现代化的实现，在更大程度上保障国家的粮食安全和社会经济的持续快速发展。

此外，还有一点值得讨论的是关于红线的拓展问题。耕地是农用地的重要组成部分，由于耕地承载着重要的粮食生产功能，所以对于耕地资源的保护与管理尤其受到重视，而对于园地、林地、草地等其他农用地的管理就没那么严格。但事实上，园地、林地、草地、湿地等在涵养水源、绿化环境、净化空气等方面发挥了重要的生态功能，特别是在当前大气污染、水源污染、耕地污染如此严重的形势下，加强园地、林地、草地、湿地的保护与管理显得格外重要。因此，在坚守耕地红线的基础上，应该拓展更多的红线，如草原红线、林地红线、水体红线、湿地红线、农村环境红线等等。

参考文献

［1］　汤小俊．18亿亩耕地底线能守住吗？中国土地，2007（2）：6－11．
［2］　傅超，郑娟尔，吴次芳．建国以来我国耕地数量变化的历史考察与启示．国土资源科技管

理，2007，24（6）：68－72.
[3] 杨邦杰，郧文聚．论坚守耕地红线的内涵．中国发展，2008，8（2）：1－4.
[4] 杨邦杰，郧文聚，程锋．论耕地质量与产能建设．中国发展，2012，12（1）：1－6.
[5] 孔祥斌，郧文聚．耕地健康是18亿亩“红线”应有之意．国土资源报，2364.
[6] 国务院．全国土地整治规划（2011—2015年）．2012.

第二节　大都市区土地整治与农田水肥管理模式探讨

摘　要：随着生活水平的提高，人们越来越重视生态环境。除生产功能之外的大都市区农田的生态服务和景观文化功能也日益凸显。为此，根据北京市水土资源短缺的自然禀赋和改善生态环境建设“宜居城市”的要求，本节构建了以中心城区为中心的，自中心向外围的城市美化农业区、景观绿化农业区、规模农业区和山区生态农业区四个区，以及景观廊道农业带和山前林果农业带两个带；并分别根据这四区两带的自然资源特点和区位条件，确定了它们的功能定位，提出了充分考虑城市生态环境和景观美化要求的土地整治模式。基于城市水资源质量保护的原则，根据地貌部位、水资源保护区划和区位等，划分了优化培肥区、培肥区和限制培肥区，并提出了相应的农田土壤肥力水平调控模式。论节还提出了实施土地整治与农田肥力调控的政策建议。

农业的多功能性已经得到越来越多的共识[1-3]。更有人提出将耕地和基本农田纳入大都市空间规划，作为绿色空间和阻击城市“摊大饼”式的无序蔓延[4]。迫于耕地保护的压力，像北京这样的大都市，在《北京城市总体规划（2004—2020）》和《北京市土地利用总体规划大纲（2006—2020）》中也不得不将耕地，乃至基本农田纳入绿色空间。《全国土地利用总体规划纲要（2006—2020）》也提出实行城市组团间农田与绿色隔离带有机结合，发挥耕地的生产、生态功能。张凤荣等认为，在北京，都市型现代农业不仅仅意味着通过观光、休闲、采摘等来提高农民收入；更重要的是，都市农业必须是生态型的、环境友好型的，为市民营造优美的令人心旷神怡的田园景观的农业；并据此思想，以北京市为例构建了一个以中心城区为中心的“四圈农业”模式[5]。而要实现都市农业的生产、生态和景观的多种功能，必须构筑一个与此相适应的功能发挥平台——农田；同时，也必须有相应的农田肥力调控措施。因此，本文将循着大都市农业功能定位和农业生产布局[5]的思想脉络，

本节由张凤荣，关小克，徐艳，王胜涛，郭力娜编写。
作者简介：张凤荣（1957—），男，河北沧州人，教授，博士生导师，主要研究方向为土地资源调查、评价和利用规划。

还是以北京市为例，构建都市区的土地整治模式与农田肥力调控模式。

一、大都市区进行土地整治与农田肥力调控区划的必要性

（一）开展土地整治的必要性

随着北京市社会经济的发展，各项建设不断吞噬农业发展空间，农田面积一直在不断萎缩。不仅是农田面积在减少，而且在城市要素向郊区渗透的过程中，用地布局混乱，农田切割破碎凌乱，景观丑陋，农田土壤污染加剧、水环境恶化等问题也日趋严重。实施土地整治，整治闲散工矿用地，将企业向园区集中，农民居住向小城镇和中心村集中，使支离破碎的农田集中连片，不但可以加大农业经营规模，推进优势农产品规模化基地的建立，而且也可以在城市等建设用地周围形成宽阔开敞的绿色农田景观。通过土地整治，提高农田的肥力质量和环境质量，不但可以提高农产品的量与质，也可以改善农田的生态服务能力和城市环境质量。通过土地整治，才能全面提升农业综合生产能力，加快发展都市型现代农业，实现农民增收，改善农民生活水平，逐步缩小城乡差距。

（二）进行农田肥力调控区划的必要性

化肥农业摆脱了自然肥力的限制，使作物产量达到空前的高产。没有化肥，就没有今天的高产农业，也不可能支撑世界60多亿人口的生活。但是，大量施用化肥也带来了环境问题。目前由施肥不当或过量施肥带来的环境污染问题越来越突出，其中农田氮、磷流失引起的水体富营养化问题已受到科学家的普遍关注[6,7]。如果单纯从农业生产的角度看，富营养的水是很好的灌溉水源；但对于水环境，特别是对饮用水来说，水体富营养化就是环境污染。都市区人口密集，对于饮用水，乃至环境水的要求都很高；保证水体环境安全十分重要。因此，高肥力可能不再是都市区农田土壤的主要指标，保证水环境安全的适度的土壤养分水平可能更重要。

二、农业功能分区及其土地整治模式

根据北京农业的功能定位和北京市有关规划对农业的要求，结合北京市城市构造形态和土地利用现状（2004年北京市土地利用现状变更调查数据，下文如不另加说明，土地利用类型数据均出于此），从发挥农业的多功能性，为建设“宜居城市”服务出发，规划布局了从中心城区向外的四个功能农业区和两个功能农业带，如图1－1所示。

四个功能农业区主要是根据《基于宜居城市建设的北京市农业产业空间布局》的研究成果[5]。考虑到山前台地地带处于山区和平原的交界地带，属于重要的生态交错带，具有明显的景观生态学上的边缘效应，而且已经形成了以果树为主的农林符合系统，故单独划分出山前林果农业带。考虑到重要交通干线沿线的景观建设，特别是永定河与潮白河两大水系的重要生态廊道作用，结合北京市发展都市走廊农业观光带的规划，划分出景观廊道农业带（由于制图比例尺限制，高速公路景观廊

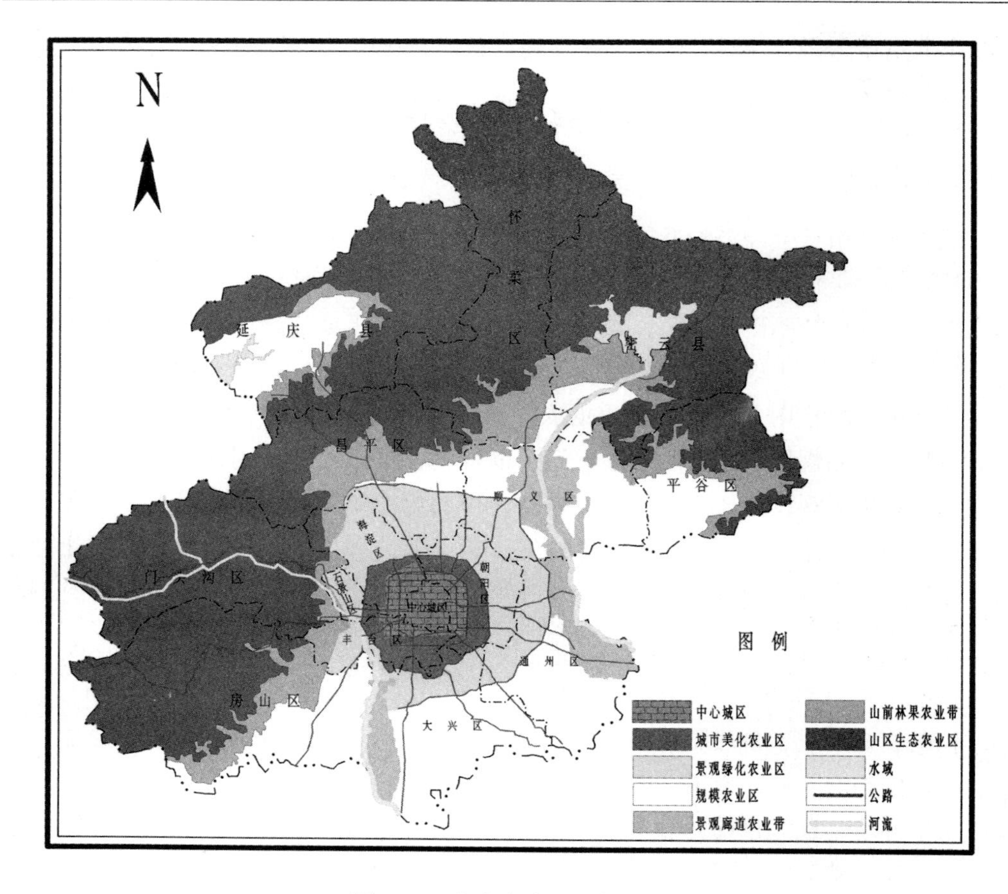

图 1－1　北京市农田功能分区

道带在图上显示不出来，只显示出了永定河与潮白河两大水系两侧的水域生态廊道）。

（一）城市美化农业区及其土地整治模式

1. 区域范围及景观特征

由东城、西城、宣武、崇文、石景山 5 中心城区和朝阳、海淀、丰台 3 个近郊区的紧邻中心城区的部分组成，基本范围在五环路之内。该区域总面积约 670 km^2，其中，现状耕地约 24 km^2，园地约 11 km^2，林地约 41 km^2，其他农业用地约 21 km^2，建设用地约 585 km^2。该区属于中心城市区域，绝大部分土地为建筑物和道路、广场等建设用地以及部分城市园林绿化用地；农用地很少，而且零星散布于建设用地、城市园林绿化用地之中。农地主要种植蔬菜（包括部分温室大棚）、果树、苗圃、花卉等。

2. 农业功能与土地整治模式

这里处于城市中心区，农田四周被各种建筑物围绕。因此，保留星点农田主要目的是在“城市大饼”中留下部分“绿眼”，其主要功能是美化和绿化，而不是农产品生产；这里的农田因为水土气环境不好，不宜种植食源性作物；温室大棚由于其白色的构筑物而非开敞绿地，没有起到农田的绿色空间作用，并不适于本区。由于该区农田最容易受到城市建设用地蚕食，要将其划入基本农田保护区，同时也划为城市绿化用地，利用《基本农田保护条例》和《森林保护法》双重盾牌，保护这些建筑物基质中的“绿眼”。

该区的土地整治模式是：逐步消除明沟、明渠；采取喷灌、滴灌、暗管排水等灌溉排水系统；道路要硬化，以方便生产和市民游览；农田周边应该以具有美化功能的低矮灌木绿篱围拢，而不是乔木，以便观赏绿色空间。同时要加强农田清洁整治工作，唤起民众的保护热情。

（二）景观绿化农业区及其土地整治模式

1. 区域范围及景观特征

以位于五环路之外六环路以内的近郊区为主体，基本与北京市第二道绿化隔离带重合。该区域总面积约 1 532 km^2，其中，现状耕地约 307 km^2，园地约 84 km^2，林地约 235 km^2、其他农业用地约 152 km^2、建设用地约 758 km^2。该区属于城乡交错区，农用地与城市建筑用地比例相当，城市建设用地、绿化林地和农地犬牙交错，但被道路和建筑群切割得十分破碎。目前农地以种植蔬菜、花卉、苗圃、牧草和栽植果树为主。

2. 农业功能与土地整治模式

这里的农用地是城市绿地系统的重要组成部分，承担着重要的降温、消纳有害物质和“绿色养眼”的功能，与城市环境质量休戚相关。因此，其生产功能也不是主要的；主要功能是城市景观绿化与生态服务功能。因此，应该清退该区域的塑料大棚、日光温室等农业用地，减少白色光污染和地表封闭，增加土壤渗透性，逐步压缩高水、高肥、多农药和劳力投入的瓜、菜种植业。基于营造宜人生态环境、协调城乡景观、保障农产品安全和保持农业产业持续性发展等需要，发展有观赏、休闲、科普价值和更高生态服务价值的果园、大田作物、花卉、种苗等的种植。大田作物中，冬小麦虽然属于耗水的粮食作物，但具有防止冬春农田裸露扬沙的作用和绿色景观价值，应保留一定面积。

为防止城市建设进一步“摊大饼”，应将部分农用地划入基本农田保护区，实现中心城市与各新城和卫星城镇之间的绿色空间分割。积极营城市绿色景观，在城市组团或住宅小区周围形成田园风光。

该区土地整治的模式是：通过田、水、路、林、村的综合整治，减少耕地的破碎化程度，以改善和建设田园景观为土地整治方向。农田基本建设在灌排系统上，要考虑节水农业和景观美化需要，尽可能考虑管道灌溉和暗管排水以及雨水和再生水的利用。道路也必须硬化。道路林网和农田防护林的建设充分与当地城市景观相结合，不宜宽带高大乔木，尤其要在道路两侧的林带中留下“天窗”，给人“别有洞天”的田园景观。加大对污染土地的整治，措施上可以考虑工程措施清除污染表土，也可以种植规避污染元素的作物或采取适当的耕作方式。

（三）规模农业区及其土地整治模式

1. 区域范围及景观特征

位于六环路以外的远郊平原和延庆盆地区。该区域总面积约 3 544 km^2，其中，现状耕地约 1 338 km^2，园地约 220 km^2，林地约 307 km^2，其他农业用地约356 km^2，建设用地约 1 119 km^2。该区地势平坦，农用地占据主导地位，成为景观基质，而且集中连片；建设用地退居次要，成为镶嵌于农用地基质中的斑块。《北京市土地利用总体规划（2006—2020）》划定的九大片基本农田保护区主要分布在这个区域。

2. 农业功能与土地整治模式

该区农用地面积大且集中连片，适合发展规模经营和农业产业化，承担着为北京提供安全优质农产品的任务。这里距离市区较远，土地利用覆被变化较为缓慢，水土气环境均良好，受城市环境保护的限制少，农业劳动力资源也丰富。这里的农业产业布局应以服从区域整体功能定位为前提，考虑农业发展基础、市场需求和农民种植习惯，大力发展规模化生态农业和现代设施农业，适当发展观光农业。

本区应通过田、水、路、林、村的综合整治，积极开展农田基础建设、改造中低产田；在进行耕地质量提高的同时，将区域内的废弃地、建设用地以及一些农村居民点进行统一整理复垦，促进优质农田的集中连片，为农业的产业化、规模化创造条件。同时，按照高标准农田的要求，将一些农田建设成高标准农田，大力发展精准农业、设施农业和现代生态农业；防止城市污染向农田的扩散；切实提高优质农田的粮食综合生产能力，使之成为满足农产品需求的高产稳产生产基地，以便为北京市提供大量及时、优质、鲜活、洁净、安全、精致的农产品。

该区土地整治的模式是：采取明沟、明渠与田间道路工程相配套，加大节水灌溉设施的建设力度，通过土地整治引导规模化种植。该区域部分农田应该开展污染治理工程，可以考虑表土清除或工厂化生产规避居地土壤污染。

（四）景观廊道农业带及其土地整治模式

1. 区域范围及景观特征

主要分布在包括永定河、潮白河沿岸一定范围内以及京开高速、京津唐高速、京承高速等主要交通干线两侧一定范围的耕地，以农田景观为主，涉及房山、大兴、密云、怀柔、顺义、通州等区县。区域面积为 511 km^2，水域面积为 181 km^2，其中，永定河水域面积为 54 km^2，潮白河水域为 127 km^2。区域耕地面积总量为 330. 11 km^2，占市域耕地总面积的 14%；以顺义、通州的耕地面积较多，分别为 87. 51 km^2（占分区耕地总面积的 26. 51%）和 82. 56 km^2（占分区耕地总面积的 25. 01%），其次是密云和大兴，面积分别为 58. 76 km^2（占分区耕地总面积的 17. 80%）和 42. 62 km^2（占分区耕地总面积的 12. 91%）。

2. 农业功能与土地整治模式

主要结合《北京市城市总体规划（2004—2020 年）》有关绿色系统规划的内容，将交通、水域等绿色廊道的建设与耕地的布置相结合，在“五河十路”沿线（岸）划定农林（果）复合耕地保护区，由交通干线与河道两侧的绿色耕地廊道连接城市与乡村、自然与人文。

土地整治的模式是：因地制宜，把景观建设与防风固沙相结合，搞好绿色廊道建设。将交通沿线的绿化建设与农田整治相结合，并统筹考虑水域生态走廊。通过滨河绿带、沟渠绿化建设，共同构筑沿河农林（果）生态走廊，为发展沿河生态旅游业奠定基础。在有条件的地方，要逐步恢复原生河道，营造绵延弯曲的平原河流景观。

（五）山前林果农业带及其土地整治模式

1. 区域范围及景观特征

山前林果带分布在山地与平原交接的部位，是地壳运动相对稳定或缓慢地上升区，并经过长期外力的强烈剥蚀作用形成的丘陵和台地区域，呈狭长形，主要分布在密云、怀柔、延庆、房山、昌平等区县山前地带，区域面积 691 km^2。这里是北京市山区重要的农业景观类型，是传统的果树种植带。

2. 农业功能与土地整治模式

这里农田的生产与生态功能都很重要。建立以山前果树种植区为主，包括果园、山前防护绿地等多种要素在内的复合生态带，构筑生态防护林带网络体系，使景观建设充分发挥山前独特的生态环境优势，将山前地带建设成为特色明显、优势突出的生态果粮生产基地。

该区基本没有地面水源可以利用，地下水埋藏深，由于地势高，地形有一定坡度，蓄纳水分的土层深厚，基本不存在洪涝问题。农田水利建设主要是打机井，配置低压管道灌溉系统。为防止水土流失，要进一步加强护坡工程、沟道工程的建设。在农田之中可建休闲亭、避雨亭，以方便农业采摘、农业休闲游客。

（六）山区生态农业区及其土地整治模式

1. 区域范围及景观特征

此区域位于北部、西部和西南部山区及半山区。区域总面积约 9 459 km^2，其中，现状耕地约 363 km^2，园地约 235 km^2，林地约 6 320 km^2，建设用地约 500 km^2，水域约 389 km^2，未利用地约 1 618 km^2。林地占土地总面积的 64%，成为景观基质。居民点等建设用地，耕地、园地都属于干扰斑块，散布于林地基质之中，通过稀少的道路廊道连通。

2. 农业功能与土地整治模式

该区域处于北京的上风上水地带，承担着北京市重要的水源保护和生态涵养的功能，是北京市的生态屏障，农业发展不可避免要受到区域功能定位的限制。该区地貌类型多样，山地、丘陵与河谷相间，历史遗迹、民俗文化、地热资源丰富，山水风景怡人。在满足水源保护和生态涵养要求的前提下，发挥区域特色自然资源和环境优势，对现有特色优势产业如果品、中药材和有机小杂粮等特色产品生产和畜禽水产养殖等进行合理布局。

该区的土地整治工作应以水源保护和生态维护为前提，以山区水土保持和田间工程建设为主，开展以土地平整和坡改梯田为中心的基本建设工程；逐步退陡坡耕地，因地制宜发展名优特果品生产基地和生态涵养林、水源涵养林，强化该区对北京市的生态保护功能。

三、大都市区农田土壤肥力调控区划

基于上面第一节关于大都市区农田土壤肥力调控的指导思想，结合第二节中的农业功能区划及其土地整治模式，提出了北京市不同区域的农田土壤肥力调控模式。

（一）优化培肥区

在上述的城市美化农业区和景观绿化农业区，种植业的功能主要是美化、绿化功能；作物以花卉、牧草地和大田作物为主。这个区域原本是菜地多，土壤肥力已经很高，根据 2007 年北京市土壤肥料工作站长期定位监测点数据分析，朝阳、海淀和丰台三个近郊区县的土壤肥力水平属全市中高等水平，其中高中肥力监测地块占近郊总监测面积的 88.2%；土壤有机质、全氮、碱解氮、有效磷和速效钾平均含量分别为 18.6 g/kg、1.08 g/kg、89.9 mg/kg、90.4 mg/kg 和 159 mg/kg，而且该地区年肥料氮素投入总量平均为 376 kg/hm^2，已超过欧盟为防止氮肥污染设定的年施氮量 225 kg/hm^2 的安全上限 67%，年氮素盈余保持较高水平，对该区域地下水的潜在风险性较高。因此，该地区属于优化培肥区，即根据水环境质量管理的要求和维持作物正常生长（不是高产生长）的基本需求，将土壤肥力，特别是氮磷养分控制在一个适度水平上，以既满足作物正常生长，又不至于造成养分过剩污染水资源（特别是地下水）为准则。根据一些长期定位试验如英国洛桑试验站著名的 Broadbalk 长期定位试验结果显示，土壤磷素淋失临界值为 Olsen－P 等于 60 mg/kg[8]，另据北京市海淀区测试的结果表明褐土土壤磷素淋失临界值 Olsen－P 为 50 mg/kg[9]。因此，建议该优化培肥区土壤有效磷含量应尽量维持在 60 mg/kg 以下，以降低土壤磷素管理的风险。按照北京市 9 种主要蔬菜作物中等偏上目标产量计算，保护地每季氮素投入平均应以 350 kg/hm^2 为宜，露地应以 220 kg/hm^2 为宜。对于粮食作物，在保持小麦－玉米两季产量 12 000 kg/hm^2 的水平下，肥料（化肥和有机肥）施氮总量不应超过 400 kg/hm^2。对于不同地块的不同种植方式，应根据相应的产量水平、作物的吸 N 量等进行推荐施肥，保持作物需肥供肥平衡即可，这样就可减少该区域土壤中 NO_3^-－N 的累积及淋失。

（二）培肥区

该区主要是远郊平原规模农业区，是北京市重要的农产品规模化生产保障基地，农田的功能以生产功能为主。因此，土壤管理以提高肥力、改造中低产田为主，兼顾部分上游砂质耕地的地下水源保护，实施平衡施肥；同时调整部分区域施肥结构，增加有机肥比重。根据2007年北京市土肥工作站长期定位监测点数据分析，该区域耕地土壤肥力属中等偏下水平，高肥力监测地块只占该区域总监测面积的14.2%。该区土壤有机质平均含量为15.1 g/kg，全氮和碱解氮平均含量分别为1.07 g/kg和87.6 mg/kg，有效磷和速效钾平均含量为51.4 mg/kg和124 mg/kg。按照肥料纯养分折算，该区域化肥与有机肥氮素投入比值在1.8~3.9之间，磷素投入比值在1.7~3.9之间，培肥管理上对化肥的依赖过度，而且长期以来有机肥投入较低，土壤有机质水平偏低，土壤紧实，储水保肥能力较低。因此，该区域培肥应以提升土壤有机质为重点，增加有机肥的投入比重，减少对化肥的过度依赖，提高土壤可持续生产能力和农产品品质水平。在培肥措施上，应根据土壤类型，特别是质地与土壤剖面构型，注意防止土壤养分渗漏，如沿永定河和潮白河的砂质农田应更加重视有机肥培肥，并采取保护性耕作、推广绿肥种植、秸秆还田等生物覆盖技术和节水灌溉等综合配套技术，不断提升地力水平。

山前林果农业带因为本底肥力水平低，而且地下水埋藏很深，养分不至于淋失到地下水，应该属于培肥区。虽然这个区域地形比较平坦，但也要搞好水土保持，避免养分的测流淋失。同时，应该以有机肥为主，提高果品品质。

（三）限制培肥区

该区域主要是北京市划定的水源保护区，基本上是山区生态农业区和远郊平原规模农业区内的北京市供水水源地和平原地下水源保护区，以及景观廊道带的沿河两侧的农田。该区还可以细分为严格限制培肥区和限制培肥区。严格限制培肥区主要位于密云水库周边和官厅水库周边的地表水源一级保护区、二级保护区和地下水源补给区。这里是北京市水源供给地；因此，在这个地区应该严格限制培肥，不仅要限制化肥的使用，即使是有机肥也要控制在低投入水平上。限制培肥区主要位于地表水源三级保护区和地下水源保护区。该区域农田土壤培肥应在控制养分水平不至于淋失的条件下，控制肥料投入总量和氮磷肥料使用，特别是化肥；避免大水漫灌。土壤培肥应以秸秆还田和保护性耕作等配套措施为主，适量施用有机肥，改善土壤保肥储水结构性能。

在山区推广等高带状种植，修筑石埂或土埂水平梯田，配套生物篱等田间工程，增强保土、保肥和保水能力，防止水土流失带来的污染水源风险。景观廊道带的沿河两侧的农田在山区地段以及山前平原上游区段应该也属于严格限制培肥区，下游河段两侧的农田属于限制培肥区。

四、实施土地整治与农田肥力调控的政策建议

从服务于建设宜居城市的目的来说，大都市区农田的功能主要是生态服务与景观文化功能。基于这个出发点，作者提出了在不同的区域，进行围绕着生态与景观建设的土地整治模式和以保护水环境为主要目的的土壤肥力调控模式。当然，要实现上述的农业功能、土地整治和农田土壤肥力调控目标，政府必须从规划上和政策上给予保障。为此，作者提出以下政策建议。

（一）结合土地利用总体规划，进行土地整治

《北京市土地利用总体规划大纲（2006—2020）》确定了耕地与基本农田的总体规模与宏观布局。在未来的县乡级土地利用总体规划编制过程中，农业部门在进行农业产业规划时一定要参考土地利用总体规划，在确定的耕地与基本农田保护区进行农业投资，避免“过程性浪费”。比如，在城市美化和景观绿化区，大棚菜地不仅与城市要求的开敞绿地不符，而且这两个区也与城市扩展区相重合，如果政府投资再资助农民盖大棚，不但造成“过程性浪费”，而且还提高了征地成本。

在确定的未来建设用地区，不再支持大棚建设。配合土地管理部门进行土地整治专项规划，通过新农村建设引导农民逐步转移的小城镇和中心村居住，拆除零散居民点和其他废弃或利用不高的工矿建筑及构筑物，复垦为农田，以扩大连片农田规模。农业部门要特别加强土地承包经营权流转管理和服务，建立健全土地承包经营权流转市场，按照依法自愿有偿原则，促进农民以转包、出租、互换、转让、股份合作等形式流转土地承包经营权，发展多种形式的适度规模经营。

（二）完善投资体制，加强资金保障

成立一个涉农部门的联席办公室，由政府主管领导主持工作，将农田基本建设与土地整治、新农村建设等工作紧密结合，共同协调土地整治资金，农业综合开发资金，水利建设资金，新农村建设资金等各项涉农资金，做好规划，整合各个部门涉农资金，提高各个项目的整体综合效益，实现 1 + 1 > 2 的效果。并进一步多层次多渠道筹集资金，积极引导企业、农民参与农田质量治理、改造和建设工作，创造利益共享机制与模式，发挥其最大合力作用。

（三）加强土地整治的组织、施工与日常管理工作

区县政府成立土地整治领导小组进行统一协调管理，负责项目论证、工程设计招标、施工、监理、验收等一系列工作。根据项目区工程建设及技术要求，抽调各局专业技术人员，组成工程指挥组和质量检验组，负责项目区技术施工。建立并强化包括各级政府、组织和群众在内的多层次监督、反馈的项目管理体系，严格监督项目工程建设，确保项目工程质量。

（四）建立基本农田保护基金

加大对耕地特别是基本农田保护的财政补贴力度，将耕地保有量和基本农田保

护面积作为确定一般性财政转移支付规模的依据，实行保护责任与财政补贴相挂钩，落实对农户保护耕地的直接补贴，充分调动农民保护耕地的积极性。

这里的农田保护不仅仅是传统意义的面积保护，而且包括质量保护（肥力质量与环境质量）。因此，一要在农田保护基金中设立专项用于农田基础设施维护维修的资金和配方施肥与有机肥施用补贴，用于日后管理；二要在农田保护基金中设立专项用于配方施肥与有机肥施用补贴，以保护农田的肥力质量与环境质量。北京人畜排放物的养分总量已经超出现有耕地的高产养分需求量（张凤荣等，2012），应该尽可能利用有机肥，利用作物生产消纳多余的养分，保护水体环境。

限制培肥区或优化培肥区，都可能因为土壤养分势降低从而造成作物减产和农民收入的下降，政府必须采取各种措施，弥补农民因此而引起的收入减少。

（五）建设农田监测与管理信息系统

充分利用 RS、GIS 等各种信息化手段和技术，建立全市农田资源与质量管理信息数据库。在业已完成的农用地分等定级工作的基础上，每年利用遥感技术，结合地面调查，监测和评估农田基础工程、肥力和环境质量与利用状况等，建立管理和决策服务平台，为长期可持续开展农田质量管理与建设提供科学数据支持和辅助决策。

参考文献

[1] 张燕丽．北京郊区都市农业功能的探讨．中国农村经济，1996，10：48－52.

[2] 方志权．论都市农业的基本特征、产生背景与功能．农业现代化研究，1999，20（5）：281－285.

[3] 高云峰．北京城市化进程中的农业多功能性问题．北京农业职业学院学报，2005，19（4）：3－7.

[4] 张凤荣，安萍莉，孔祥斌．北京市土地利用总体规划中的耕地和基本农田保护规划之我见．中国土地科学，2005，19（1）：10－16.

[5] 张凤荣，赵华甫，黄大全，等．基于宜居城市建设的北京市农业产业空间布局．资源科学，2008，30（2）：162－168.

[6] 张凤荣，郭力娜，关小克，等．基于养分平衡和环境保护的北京市城市结构探讨．土壤通报，2012，43（4）：769－773.

[7] 张维理，田哲旭，张宁，等．我国北方农用氮肥造成地下水硝酸盐污染的调查．植物营养与肥料学报，1995，1（2）：80－87.

[8] 金相灿，等．中国湖泊富营养化．北京：中国环境科学出版社，1992.

[9] BLAKE L，HESKETH N，FORTUNES，et a1. Development of an indicator for risk of phosphorus leaching. Environ. Qua1，2002，18：199－207.

第三节　农用地质量基础数据管理、更新与应用信息化建设

摘　要：农用地质量基础数据管理与应用的信息化建设不论对耕地质量的统计分析还是帮助制定相关决策都具有重大意义，但目前来看，该项工作仍处于起步阶段，对于今后如何发展和建设应具备宏观认识和把握，本节从国家需求和当前工作重点出发，提出信息化建设的目标，设计信息化建设方案，为今后农用地质量方面的信息化建设献计献策。

全国农用地分等定级估价是一项重要的国情、国力调查，是国土资源大调查土地领域的一个整装成果，填补了我国土地基础研究的空白，第一次全面摸清了我国农用地等级分布状况，第一次实现了全国等级的全面比较[1]。在农用地分等工作基础上，又相继开展了耕地分等成果完善、耕地质量等级年度变更、耕地质量监测等方面的重要工作，进一步增强了对我国耕地质量的掌握，经过多年的工作开展，全国形成了大量的有关农用地质量的数据，而对这些数据如何进行有效的组织管理，如何进行数据的有序、高效、高质量地更新、如何有效挖掘这些数据的价值和如何利用数据辅助相关部门管理与决策等问题是整个农用地质量分等工作必须面对和亟须解决的，信息化建设不断地推进升级才是解决以上问题的有效途径。

一、国家层面对于农用地质量数据信息化建设的需求

《土地管理法》明确规定：县级以上人民政府土地行政主管部门会同同级有关部门根据土地调查成果、规划土地用途和国家制定的统一标准，评定土地等级。因此，加强耕地质量管理是党中央、国务院的一贯要求，也是法律赋予国土资源管理部门的重要职责，同时还是实现土地资源数量、质量、权属、价格全要素管理的重要组成部分。《中华人民共和国国民经济和社会发展第十二个五年规划纲要》中提出，推进农业现代化，严格保护耕地，加快农村土地整理复垦，大规模建设旱涝保收高标准农田，并要求推进农业科技创新。由此可见，耕地质量分等工作不仅要做，还要结合目前技术水平，考虑未来发展趋势，不断将科学管理和技术方法融入该项工作中来，作为现代化农业和信息化农业的重要组成部分。

《国土资源部关于提升耕地保护水平全面加强耕地质量建设与管理的通知》[2]（国土资发〔2012〕108 号，以下简称 108 号文件）中规定：“持续加强监测评价，及时掌握耕地质量动态变化，及时开展评价，实现动态更新。结合监测成果，定期

本节由朱德海，陈彦清，荣辉编写。

作者简介：朱德海，教授，博士生导师，研究方向为“3S”技术及其在农业和国土资源管理中应用，多年来一直从事土地资源管理信息化的科研、教学和工程实践工作。

公布耕地质量等级状况。'十二五'期间建立健全全国监测网络体系"。《国土资源部办公厅关于印发〈耕地质量等别调查评价与监测工作方案〉的通知》[3]（国土资厅发〔2012〕60号，以下简称60号文件）中规定，开发耕地质量等别数据库管理系统等。108号文件与60号文件指明了今后耕地质量相关工作的方向，建立全国的监测网络体系以及研发相关业软件前提在于对耕地质量数据的组织、管理等要统一规范，这也直接关系到国土资源管理基础信息平台的构建。

从数据的保密角度来说，地理空间数据在使用时，必须遵从国家保密、安全的各项法律和规定，包括国家级保密安全法规，测绘部门与基础地理信息有关的各项法规，以及专业部门颁布的安全保密规定，国家方面法律法规如《中华人民共和国保守国家秘密法》[4]（1988年9月5日），《中华人民共和国保守国家秘密法实施办法》[5]（1990年5月25日）等，行业部门发布的法律法规，如《涉及国家秘密的信息系统分级保护管理办法》[6]（（国保发（2005）16号）国家保密局），《国家秘密保密期限的规定》[7]（1990年9月19日）等。农用地质量数据中的很多基础数据属于保密性质的数据，但现在数据呈分散式的管理，若不建立数据库进行集中统一管理，数据保密问题就很难解决，此问题不解决即使小范围内的数据共享都难以实现，所以，农用地质量基础数据库的建立是必不可少的。

二、国家相关工作安排对信息化建设提出的目标

根据60号文件，规定了三项重要的工作：第一，2013年底完成分等成果的补充完善，并研发耕地质量等别数据库管理系统，满足今后信息查询、统计分析的需要；第二，年度变更评价工作，对现状变化耕地和等别突变耕地进行更新评价，对更新数据进行核查，上图入库；第三，年度监测评价工作，选择确定监测样点，建立监测样点数据库，并开展评价工作。第一项工作覆盖31个省份（底图比例尺以1∶1万为主），数据量巨大；第二项工作在2013年开展试点工作，预计在2014年对全国完成年度变更的工作；第三项工作与第二项工作类似，在开展15个示范县的前提下，预计在2015年，在全国建立耕地质量等级监测网络体系，实现耕地质量变化监测。后两项工作需每年进行一次，如此的时间尺度和空间尺度将产生大量的数据，如此海量的数据应如何组织，在县级、省级、国家级的三级管理上如何进行将是极具挑战性的难题。所以，基于上述工作任务的需要，也对耕地质量数据管理与应用的信息化建设提出了以下目标。

1. 统一数据库标准及建库规范，形成三级上下对应一致的数据体系

由于农用地质量分等工作是一种自下而上的行政级别工作，所以数据也是由县级汇总到省级，再汇总到国家级，是一套层次分明、联系紧密的数据链，考虑到省、市、县级都涉及为本级的国土资源管理的其他部门使用，又要与国家级保持一致，所以制定统一的数据库标准和建库规范，才能形成三级上下对应一致的数据体系，这是信息化的前提和基础。

2. 建立整体数据库及管理系统，制定统一的数据安全和保密机制

农用地分等工作在当时的技术条件下，实现了成果的数字化，因为基础图件的空间数学基础框架尚不统一，建立整体数据库的条件还不成熟。2013年分等成果的补充完善工作采用了全国第二次土地调查的底图进行，空间数学基础框架已经统一，已经具备了建立整体数据库的条件，但目前数据的组织仍然是分散式（分县、分省）的数据库形式，当要查询跨省、市、县的耕地质量（如三峡耕地培肥重大工程）的汇总数据和分布情况时，仍需要进行长时间的数据处理才能完成，实时查询也是不可能的，严重影响了数据的共享使用。所以，农用地质量数据必须做到集中化管理，建立整体数据库及管理系统，根据用户级别限制其对数据库的操作权限，而不必花费时间对数据进行拷贝处理等操作。

另外，数据在硬件之间的拷贝对于数据安全及保密也是一大隐患，若拷贝数据的移动硬盘损坏，造成数据丢失或外泄，这也是分散式数据管理所不能避免的。所以，在数据库的信息化建设过程中，应同时考虑相关的数据安全和保密机制的制定，在此前提下，整体数据库的建立才更有利于数据的共享使用。

3. 组建数据存储与处理的软硬件环境，满足大数据量存储与高性能处理

建立全国的整体数据，并且每年进行年度变更和年度监测的数据更新，将面对非常大的数据量，若要实现多年的全国数据的有效安全存储和处理，前提在于有足够的硬件设备和基础软件存储和管理这些海量数据，并具备强大的数据处理能力满足实时查询和快速数据分析等需要。

4. 研发专用系列软件，提高工作效率，保证数据更新工作按时完成

由于数据量巨大和数据更新时间频率高等现实问题，由人工或某一环节的软件完成农用地质量更新数据的核查、汇总、统计分析等工作几乎是不可能的，必须研发专用系列软件协同工作，才能极大地提高工作效率，保证数据更新工作按时完成。

三、农用地质量数据管理与应用信息化建设的要求与条件

根据信息化建设的目标，必不可少的前提条件是建设资金和人才队伍。信息化的建设由于场地、软硬件等方面的提升需要，需投入大量的资金支持才能实现建设和未来的维护管理；而人才队伍也是信息化建设的核心部分，不仅数据库的构建与维护需要专门人才，各级土地管理部门对软件系统的使用也需要进行相关人员的培训。因此人才队伍建设是信息化建设的重要组成部分。另外，在数据库的建设与维护过程中，有关部门必须制定相关的法律法规，保证信息化建设的顺利进行和今后数据应用的有法可依。

（一）农用地质量数据管理与应用信息化建设资金需求

从机房需求、硬件需求和软件需求三个方面反映资金的支持对信息化建设的意义。

机房需求：为数据的存储设备和相关的维护人员提供存放和工作空间，基于安全和数据的保密等方面考虑，机房的电力改造、布线、空调、消防、门禁安防系统等均需要资金的投入。

硬件需求：为海量数据的存储和处理提供足够的硬件设备，局域网络布设设备和终端电脑的配备。

软件需求：基础软件配置、专用系列软件的研发。

以上软硬件的要求为信息化建设的基本条件，在今后的信息化体系运转过程中，还要加入各种运行费用，如硬件的更新费用、设备的折旧费用、电费、软件升级和数据更新入库费用等，也需要有持续的资金支持才不会导致一个“空壳和静止”的数据中心，才能更好地发挥信息化的作用，使更多的部门从便利的信息共享中受益。

（二）农用地质量数据管理与应用信息化建设人才需求

人才队伍的培养可分为前期的信息化建设人才和后期的信息化技术体系使用人才。

前期建设人才又可分为管理层和技术支持层人才，管理层人员对整个信息化的建设起着引导性作用，只有对信息化建设有了足够的了解才能做出正确的决策，并管理掌握相关技术人员的工作，保证信息化建设不偏离正轨。技术支持层人员主要负责具体的技术工作，信息化的建设不是一年两年的事情，所以有一套比较固定的技术团队做后台支持是非常必要的。

从部分省市的相关分等工作人员的专业知识结构来看，信息技术基础相对薄弱，距离很好地运转数据更新信息化技术体系尚有差距，需要继续进行现有人员的技术培训和加大引进信息技术背景的专门人才。

（三）农用地质量数据管理与应用信息化建设的政策需求

农用地质量数据大部分由各省市上报，各省市成果又由省内各县上报，经省级汇总形成省级成果，由于经过多级行政单位，若没有相关政策文件的制约，下级单位不遵循数据标准和规范按时提交数据，很难实现数据的标准统一，数据的不规范对于接下来的入库、统计和分析处理等工作都带来众多阻碍，从这点分析，国家层面应制定相关的政策，通过行政手段实现各级数据按照数据规范提交。

另外，相关政策的制定赋予了信息化建设一定的权威性，若没有国家政策的支持，建立起的数据库中心也有可能不被行业人士和外界所认可。首先应从国家层面给予认可和支持，才能在本行业和学术界取得一定地位，凸显重要性。

四、农用地质量数据管理与应用信息化建设任务

信息化建设遵循长远规划、分步实施的原则，建设滞后于实际需求会极大影响数据发挥的作用，建设超前会造成信息化设施的巨大浪费，要根据实际工作需要和现实的技术、人员和经费等条件，将信息化建设分为近期任务和中远期任务。

（一）近期建设任务

根据工作需要，将信息化建设近期任务分为农用地质量数据中心和农用地质量数据更新信息化体系两部分进行，具体内容如图 1－2 所示。农用地质量数据中心偏重基础建设，农用地质量数据更新信息化体系依托于农用地质量数据中心，侧重对历年的更新数据的处理，将历年处理校验后的数据存放于数据中心，同时也可从数据中心获取数据进行分析再处理等工作。

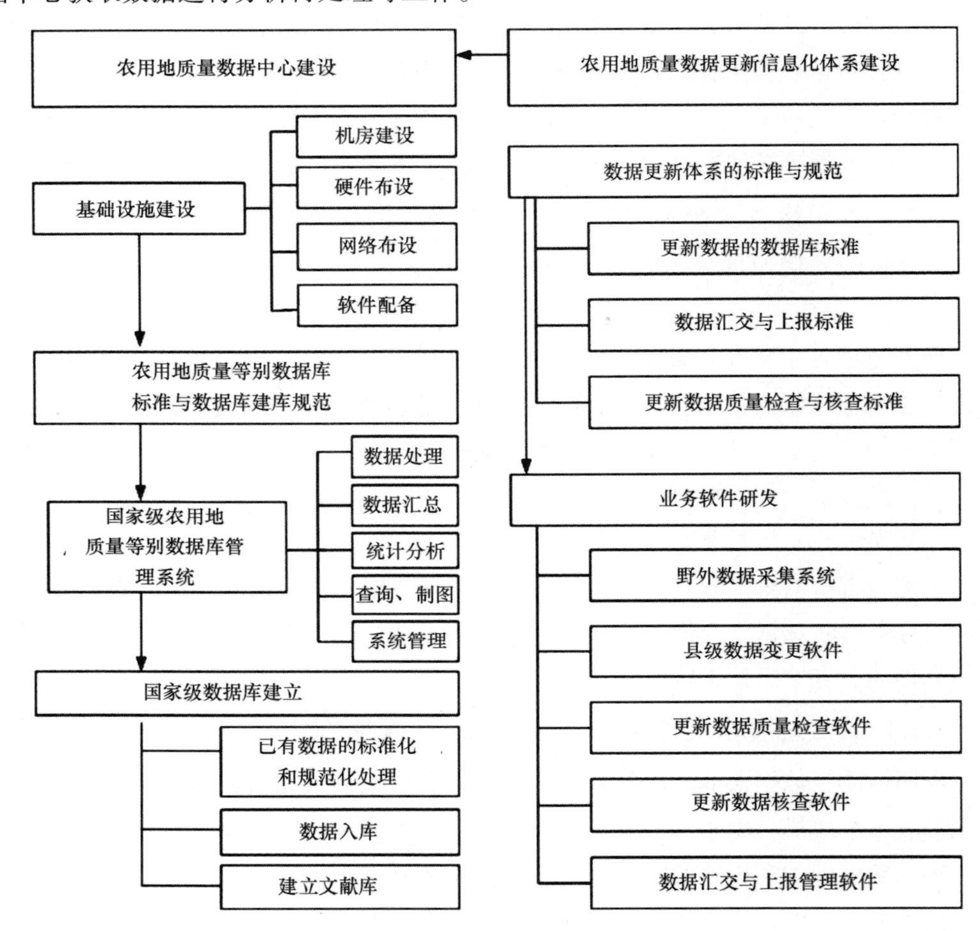

图 1－2　数据中心和更新信息化体系建设方案

1. 农用地质量数据中心建设

农用地质量数据中心的建设分为基础设施建设、数据库标准与数据库建库规范建设、国家级数据库建立三部分，基础设施建设主要包括机房建设、硬件布设、网络布设和软件配备。通过基础设施的建设，初步搭建了数据中心的运行平台，根据农用地质量不同工作类型（补充完善、年度变更、年度监测）的数据，制定数据库标准和建库规范，在此基础上研发国家级耕地质量等别数据库管理系统，主要包括核心数据处理、数据汇总、统计分析、查询、制图、系统管理等功能模块，最后对已有数据根据数据库标准和建库规范进行处理入库，建立全国整体数据库。另外，在国家级数据库中增加文献库，将国内外与农用地质量相关的文献搜集加入此库，对以后的学术研究和科学管理都具有很高的应用价值。以后历年更新的质量分等成果数据遵从标准上报数据，相关用户根据权限从数据中心实时调用数据便可直接用于分析研究等工作。数据中心的组织布设如图 1－3 所示。

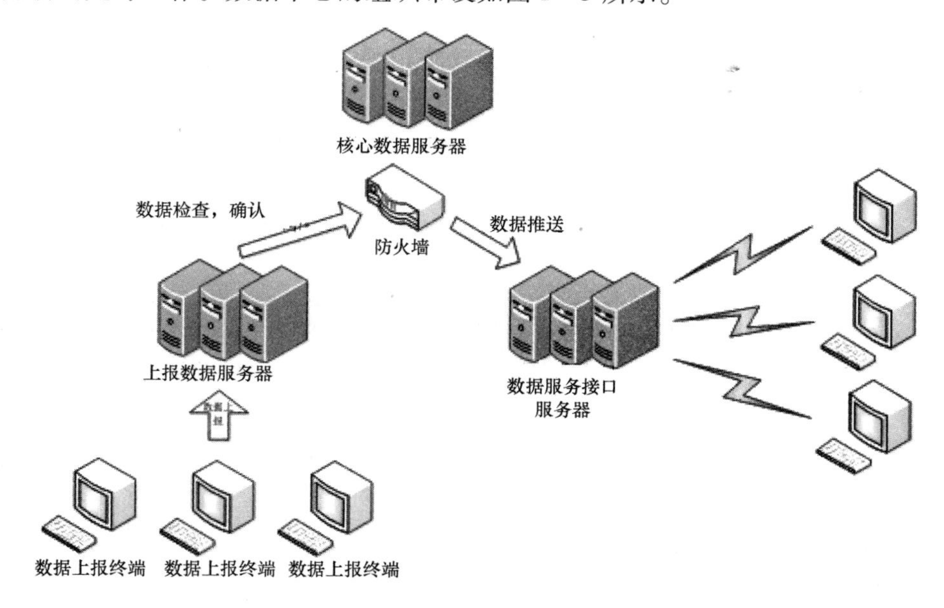

图 1－3　数据中心的组织与布设

存储和数据处理硬件设备包括：100T 统一存储设备、服务器集群、终端电脑设备、数据存储管理软件、UPS 电源等辅助设备。

局域网络构建设备：万兆交换机、4G SAN 光纤交换机等。

数据保密设备与软件：万兆加密机、统一安全管控系统、终端安全保密系统等。

基础系统软件：数据库软件、地理信息系统软件、操作系统软件等。

2. 农用地质量数据更新信息化体系建设

农用地质量数据更新信息化体系的构建是为了更高时效、更高质量地完成农用地质量数据的更新，通过相关数据标准的制定实现更新数据的标准化，可直接录入数据中心的数据库，与数据中心实现无缝接轨，通过业务软件系列（专用软件）的开发，提高数据更新的效率和质量，减少人工投入。

农用地质量数据更新信息化体系建设中的标准与规范主要包括：更新数据的数据库标准、数据汇交、上报标准和更新数据质量检查与核查标准，虽然现已开展了年度更新与年度监测的试点工作，但由于这两项工作处于起步阶段，很多技术和标准均处于尝试阶段，所以在研究各试点工作和数据中心的相关数据库标准和规范的基础上，制定出相关的标准与规范才能更好地在全国开展更新和监测工作。

业务软件系列（专用软件）的研发第一为了提高工作效率，减少工作量；第二为了获取标准规范的数据。由于整个更新工作从采集端到应用端涉及很多复杂的工作，单凭人工完成工作量将非常巨大，相关软件的研发可以代替人工处理，实现标准化、批量化的处理，农用地质量数据更新数据流程如图 1 –4 所示。软件主要包括野外数据采集系统、县级数据变更软件、更新数据质量检查软件、更新数据质量核查软件、数据汇交与上报软件等。根据日后工作需求可增加其他业务软件，进一步完善更新体系。

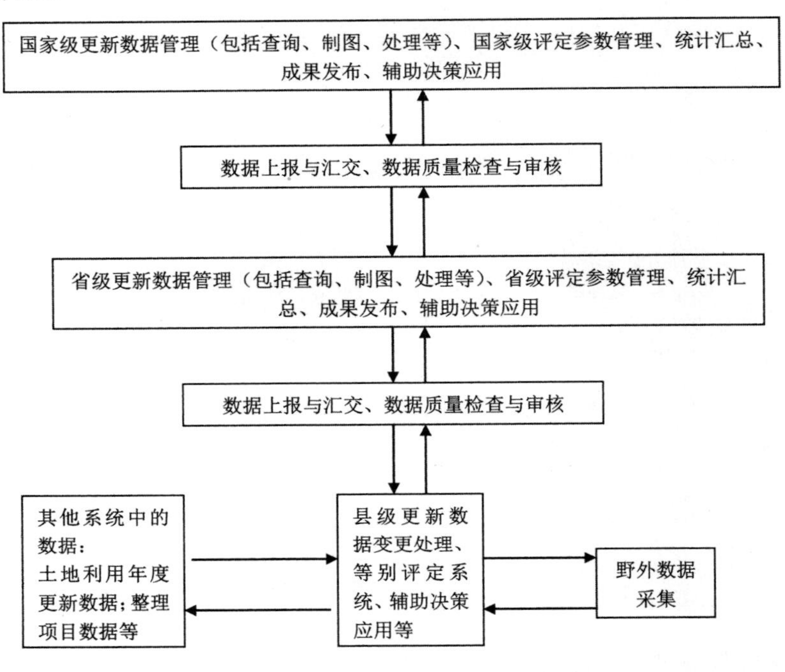

图 1 –4　农用地质量数据更新数据流程

（二）中远期建设任务

1. 创新农用地质量数据采集方法，构建星地一体化的农用地质量监测体系

如果说近期的建设任务主要是实现现有工作模式下数据流程的信息化，那么中远期建设任务之一就是基于无损、快速、原位检测技术，物联网技术，对地观测技术（特别是遥感技术）、移动互联网技术的最新发展，创新农用地质量相关数据的采集和传输方法，而新方法的采用会带来质量评价方法、更新流程和监测体系的全新变化，构建星地一体化的农用地质量监测体系。

目前已经开始前期的基础研究和技术储备，建设时间定位在下一次农用地质量全面更新的工作开展时。

2. 智能化信息服务与辅助决策

如果说前面的任务重点是以提高效率为核心的话，那么中远期建设任务之二就是以信息服务和产生新的信息为核心的，是基于面向大数据的云计算技术、数据挖掘技术等，实现智能化信息服务与辅助决策，包括：网格化农用地质量提升引导、辅助高标准基本农田划定、认定，土地整治项目辅助选址、退耕还林草选址、耕地占补平衡考核辅助、耕地质量与产能变化预警等。

目前已经开始前期的基础研究和技术储备，建设时间随着信息化建设进程逐步推进建设。

五、结语

信息化的建设涉及的范围广，单位多，是需要全国各级相关部门的通力合作方能实现的，反过来信息化的建设也能够提高相关作业部门的工作效率，为数据实用者和分析者提供规范化数据，为决策者及时提供数据参考，为其他相关行业提供辅助支持，意义重大。农用地质量数据库的信息化建设是一项任重而道远的工作，根据目前已有条件和基础设置年度目标、近期目标和中远期目标逐步实现信息化建设，并且随着未来工作的需要和技术的发展，必须不断完善和改进该项工作，不断升级信息化建设版本。

参考文献

[1]　魏成林，刘辉．中国耕地质量等级调查与评定（北京卷）．北京：中国大地出版社，2010.

[2]　国土资源部．国土资源部关于提升耕地保护水平全面加强耕地质量建设与管理的通知．2012－06－29.

[3]　国土资源部．国土资源部办公厅关于印发《耕地质量等别调查评价与监测工作方案》的通知．2012－12－07.

[4]　全国人民代表大会常务委员会．中华人民共和国保守国家秘密法．1988－09－05.

[5]　国家保密局．中华人民共和国保守国家秘密法实施办法．1990－05－25.

[6]　国家保密局．涉及国家秘密的信息系统分级保护管理办法．2005.

[7]　国家保密局．国家秘密保密期限的规定．1990－09－19.

第四节　气候变化对我国种植制度界限和作物产量潜力的影响

摘　要：基于1950—2007年全国666个气象站点逐日气象资料，采用统计分析与作物模型相结合方法，结合种植制度零级带指标，分析了全球气候变暖背景下，我国喜凉作物和喜温作物生长季内农业气候资源变化特征；定量了近30年来我国一年两熟制、一年三熟制的可种植北界空间位移；探

本节由杨晓光编写。

作者简介：杨晓光（1967—），女，黑龙江省汤原人，中国农业大学资源与环境学院农业气象系教授，博士，博士生导师，主要从事气候变化对种植制度与作物体系的影响与适应研究。

讨了气候变化对我国东北春玉米和华北冬小麦－夏玉米体系产量潜力的影响及各区域作物产量提升空间。

一、引言

气候变化已成为全球公认的环境问题[1]，根据 IPCC 第四次评估报告，1956—2005 年全球地表温度变暖速率为 0. 13℃/(10a) [0. 10～0. 16℃/(10a)]，几乎是 1906—2005 年变暖速率的两倍[2]。1905—2001 年，中国年均地表气温明显增加，升幅为 0. 5～0. 8℃。特别是近 10 多年，世界范围的气候异常给许多国家的粮食生产、水资源和能源带来了严重影响[3,4]。

农业是对气候资源依赖程度很高的行业，任何程度的气候变化都会给农业生产带来潜在或显著的影响[5]。农业是我国国民经济的基础，气候变化对我国农业结构、种植制度和农作物产量已经或即将产生重要影响[6-9]，直接关系到我国的粮食安全。为此本节利用全国 666 个气象台站从 1951—2007 年的气候资料中，分析和评价气候变化对我国种植制度界限，同时探讨气候变化对作物产量的影响。

二、研究方法

（一）资料来源

所用数据来自中国气象局数据共享网，选取至 2007 年的 666 个全国自建气象台站逐日的气候资料，包括日平均气温、日最高气温、日最低气温、平均相对湿度、最低相对湿度、风速、降水量、日照时数等逐日数据。作物数据来自东北、华北农业气象试验站近 30 年的观测资料，包括生育期和产量数据。

（二）数据处理方法

1. 种植制度界限确定方法

种植制度界限零级带的划分，采用刘巽浩、韩湘玲等确定的指标[10]，其中，≥0℃积温是界限划分的主导指标，其他两个指标为辅助指标。具体指标见表 1－1。

表 1－1　零级带的划分指标

带名	分带指标		
	≥0℃积温（℃·d）	极端最低气温平均（℃）	20℃终止日
一年一熟带	<4 000～4200	<－20	上/8—上/9
一年二熟带	>4 000～4 200	>－20	上/9—下初/9
一年三熟带	>5 900～6 100	>－20	下初/9—上/11

2. 积温的求算方法

某台站某一时间段≥0℃积温的计算，首先采用偏差法求算 1951—2007 年每年稳定通过 0℃的起止日期内≥0℃的积温，然后采用经验频率法计算该台站某一时间段内 80% 保证率下的积温。

3. 作物产量计算

不同种植制度和作物种植北界移动的产量差异，依据种植制度界限变化区域内各省统计年鉴的粮食单产调查数据。

作物潜在产量采用作物生产系统模型（APSIM）模拟。

（三）结果表达

根据上述方法计算出 666 个站点的各农业气象要素的统计量后，采用 IDW（Inverse distance weighted interpolation）插值方法对气象数据进行插值，生成空间栅格数据，得到相应的等值线，最后生成所需的等值线图，用 ArcGIS 软件将其表达。

三、结果分析

（一）气候变化背景下我国农业气候资源变化特征

气候变化背景下，近 50 年来中国的热量、水分和日照等农业气候资源发生了重大变化（图 1－5 至图 1－7）。其中，中国的年平均气温、喜凉作物生长期≥0℃积温和喜温作物生长期内≥10℃积温总体增加，年均气温增幅最大的区域是东北地区，喜温作物生长期内≥10℃积温增幅最大的是华南地区；全年、喜凉和喜温作物生长期内日照时数呈减少趋势，长江中下游地区年日照时数的减幅最多，喜凉和喜温作物生长期内日照时数减少量最大的地区分别是华北和华南地区；全年、喜凉和喜温作物生长期内降水量呈减少趋势，其中，华北地区在全年、喜凉和喜温作物生长期内降水量的减幅均最大。各区域间农业气候资源变化趋势具有明显差异，这些变化必将对中国各区域种植制度和作物产量等产生一定的影响。

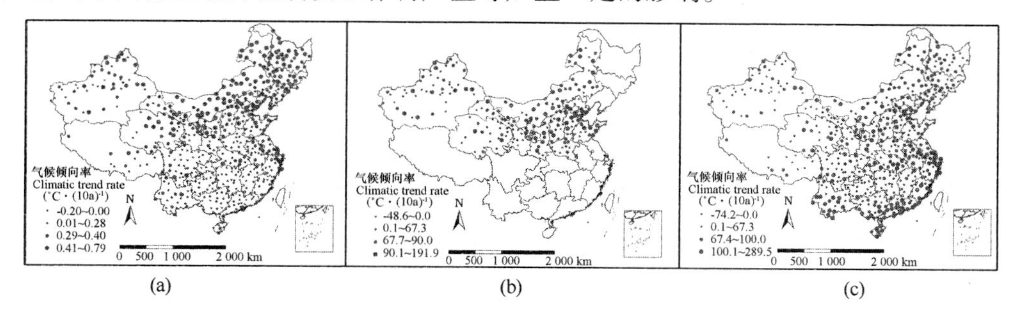

（a）中国年均气温（b）喜凉作物生长期内≥0℃积温（c）喜温作物生长期内≥10℃积温的气候倾向率分布

图 1－5　气温

中国气候在全年和喜温作物生长期内总体表现为暖干趋势，其中，喜温作物生长期内西南、华北和东北地区为暖干趋势，长江中下游、西北和华南地区为暖湿趋势，喜凉作物生长期内华北地区为暖干趋势，西北地区为暖湿趋势（表 1－2）。

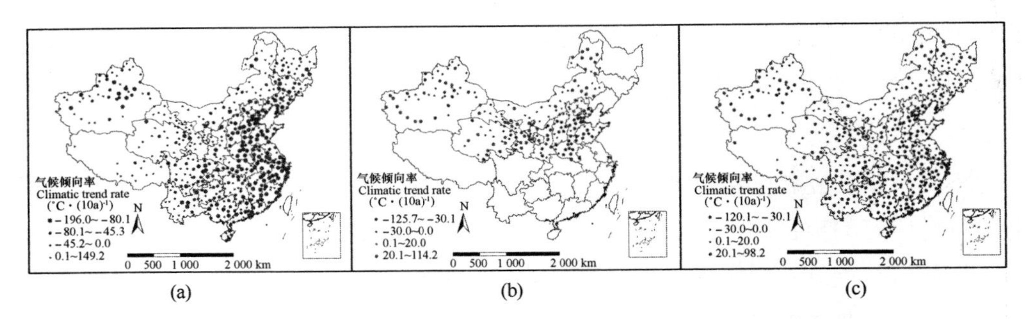

（a）中国年日照时数（b）喜凉作物生长期内日照时数（c）喜温作物生长期内日照时数的气候倾向率分布

图 1－6　日照时数

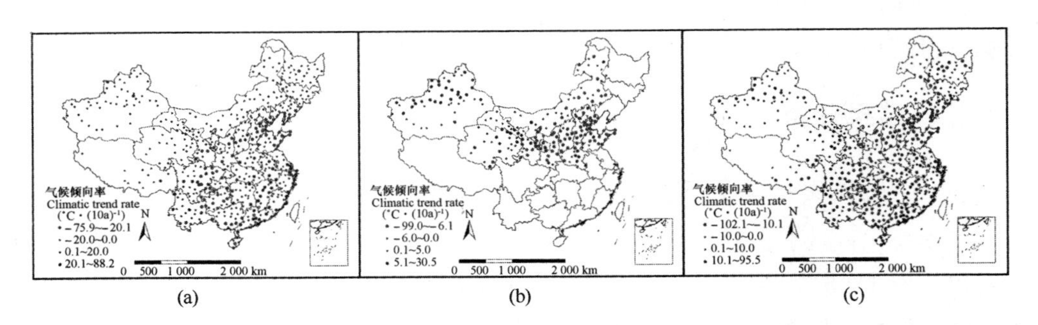

（a）中国年降水量（b）喜凉作物生长期内降水量（c）喜温作物生长期内降水量的气候倾向率分布

图 1－7　降水量

表 1－2　中国各区域气候变化趋势

时间尺度	西南地区	长江中下游地区	华南地区	西北地区	华北地区	东北地区	全国
全年	暖干	暖湿	暖湿	暖湿	暖干	暖干	暖干
喜凉作物生长期	—	—	—	暖湿	暖干	—	暖干
喜温作物生长期	暖干	暖湿	暖湿	暖湿	暖干	暖干	暖干

（二）气候变化对我国种植北界变化及产量的影响

在 20 世纪 80 年代中期，刘巽浩和韩湘玲完成了中国种植制度区划（图 1－8）。由于受当时研究工具和数据资料的限制，此项研究所有的资料是气象台站建站（1950）以来到 1980 年的气候资料，为科学比较气候变化带来的种植界限的变化特征，采用刘巽浩和韩湘玲提出的种植制度区划指标体系，即零级带统一按热量划分，一级区与二级区按热量、水分、地貌与作物划分，得到中国种植制度零级带北界的可能变化，选择春玉米为一年一熟区的代表种植模式，冬小麦－夏玉米为一年二熟区的代表性种植模式，以冬小麦－中稻作为一年二熟区的代表性种植模式，冬小麦－早稻－晚稻为一年三熟区的代表性种植模式，选择最能代表目前气候条件的 2000—2007 年的各省统计产量平均值，分析气候变暖带来的种植制度北界移动可能造成的粮食单产的变化（图 1－9）。

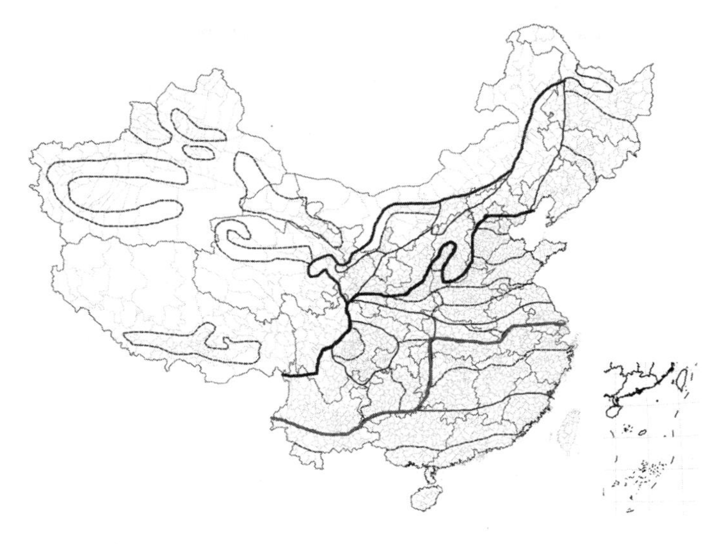

图 1－8　中国种植制度气候区划（1950s—1980 年）

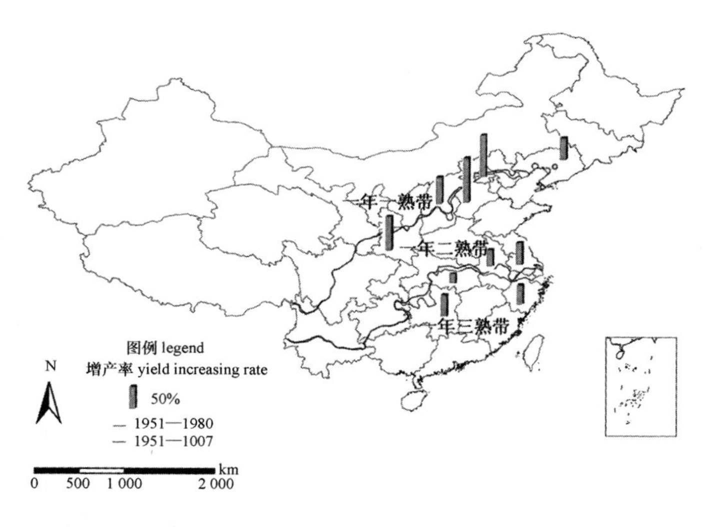

图 1－9　中国种植制度零级带北界的可能变化及增产率

（1）气候变化背景下，随着温度升高，积温增加，一年一熟带、一年两熟带、一年三熟带都不同程度向北移动。气候资料所确定的一年一熟区和一年二熟区分界线，空间位移最大的省（市）为陕西东部、山西、河北、北京和辽宁。其中在山西省、陕西省、河北省境内平均向北移动了 26 km。辽宁省南部地区，由原来的 40°1′—40°5′N 之间的小片区域可一年两熟，变化到辽宁省绥中、鞍山、营口、大连一线。由一年一熟变成一年二熟，陕西省、山西省、河北省、北京和辽宁省粮食单产分别可增加 82%、64%、106%、99%和 54%。

（2）一年二熟区和一年三熟区分界线，空间位移最大的区域在湖南省、湖北省、安徽省、江苏省和浙江省境内。在浙江省内，分界线由杭州一线跨越到江苏吴县东山一线，向北移动了约 103 km；安徽巢湖和芜湖附近向北移动了 127 km，安徽其他地区平均向北移动了 29 km；湖北省钟祥以东地区向北移动了 35 km；湖南沅陵附近向北移动了 28 km。由一年二熟变成一年三熟，湖南省、湖北省、安徽省、浙江省粮食单产分别可增加 52%、27%、58%和 45%。目前在江苏省当地没有种植双季稻，但由于气候变暖的原因，可使一年三熟种植制度北界北移，如果在当地种植冬小麦 – 早稻 – 晚稻来替换冬小麦 – 中稻模式，可以使产量增加 37%。

与 1950—1980 年相比，分析未来（2011—2040 年和 2041—2050 年）一年两熟和一年三熟种植界限将发生如下变化（图 1 – 10）：随着温度升高，积温增加，未来一年两熟带和一年三熟带种植界限都不同程度向北移动；一年两熟种植北界空间位移最大的省（市）为陕西省和辽宁省，其中在陕西省境内分别向北移动了 130 km 和 160 km，辽宁省南部地区，2011—2040 年一年两熟种植北界可移动到辽宁省的绥中、锦州、营口、熊岳、瓦房店和皮口附近，2041—2050 年一年两熟种植北界可移动到辽宁省东南部的沈阳、本溪、鞍山、岫岩、丹东以南地区及锦州和黑山以东地区，同时内蒙古东部与辽宁接壤的小片区域，从气候资源角度考虑种植制度可以由一年一熟变为一年两熟；未来一年两熟区和一年三熟区分界线，一年三熟种植北界空间位移最大的区域在云南省、贵州省、湖北省、安徽省、江苏省和浙江省境内，其中在云南省和贵州省境内，分别向北移动了 40 km 和 70 km，长江中游平原区的湖北省境内，分别向北移动了 200 km 和 300 km，长江下游平原区（浙江省、江苏省及安徽省一带），分别向北移动 200 km 和 330 km。在不考虑品种变化、社会经济等因素的前提下，该区域由一年一熟变为一年两熟、由一年两熟改变为一年三熟，主体种植模式的改变可以带来单位面积周年粮食单产不同程度的提高。

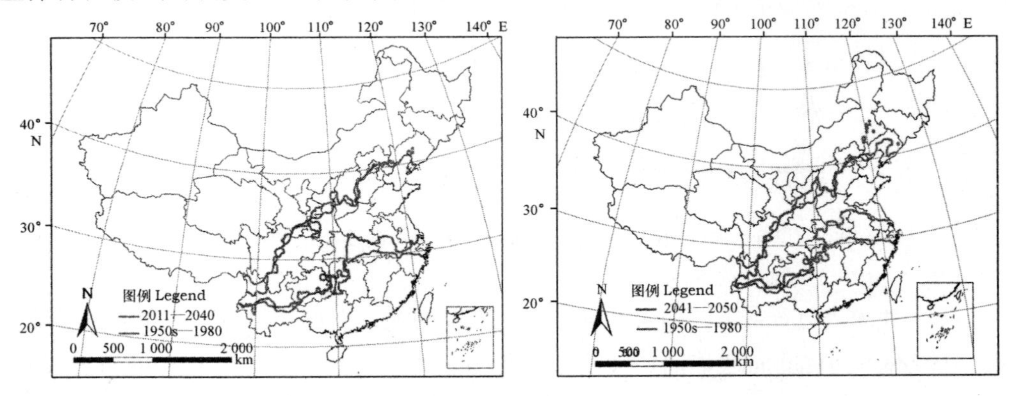

图 1 – 10　未来气候情境下全国种植制度零级带北界的可能变化

（三）东北和华北地区产量潜力与提升空间

东北地区和华北地区是我国主要的粮食产区。在气候变暖、耕地资源减少的背景下，明确作物生产体系的产量潜力，对提高粮食的总产量、保障国家粮食安全具有重要的意义。在此以东北春玉米和华北冬小麦 – 夏玉米生产体系为研究对象，明确其生产潜力的分布特征，分析气候波动对产量的影响，得到产量提升空间，以期为东北地区和华北地区粮食生产的合理布局和管理提供参考。

东北春玉米光温生产潜力在 10 843 ~ 18 064 kg/hm^{2}之间，总体呈现由西南向东北递减的趋势（图 1 – 11），最高值位于辽宁省西南部地区，黑龙江省最北部以及大兴安岭地区和吉林省长白山地区的产量潜力最低。

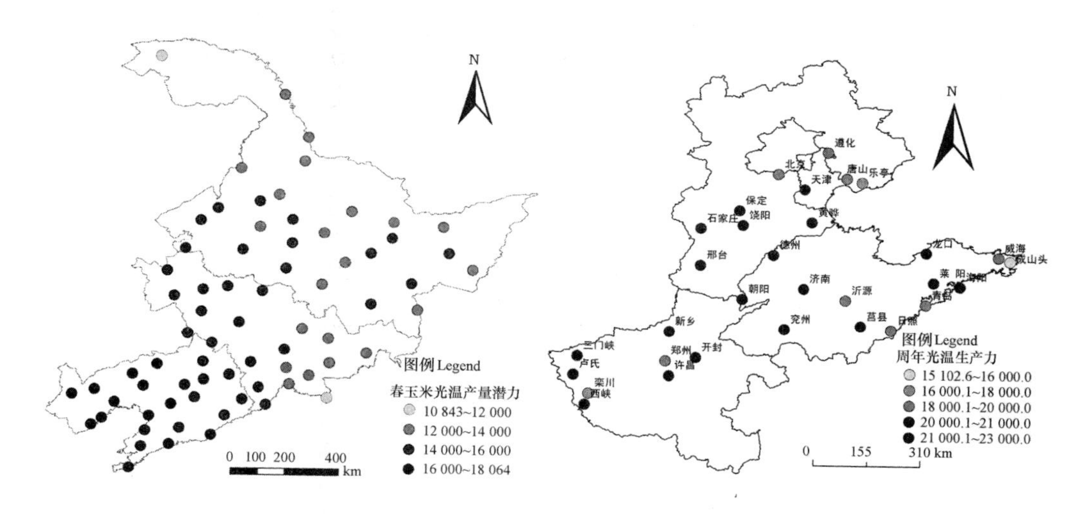

图 1 – 11　东北春玉米和华北周年（冬小麦 – 夏玉米）光温生产潜力分布

华北周年（冬小麦 – 夏玉米）光温生产潜力在 15 103 ~ 23 000 kg/hm^{2}之间，总体呈现由中部向东西两侧递减趋势，河北省南部、河南省北部和山东省西部地区作物的周年光温生产力最高，河北省北部、河南省西部和山东省东部地区作物的周年光温生产力最低。

气候波动对东北地区春玉米潜在产量的影响（图 1 – 12）程度在 15% ~ 43% 之间，平均为 21%。

分析气候波动对华北地区冬小麦 – 夏玉米潜在产量的影响（图 1 – 13）可知，气候波动对冬小麦产量潜力的影响程度在 9.9% ~ 26.1%，平均为 16.3%；气候波动对夏玉米潜在产量的影响程度在 11.8% ~ 42.1%，平均为 23.7%。

分析东北地区春玉米和华北地区冬小麦 – 夏玉米产量提升空间（图 1 – 14）可知，东北地区春玉米产量提升空间为 1 180 ~ 5 000 kg/hm^2；华北地区冬小麦产量提升空间为 4 500 ~ 8 000 kg/hm^2，夏玉米的产量提升空间为 2 400 ~ 5 000 kg/hm^2。

四、结论与讨论

全球气候变暖背景下，我国光、热、水农业气候资源亦发生改变，喜温作物生长期内西南、华北和东北地区为暖干趋势，长江中下游、西北和华南地区为暖湿趋势，喜凉作物生长期内华北地区为暖干趋势，西北地区为暖湿趋势。随着温度的升高，积温的增加，近 30 年我国一年两熟制、一年三熟制的可种植北界都较之 1950—1980 年有不同程度北移。带来种植界限变化敏感带单位面积周年粮食产

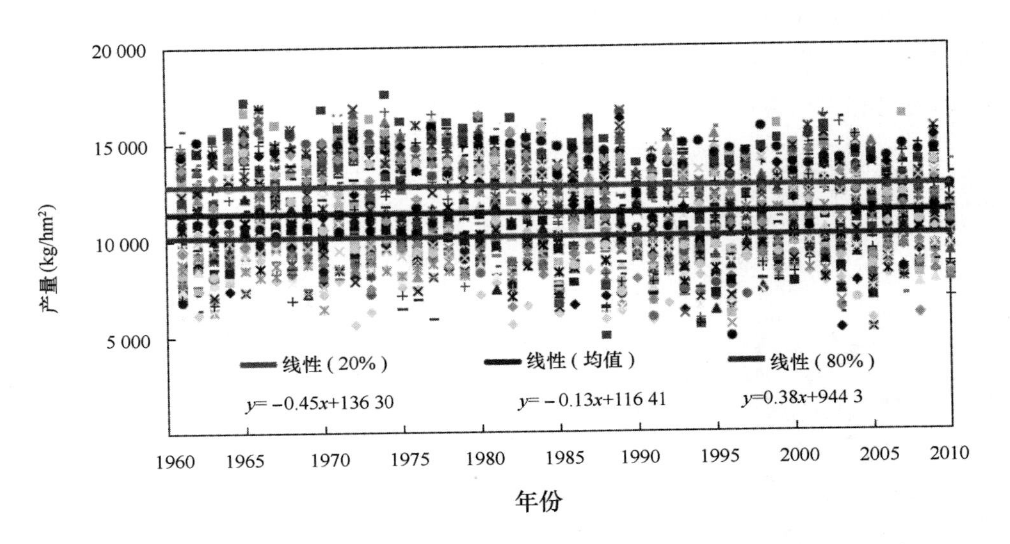

图 1-12　气候波动对东北地区春玉米潜在产量的影响

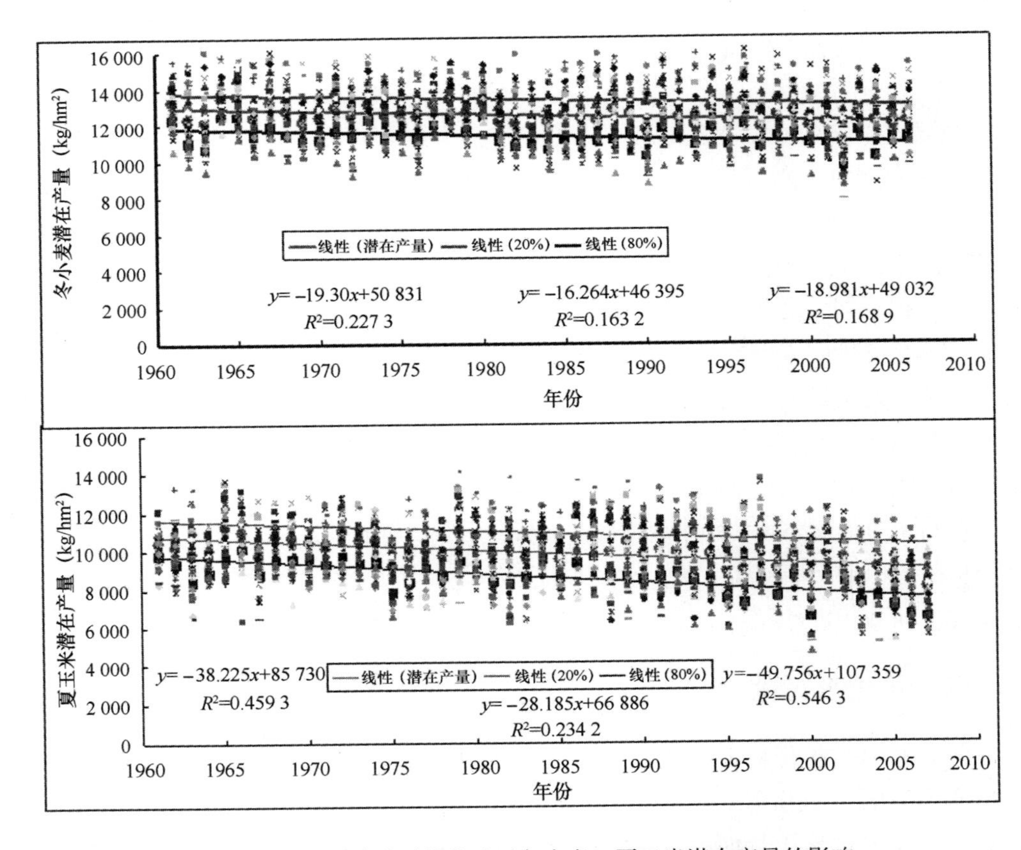

图 1-13　气候波动对华北地区冬小麦-夏玉米潜在产量的影响

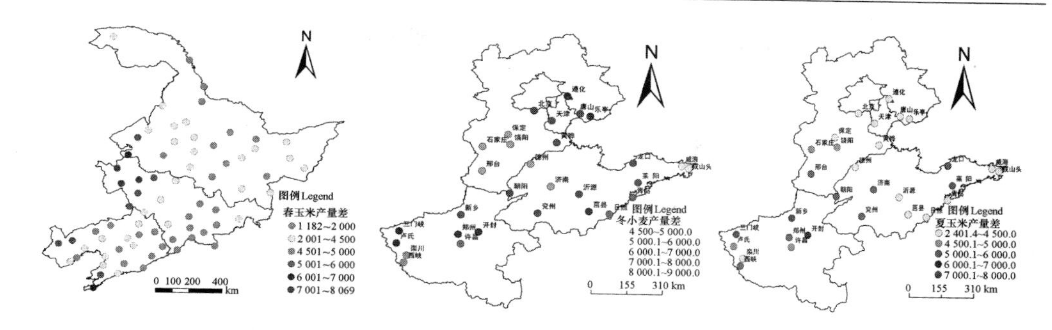

图 1－14　东北地区春玉米和华北地区冬小麦－夏玉米产量提升空间

量增加。

气候变化对各区域粮食作物产量影响明显，东北春玉米和华北冬小麦夏玉米总体呈减少趋势，实际产量与潜在产量相比，还有较大的提升空间。

尽管气候增暖是大的趋势，但并不排除低温年的可能出现，何况随着气候不断增暖，气候变率也势必增大。这意味着未来在变化区域内，干旱、洪涝、高温、低温冷害等农业气象灾害的发生概率有可能增大。

一个地区的种植制度不仅仅取决于气候资源，还要考虑土壤条件、品种特性、生产水平、经济环境、市场需求、劳动力的资源及技术水平等。因此，种植制度变革是一个十分复杂的问题。本节仅考虑气候变化背景下对种植制度带来的可能影响，而实际生产中需要同时考虑降水资源的限制，同时未能考虑品种改变、经济社会、政策等方面因素的影响。

参考文献

[1]　秦大河，丁一汇，王绍武，等．中国西部环境演变及其影响研究．地学前缘，2002，9（2）：321－328.

[2]　IPCC. Climate change 2007 synthesis report. intergovernmental panel on climate change. 2007, Cambridge：Cambridge university press.

[3]　秦大河，丁一汇，苏纪兰，等．中国气候与环境演变评估（I）：中国气候与环境变化及未来趋势．气候变化研究进展，2005，1（1）：4－9.

[4]　S. Piao，P. Ciais，Y. Huang，et al. The impacts of climate change on water resources and agriculture in China. nature，2010，467：43－51.

[5]　杨修，孙芳，林而达，等．我国玉米对气候变化的敏感性和脆弱性研究．地域研究与开发，2005，24（4）：54－57.

[6]　刘德祥，董安祥，陆登荣．中国西北地区近 43 年气候变化及其对农业生产的影响．干旱地区农业研究，2005，23（2）：195－201.

[7]　N. Zeng，Y. Ding，J. Pan，et al. Climate Change—the Chinese Challenge. science，2008，319：730－731.

[8]　Y. Kang，S. Khan，X. Ma. Climate change impacts on crop yield，crop water productivity and food security－A review. Progress in Natural Science，2009，19：1665－1674.

[9] 杨晓光，刘志娟，陈阜．全球气候变暖对中国种植制度可能影响 I．气候变暖对中国种植制度北界和粮食产量可能影响的分析．中国农业科学，2010，43（02）：329－336.
[10] 刘巽浩，韩湘玲．中国的多熟种植．北京：北京农业大学出版社，1987.

第五节　中国农村发展与农村土地制度改革

摘　要：农村土地制度改革是城镇化与农业现代化发展的客观要求。本节通过深入分析我国城镇化过程中的城乡土地利用格局，阐述了古今中外农村土地制度设计的基本原则，提出应有限度地放开农村土地市场，以满足利用市场机制有效配置土地资源的要求，但必须以保障农地生产功能为前提，严格防止土地过度资本化可能带来的弊端。

近年来关于集体土地使用制度改革的呼声日益强烈，尽管在具体改革方式上存在一定争议，但是基本一致的观点是应该允许集体土地流转，放开集体土地市场，促进市场机制在农村土地资源配置过程中起到基础性作用。总体来说，在我国逐步建立与完善的市场经济体系中，在城市土地市场如火如荼地发展和快速城镇化、工业化的背景下，改革集体土地使用制度是大势所趋。但是，由于土地制度的特殊性和农地生产功能的重要性，在农村集体土地使用制度改革的具体细节上必须全面掂量，慎重考虑，严密注意，防止改革可能引起的负面结果。

一、中国城乡土地利用格局的总体判断

中国正处在快速城镇化、工业化过程中，统计表明，2012 年末城镇人口为 7.1 亿人，占总人口比重为 52.6%；农村人口 6.4 亿人。如果未来我国城镇化水平达到 60%～70%，则留在农村的人口在 4 亿～5 亿人，即使按照现有人口规模计算，至少将有 2 亿人左右需要从农村进入城市。这种城乡人口格局将是今后城乡土地利用格局分析与判断的最基本指标。

首先，从农用地角度来看，中国 13 亿人口的吃饭问题始终是最重要的问题，因此 18 亿亩耕地红线必须严格坚持，这是粮食安全的基本要求。如果按照 4 亿～5 亿农村人口计算，则人均耕地面积 0.24～0.3 hm^2/人，户均在 0.8～1.0 hm^2。由于各省（直辖市、自治区）耕地资源禀赋及人口规模存在差异，其相应的人均耕地、户均耕地也会存在较大差异。据初步测算，2011 年户均耕地较大的黑龙江、内蒙古、新疆将达到 1.5～2.3 hm^2/户，最低的北京、上海、广东、江苏、浙江等为

本节由朱道林，郧宛琪编写。
作者简介：朱道林（1966—），中国农业大学资源与环境学院，教授，博士生导师，主要从事土地制度与土地经济领域教学与研究工作。

0.1～0.2 hm^2/户。总体上看，如果城镇化过程中2亿进城人口的土地承包经营权允许流转的话，则约有1 800×10^4 hm^2 土地需要流转，这既是流出人口所承包农用地继续耕种的要求，也是农村土地实现规模经营的需要。因此，改革农村土地使用制度，有限度地放开集体土地市场，既是农村集体土地资源有效配置的要求，也是十八大提出的“城镇化与农业现代化协调发展”的要求。

其次，从建设用地来看，农村建设用地能否随着人口“进城”，以及如何保持农村地区适度的建设用地用于工商业生产，以发展农村经济，这是今后城乡土地利用格局可能引起矛盾的焦点。现阶段所开展的“城乡建设用地增减挂钩”试点及其所引起的社会广泛关注已经证明了这一点。有资料显示，到2020年，中国城市化率应该在60%左右，城镇人口大约为8.5亿人，比2012年底城镇人口净增1.4亿人。目前，我国城镇工矿用地规模已突破10×10^4 hm^2，据此预测，如果按人均100 m^2 为新增城镇人口提供建设用地，至2020年城镇工矿用地总量将突破11×10^4 km^2，这就超过《全国土地利用总体规划纲要》中规定的10.65×10^4 km^2 的控制目标。而调查显示，2012年末全国农村建设用地总规模为793×10^4 hm^2，人均约122 m^2。因此，如果能够实现农村建设用地随着人口减少而同步减少，则可以满足城乡建设用地总规模控制的要求。

二、农村土地制度改革的路径依赖与经验借鉴

日本学者长野郎早在20世纪30年代就指出，“中国的土地制度，是中国社会、经济、政治的根源”[1]。实际上，古今中外，土地制度都与社会、经济乃至政治制度密切相关，尤其是农地制度。因为农地具有直接影响人类生存的生产功能，更对社会稳定产生直接影响。近代中国在“打土豪、分田地”的斗争中实现了“耕者有其田”，在公有化改造过程中建立了集体土地所有制度，但由于集体化生产的低效率，不得不实行在集体所有制背景下的“家庭承包制”，既解放了农村土地生产力，也解放了农村剩余劳动力，为我国近30多年来的城乡经济快速发展奠定了制度基础。

然而随着近年来快速城镇化、工业化发展，农村人口大量流出及现代农业发展的要求，关于农村集体土地使用制度改革的呼声日益强烈，尽管在具体改革方式上存在一定争议，但是基本一致的观点是必须允许集体土地流转，放开集体土地市场，充分利用市场机制重新配置农村土地资源。总体来说，在我国逐步建立与完善的市场经济体系中，在城市土地市场如火如荼地发展和快速城镇化、工业化的背景下，改革集体土地使用制度是大势所趋。允许农村集体土地流转，首先是城乡土地权属公平的要求；其次是农村土地资源有效配置的必然选择；最后也是农村集体及农户财产合理实现的基本要求。实践中农村集体土地流转也普遍存在，不仅是集体农用地流转，集体建设用地流转、农村宅基地流转都很普遍。因此，目前的主要问题：一是需要研究具体改革细节；二是如何从法律上予以明确界定。

然而，由于农村土地的基本功能是生产功能，而且是生产包括粮食、蔬菜等人类生存所必需的基本农产品；同时，农村与农业在市场经济体系中又处于劣势地位，由于其行业比较利益低下无法完全靠市场竞争实现供求平衡。因此，对于农地市场制度的设计必须有利于保护其生产功能的发挥，这是古今中外普遍通行的做法。

在国际上，尤其英美等发达国家均高度重视从制度上对农地进行保护。具体的做法主要包括：一是采取严格的规划管制规定土地用途，以保持足够的土地用于农业生产；二是采取税收优惠予以扶持与鼓励，主要是免征农业用地的不动产税或财产税；三是直接财政补贴，但财政补贴通常作为特殊措施而非经常性措施予以采用；四是对农地经营规模、交易主体等也有一定的制约[2]。

从国内来看，纵观中国土地制度历史，任何时期、任何政府都高度重视农地制度设计，都高度重视农地生产功能的发挥，重视防止土地兼并。孙中山先生对中国土地制度概括为三句话：平均地权、耕者有其田、涨价归公。这应该始终是中国农地制度设计的最根本原则。所谓“平均地权”，是在土地分配及土地经营规模上尽量平均，防止分配不均乃至大规模兼并所引起的社会问题。所谓“耕者有其田”是要保证农地主要掌握在耕种者手中，防止有地者不种地、种地者无地可种的困局；也是在社会大生产中降低农业生产的地租成本，提高农业产业竞争力的要求。所谓“涨价归公”是在土地资产属性方面解决土地收益再分配问题，防止和制约土地市场化过程中过度追求土地增值、炒作土地等现象。平均地权和涨价归公是解决公平问题，耕者有其田是解决效率问题，三个方面相结合应该是农地制度设计的根本原则。

三、中国农村土地制度改革的基本方向

在中国共产党第十八次全国代表大会报告中明确提出，“坚持走中国特色新型工业化、信息化、城镇化、农业现代化道路，推动信息化和工业化深度融合、工业化和城镇化良性互动、城镇化和农业现代化相互协调，促进工业化、信息化、城镇化、农业现代化同步发展。”如何做到城镇化与农业现代化相互协调？城乡土地合理配置与农村土地制度建设是关键。

总体来说，农村土地使用制度改革的方向应是在坚持集体土地所有制基础上，在保障农村土地生产功能的前提下，有限度地放开集体土地市场，目的是满足农村土地资源合理流转与有效配置的要求，但必须严格实施土地用途管制和土地交易管理，清晰界定土地产权，有效保护土地合法权益。

首先，放开集体土地市场的根本目标是为了利用市场机制实现农村土地资源利用的合理配置，必须防止借农村土地市场化之机搞土地资本化和非农业开发，必须从制度上防止社会资本尤其是非农业生产目标的资本购买乃至炒作农村土地。对于集体农用地的流转，主要是为了满足进城人员的土地转出和适度规模经营的要求，其土地资产特性也主要体现农业生产过程中。对于集体建设用地，在严格规模控制

和符合规划的前提下，主要用于开展与当地社会经济发展相适应的工商产业，严格禁止社会资本大规模开发乃至炒作。对于农村宅基地，其基本功能是满足当地农民的生产生活需要，可以流转，但当地农民或在当地从事农业产业经营者有优先购买权。

其次，必须制定详细的土地利用规划，实施严格的土地用途管制。规划明确划分农业用地区和建设占地区，严格控制建设用地范围和规模，防止农地自主开发、投资开发对18亿亩耕地红线的冲击。

再次，明晰界定土地所有权和使用权主体，并进行全面登记发证。这是利用产权机制进行农村土地保护的基本措施。对于农村土地权属主体，从法律上既赋予其可以按用途经营使用、按生产功能享受财产的权利，又要明确其保护土地自然性状、防止土地被占用甚至被破坏的义务。

最后，尽快建立土地财产税制体系。对农用地转为建设用地的价格增值应予以征税，对长期用于农业生产的农用地免征地产税，从税收制度上鼓励农业生产，制约非农业开发，保护农用地。

总之，农村土地制度改革是实现城乡统筹发展的关键，也是实现城镇化与农业现代化的重要内容。在城镇化和农业现代过程中，需要有限度地放开农村土地市场，其核心目标是利用市场机制实现资源有效配置与合理利用，但必须以保障农地生产功能为前提，严格防止城市土地资本化开发转移到农村，必须严格地实施土地用途管理制度，并建立清晰的产权制度和科学的财产税收体系，形成农地资源与财产保护的有效机制。

参考文献

[1]　[日] 长野郎. 中国土地制度的研究. 强我译，袁兆春点校. 北京：中国政法大学出版社，2004.

[2]　美国不动产学会. 不动产估价（11版）. 北京：地质出版社，2001.

第二章　良田工程的质量因素与过程

第一节　农田土壤质量及其要素空间变异研究进展

摘　要： 农田土壤质量及其要素的空间变异研究对于实施精准农业和农田土壤质量调控至关重要。本节针对农田土壤质量及其要素，结合国内外最新研究进展，阐述了农田土壤质量及其要素的空间变异的研究方法、对象和内容，探讨了空间变异研究中所面临的尺度问题，初步提出了该方面研究应当解决的几个关键问题。

一、引　言

土壤是在气候、母质、生物、地形和时间等诸多成土因素综合作用下的产物，具有复杂性和高度的空间异质性。土壤质量是土壤系统的物理、化学和生物组成部分之间复杂的相互作用，是土壤要素的综合反映。农田土壤质量要素的空间变异相关研究成果将为精准农业和农田土壤质量调控提供指导。

自从20世纪70年代国际学术界提出空间变异以来，国内外就农田土壤质量及其要素空间变异研究方法、对象和内容开展了一系列研究，研究对象包括农田土壤质量单一要素和综合要素。随着科学技术的发展，越来越多的研究也开始倾向于利用更为容易获取且信息详尽的辅助数据（数字高程模型、遥感影像、数字土壤图等）来指导土壤制图和相关要素空间变异研究。另外，传统土壤科学中尺度概念十分淡薄，然而，土壤是一个不均匀具有高度异质性的复合体即其空间分布的结构常常不是单纯的一种而是多种或多层次的结构的叠加，尺度问题始终客观存在，那么，土壤要素随尺度大小（采样间隔、采样范围、支撑效应）的改变是如何变化的也将成为土壤空间变异研究的热点之一。本节对农田土壤质量要素空间变异的研究方法、

本节由叶回春，张世文，沈重阳，黄元仿编写。

作者简介：叶回春（1985—），男，博士生，主要从事土壤属性空间异质性和过程模拟研究；张世文（1978—），男，讲师，博士，主要从事土壤属性空间异质性和土地利用与信息技术研究；沈重阳（1981—），男，副教授，博士，主要从事土壤环境物理研究；黄元仿（1968—），男，教授，博士，主要从事水土资源高效利用。

基金项目：国家自然科学基金（41071152）、公益性行业（农业）科研专项（201103005－01－01）、国土资源部公益性行业科研专项（201011006－3）。

对象、内容和空间研究过程中所面临的尺度效应问题等最新的研究进展进行了阐述，并提出了农田土壤质量空间变异研究应当解决的几个关键问题。

二、农田土壤质量要素空间变异研究方法

农田土壤质量及其要素的空间变异的研究方法很多，概括起来包括两大类：第一类是土壤质量及其要素空间变异规律和特征研究方法；第二类是农田土壤质量及其要素由点到面的空间扩展方法。第一类为第二类提供依据，第二类为第一类提供技术手段。第一类通常包括传统统计和地统计两种方法，借助于传统统计的相关参数、影响因素的分析、半方差及其参数和空间分布格局来分析农田土壤质量及其要素空间变异规律和特征[1-5]，目前的研究趋向于将传统统计和地统计两种方法结合起来使用；第二类通常包括回归预测、确定性插值法和地统计法等，而地统计学方法已被证明是分析土壤质量要素空间分布特征及其变异规律最为有效的方法之一[5,6]。随着科学技术的发展，空间插值方法趋向于将多种方法结合，并引入与目标变量空间分布存在密切关系的环境变量，其目的在于最大限度地提高农田土壤质量及其质量空间预测精度，地统计法也由传统的普通克里格法、简单克里格法等单一模型向泛克里格、协同克里格、回归克里格法等混合模型发展，结合辅助变量来提高目标变量的预测精度的方法的研究和应用也越来也多，如多变量线性回归模型[7,8]、地理加权回归模型[9,10]等。本节将就地统计和环境变量辅助下的空间预测方法加以介绍。

（一）地统计学方法

经过几十年的发展，地统计学开始广泛应用于土壤、农业、气象、生态以及环境治理等领域，地统计学理论也不断地完善。早期，关于“地统计学”一词的定义很多，但目前被学者们普遍接受的定义为：“地统计学是以区域化变量理论为基础，以变异函数为主要工具，研究那些在空间分布上既有随机性又有结构性，或空间相关和依赖性的自然现象的科学。”[11]半方差函数是用来描述区域化变量结构性和随机性并存这一空间特征而提出的，其中块金系数、基台值、变程作为半方差函数的重要参数，用来表示区域化变量在一定尺度上的空间变异和相关程度。克里格法（Kriging），又称空间局部插值法，是建立在变异函数理论及结构分析的基础上，在有限的区域内对未采样点的区域化变量进行无偏最优估值的一种插值方法。目前地统计空间插值法包括以下几种：普通克里格、简单克里格、泛克里格、协同克里格、对数正态克里格、指示克里格、概率克里格、析取克里格、成分克里格等，在使用过程中根据数据特征和估计需要选择合适的克里格方法。

（二）环境变量辅助下的空间预测方法

高精度土壤质量要素的空间分布图是环境保护、土壤管理及精准农业不可或缺的要件，但为提高制图质量大量高密度田间取样也是不现实的，而较少的样点其精度一般也很难达到预期的结果，所幸许多土壤要素在空间上往往与一些环境因子

（如地形、气候、母质和人类活动等）密切相关，其中一些环境因子的数据较为容易获得。那么利用目标变量和环境影响因子变量之间的相关性建立定量回归关系，则可以达到以有限稀疏样本数据进行土壤和环境属性制图的目的。基于普通最小二乘法（OLS）的多元线性回归模型（MLR）因具有完备的理论体系和统计推断方法，常用来确定和分析目标变量和影响因子变量之间的关系。如柴旭荣等[8, 12-14]探讨了高程等地形指标组合成不同的外部趋势模型辅助下土壤要素（交换性钾、pH值、Olsen-P、土壤有机质、有效 Zn、有效 Cu、有效 Fe 和有效 Mn 等）的空间预测，揭示出环境因子辅助可以提高土壤要素空间预测的准确性、局部不确定性模拟的准确性和空间不确定模拟的准确性，但并不适合所有的土壤要素。张世文等[6,7]探讨了以地形因素和分类变量（土壤质地、母质类型和土地利用）组合辅助下的土壤有机质和土壤质地空间预测精度，揭示了将环境因子尤其是将分类变量也引入辅助信息能极大地提高土壤有机质和质地的空间预测精度。

经典的 MLR 模型利用全局参数，即假设变量间的相互关系在空间上是平稳的。但事实上，空间数据一般具有空间非平稳性的特征，用一般线性回归模型来拟合空间数据，其分析结果不能全面反映空间数据的真实特征。因此，地理回归加权（GWR）技术应运而生，其原理是将数据的空间结构嵌入回归模型中，使回归参数变成观测点地理位置的函数，其优势在于考虑多个环境因子的同时又考虑了空间局部变化。如 Mishra 等[9]利用地形属性、气候数据、土地利用数据、基岩地质数据和 NDVI 数据来辅助预测美国中西部七个州土壤有机碳的含量，指出 GWR 相对于 MLR 和回归克里格方法预测精度分别提高了 22% 和 2%。Zhang 等[10]利用降雨量、土地覆盖类型和土壤类型等作为环境因子对爱尔兰土壤有机碳的空间分布进行了预测，指出 GWR 模型的预测效果均较普通克里格、反距离权重模型和 MLR 模型要好。刘琼峰等[15]选用土壤 pH 值、有机质、碱解氮、有效 P、速效 K、缓效 K 几个指标来研究土壤性质与土壤 Pb、Cd 含量的关系，指出 GWR 模型拟合度较 OLS 模型高，并且 GWR 模型能更好地解释土壤 Pb、Cd 与影响因素变量的空间异质性。但 GWR 模型也存在一些不足，如 GWR 假设自变量间是独立的，考虑的主要是因变量和自变量间的交叉相关问题，但忽视了自变量以及因变量的自相关问题。另外，对于空间上平稳的变量，传统的线性回归模型依然是适用的。

三、农田土壤质量及其要素空间变异研究

由于受到内在因子（土壤形成因子）和外在因素（土壤耕作、施肥等）的影响，土壤具有复杂的空间异质性，借助于空间变异研究方法，准确把握农田土壤质量及其要素空间变异规律和特征将为精准农业和土壤质量调控提供依据，从而实现农田土壤资源高效、可持续发展。农田土壤质量及其要素的空间变异研究对象主要包括两类：一类是单一的要素指标，如土壤有机质、土壤质地等；另一类是综合要素，如土壤肥力质量、土壤环境质量等。

（一）农田土壤质量单一要素空间变异研究

20 世纪 70 年代后期，美国陆续将地统计学理论应用于土壤调查、制图及土壤变异性的研究中，至今，国内外已开展了许多有关土壤物理、化学以及生物要素方面的空间变异研究。

1. 农田土壤物理要素的空间变异研究

农田土壤物理要素的空间变异研究主要集中在土壤的颗粒组成、容重、含水量以及土壤其他水力学参数等方面。土壤颗粒组成是最基本的土壤物理性质之一，它强烈地影响着水力热力性质等重要的土壤物理特性。国内外许多学者在土壤质地空间异质性及预测方法上做了大量研究，如 Iqbal 等[16]运用地统计学方法研究了美国一冲积平原 162 hm^2 棉花地土壤质地等的半方差结构和空间变异程度；Duffera 等[17]运用地统计学方法研究了美国东南部沿海平原包括土壤质地等土壤物理性质水平和垂直空间变异；高峻等[18]对 60 m×55 m 的农田尺度上（采样间隔 5 m）的土壤颗粒组成及其剖面分层的空间变异进行了研究；张世熔等[19]运用地统计学分析了河北省曲周县 124 个耕层土壤颗粒组成的空间特征。然而，以上的研究仅仅只是对土壤各颗粒组分进行单独预测，忽略了其作为成分数据所具有的特殊性。鉴于此，张世文等[20]基于成分数据空间插值需满足非负、和为常数、误差最小和无偏估计 4 个条件考虑，运用成分克里格法对土壤颗粒组成的空间分布情况，获得较好的预测效果。近年来一种用于模拟地质结构的新方法——多点地统计学模拟得以研究和发展，这为土壤要素空间变异的研究由二维向三维空间扩展创造了条件，He 等[21-23]采用此方法研究了土壤剖面样点颗粒组成由点向空间三维扩展实现，发现在 15 km^2 区域尺度下顺序指示模拟算法能够较好地反映土壤质地层次的空间变异，而在 1 m^3 土体尺度下转移概率指示模拟较顺序指示模拟更能够反映黏粒含量的三维空间分布特征。

在土壤水力学参数方面，国外，Smettem[24]对一个具有质地层次变化的土壤水分入渗参数的空间变异情况进行了研究；Lascano 等[25]对裸土的两个横断面土壤蒸发的空间变异性进行了研究；Iqbal 等[16]对冲积土的容重、饱和导水率、体积含水量等的空间变异性进行了研究。国内，雷志栋等[26]对土壤水吸力、干容重、饱和导水率和含水量的空间变异性进行了分析；李子忠和龚元石[27]应用地统计学方法研究了 10 m×10 m 区域土壤含水量和电导率的空间变异性；付湘等[28]研究了土壤空间变异下田间降雨入渗率的分布特性；刘继龙等[29]对陕西杨凌地区 0～20 cm 和 20～40 cm 土层 van Genuchten 模型参数的空间变异性进行了研究。

2. 农田土壤化学要素的空间变异研究

土壤化学要素空间变异研究包括土壤养分和盐分等特性的空间变异研究。

农田土壤养分状况反映了土壤的肥力水平，是土壤质量诸因素中的重要成分，开展土壤养分空间变异研究对于科学合理地制定农田施肥方案，提高养分资源利用率，实现精准农业都具有重要意义。国外学者早在 20 世纪 60 年代对土壤养分空间变异展开了研究。20 世纪 80 年代，Buress[30]的研究促进了土壤养分空间变异理论的发展，此后便开始了一系列的相关研究。Tabor 等[31]研究了土壤有效 P 及硝酸盐的空间变异性；Cambardella 等[32]研究了田间尺度下有机碳、全氮、NO_3^- - N、pH 以及微量元素等空间变异；Gallardo 和 Paramá[33]对小尺度区域土壤 C、N、P、S、Ca、K、Mg、Fe、Mn、Zn、Si、Al、Na、Ti、Rb 和 Ba 共 16 种元素以及有机质的空间相关性和变异性。近些年来，国内研究人员也开展了对土壤化学要素空间变异的研究。胡克林等[4]研究了田块尺度下土壤 NH_4^+ - N、NO_3^- - N、Olsen - P、有机质和全氮等养分的空间变异特征；白由路等[34]研究了山东地块上的土壤 N、P、K、S、Ca、Mg、Cu、Zn、Fe、Mn、B 等元素的空间变异特征；黄元仿等[2]、苑小勇等[3]、Hu 等[5]分别对各自研究区土壤有机质的空间变异特征进行了研究。

土地盐碱化是当今世界较为严重的环境与社会经济问题之一。目前，全球盐碱土壤面积约为 9.6×10^8 hm^2，我国约有 1.0×10^8 hm^2，开展土壤盐分空间变异性研究将对盐渍化土壤的改良与有效利用意义重大。白由路等[35]对黄淮海平原土壤盐分及其组成的空间变异性进行了研究，将影响盐分分布的因素分为区域因素（稳定因素）和非区域因素（随机因素），将 K^+、Na^+、Ca^{2+}、Cl^-、CO_3^{2-} 划为非区域性盐分离子，SO_4^{2-}、Mg^{2+}、HCO_3^- 为区域性盐分离子。姚荣江等[36,37]研究了黄河三角洲地区不同深度土层盐分含量的空间变异特征，指出微地形和气候条件是影响表层土壤盐分空间变化的主要因素，地下水性质是影响深层土壤盐分空间分布的主要因素；并在此基础上，综合采用三维克里格和随机模拟方法对土体盐分含量的三维空间分布进行模拟，发现土壤盐分随深度增加而升高，存在一定次生盐渍化风险。

3. 农田土壤生物要素的空间变异研究

影响土壤生物空间分布格局的主要原因是环境因素和土壤生物种群之间的相互作用，这种土壤生物的空间分布特征与土壤在不同空间位置上的各种物理、化学和生物过程有着重要的联系。很多研究者认识到生物个体及其组织的空间位置和各种生态过程的空间尺度问题，因此诞生了“空间生态学”，他们常常通过土壤要素的空间变异规律来研究动植物群落格局以及生态系统结构和功能的空间变异特征。如杨秀虹等[38]运用地统计学方法研究了木焦油污染土壤中微生物数量、群落结构以及活性等的空间变异特征，指出土壤中主要污染物多环芳烃含量和空间分布是影响微生物特性空间分布格局的重要因素之一。牛佳等[39]在对若尔盖高寒湿地干湿土壤条件下微生物群落结构特征的研究指出，土壤水分含量的空间异质性是引起湿地生态系统结构和功能空间变异的关键因素。

在农田生态系统中，植物残茬的遗留作用会对土壤生物和其空间分布格局产生长效的影响。Ronn 等[40]研究表明，细菌、噬菌体和线虫的种群在根部凋落物中发育，因为这种基质的作用只在局部存在，所以在离凋落物斑块区大于 1.8 mm 的土壤中，都未检测到种群的增加。Wachinger 等[41]的研究指出，在一定范围内产甲烷细菌的分布和植物凋落物的分布有显著的相关性。李振高等[42]采用根际模拟和切片技术研究水稻根区土壤硝化－反硝化作用及期相关生态因子沿根系接触面水平空间变异，土壤亚硝酸细菌在距根系接触面10～30 mm区分布较高。另外，土壤耕作不仅影响土壤物理与化学性质，也影响土壤微生物种群的变化。Stoyan等[43]在畦栽作物中土壤呼吸和植物寄生线虫的变程大小反映种植的畦间距的大小；刘建新[44]通过测定苹果与小麦间作条件下土壤生物活性的变化，指出几种主要土壤酶活性、微生物数量存在离树距内的空间变异；Robertson和Gross[45]在研究耕作方式与农林复合系统中的线虫的相关性，发现在耕作方式多年不变的条件下，耕作方式与农林复合系统中的线虫空间相关尺度为6～80 m。

（二）农田土壤质量综合要素空间变异研究

土壤质量系统是诸多要素的综合反映，各种要素间既有区别又紧密联系、相互作用，单一的土壤要素无法定量地表达土壤质量状况，因此，学者们往往选择能反映土壤质量综合状况的几个最关键要素组合来进行研究。根据土壤利用人的目的和要素组合不同，土壤质量主要包括土壤肥力质量、土壤环境质量和土壤健康质量三个方面。然而，就现有研究来说，有关土壤健康质量方面的研究目前还比较少，大多研究仍是从土壤环境质量状况来侧面反映土壤健康质量状况。

1. 农田土壤肥力质量空间变异研究

土壤肥力质量是土壤提供植物养分和生产生物物质的能力，能反映土壤肥力质量状况的指标有物理指标（容重、质地、土壤耕性、导水率等）、化学指标（各养分含量、pH、CEC等）和生物学指标（细菌数量、C/N、土壤呼吸等）等。目前，对于土壤肥力质量的空间变异研究，一些学者根据自身研究区的特点首先构建了土壤肥力质量评价指标体系，然后对体系中各肥力要素逐一进行空间变异研究。如张华等[46]以我国热带地区一个典型农场为样区，采用地统计学方法对土壤肥力质量评价最小数据集中土壤表层和亚表层有机碳、容重、黏粒含量、速效P、速效K、阳离子交换量、pH等8个指标的空间变异性进行综合分析，指出明表层土壤由于受随机因素影响更为强烈导致空间变异性增强。然而，各肥力要素的分散研究终究不能很好反映土壤肥力综合的质量状况，因此越来越多的学者在各肥力要素空间变异研究的基础上，通过选择合适的评价方法对土壤肥力质量综合状况进行评价，进一步研究了土壤肥力质量综合指数的空间变异特征；张庆利等[47]在选择有机质、全氮、速效磷、速效钾、阳离子交换量及pH等肥力指标的基础上，采用修改后的内梅罗公式计算土壤综合质量指数，研究了各肥力要素和土壤综合质量指数的空间变异特征，指出地形地势是决定该区域土壤质量空间分布的最根本的原因；崔潇潇等[48]研究了北京大兴区土壤有机质、全氮、速效磷、速效钾和pH各肥力要素以及评价后土壤肥力指数的空间变化规律，指出土壤质地和人为因素是土壤肥力空间变异的主要原因；叶回春等[1]根据前人关于土壤肥力质量空间变异研究所选的土壤养分指标大多为有机质、全氮、有效磷以及速效钾等土壤常规养分的局限性，通过引入微量元素养分指标（有效 Fe、有效 Mn、有效 Cu 和有效 Zn），研究了北京延庆盆地农田表层土壤肥力质量的空间变异特征，指出该区域土壤肥力质量总体分布受机质和全氮影响大，局部地区分布同时还受有效 Cu、Zn 等微量元素养的影响。

2. 农田土壤环境质量空间变异研究

土壤环境质量是土壤容纳、吸收和降解各种环境污染物质的能力，并进而影响和促进人类和动植物健康的能力。目前有关土壤环境质量的空间变异研究主要集中在土壤重金属和农药等有机污染物方面。在农田系统中，化肥、农药和污水灌溉等是农田面源污染的主要来源，庞夙等[49]研究了四川省双流县土壤 Cu、Zn、Ge 含量空间变异特征，指出其均具有中等程度的空间自相关性，而化肥使用量是其空间变异的主要因子；解文艳等[50]对太原市污灌区土壤重金属（Pb、Zn、Cu、Ni、Mn、Cr、As、Hg、Cd）含量分布特征进行了分析评价，指出各种重金属单因子污染指数和综合指数在研究区有相似的空间分布格局，Ni、Mn、As、Cr 来自污水灌溉，Cd、Zn、Pb 和 Cu 可能来自污水灌溉和大气沉降，但以污水灌溉的贡献为主，Hg 除受污水灌溉的影响外，燃煤释放的 Hg 可能是重要来源之一；Zhang 等[51]还研究了北京地区土壤有机氯农药六六六和滴滴涕（DDT）残留量及异构体、代谢物含量的空间变异特征，发现由于它们主要受人为因素控制，因为表现出较强的空间变异性。城市边缘带由于其地理位置特殊，在来自工业、农业、交通以及城市生活多重环境压力下，其土壤环境和健康质量明显下降，土壤中持久性毒害物质明显积累。柳云龙等[52]研究了上海城郊乡样带土壤样品 Cu、Zn、Pb、Cr、Mn 等重金属的空间变异结构和分布格局进行了分析，并采用内梅罗综合指数法评价了土壤重金属的污染程度，发现土壤重金属之间表现为复合污染，土壤重金属污染城郊乡梯度差异明显，工业化、城市化与城市土壤重金属空间分布密切相关。Hu 等[53]研究了北京大兴区土壤 Cu、Zn、Pb、Cr、Cd、Ni、As、Se、Hg 和 Co，指出 Co、Se、Cd、Cu 和 Zn 具有较强的空间相关性，其他均具有中等程度的空间相关性，土壤质地和有机质含量是影响土壤重金属含量空间变异的重要因素，而大气沉降、河流污水灌溉是土壤重金属积累的主要原因。

另外，高精度的土壤质量数字制图为利用、改良和保护土壤资源提供科学依据。张世文等[54]基于目前广泛使用的基于参评指标空间插值结果的土壤质量数字制图方法精度最低、工序较繁琐，且无法反映研究区景观高度异质的特点，提出基于计算后的土壤质量指数（soil quality index，SQI）借助于地统计学方法的土壤质量数字制图方法相对比较科学合理，其中又以基于计算后的 SQI 和回归克里格法预测效果最好。

四、农田土壤质量要素空间变异尺度效应研究

尺度是近年来在地理学研究中出现频率极高的一个术语。在地理学中，尺度是指研究对象或过程的时间或空间维、用于信息收集和处理的时间或空间单位、由时

间或空间范围决定的一种格局变化[55]。随着尺度变大，研究对象内的综合性、概括性增强，研究对象之间的主导分异因子级别提高；随着尺度变小，研究对象内的分异性、多样性增强，研究对象之间的主导分异因子级别降低。

在土壤学领域中，所谓的尺度效应是指土壤特征的变化对尺度大小的依赖（采样间隔、采样范围、支撑效应）。在一个特定时段，由于科学认知水平、财力、时间和精力等方面的限制，很多研究只能在离散或单一的尺度上进行[56]。某一种采样尺度只能揭示相应的变化规律，某一种空间结构特征只能在一定采样尺度下才能表现出来[57]。因此，尺度大小的选择、向下或向上转换是研究过程不可或缺的一个环节。尺度选择过大，大量细节被省略；研究尺度过小，陷入局部而不能窥其全貌。

目前关于土壤特征尺度效应的研究主要分为两个方面[58]：一是比较不同尺度参数下土壤要素空间变异规律的差异性。如杨奇勇等[59,60]运用地统计学，探讨了县级和镇级两个空间尺度下的耕地土壤常规养分的空间变异特征，发现随着尺度的缩小，所有养分空间自相关性减弱，除全氮外，变异系数均增大。柴旭荣[61]分别以40 km、30 km、20 km 和 10 km 样点间距，以相同的样点数设置了四个不同空间尺度样区，指出空间尺度是影响我们认识土壤目标变量空间结构的主要因素，不同空间尺度，相同样本点数所得到的变异函数所体现的目标土壤变量的空间相关度存在明显的差别。徐英等[57]采用一维和二维采样设计，从变异函数的等级结构角度研究了土壤盐分和水分在不同采样尺度下的空间变异规律，指出土壤的水分和盐分随着采样尺度的变化表现出不同的结构性，变异函数属于同一级结构的，大尺度采样可以代替小尺度采样，但插值精度也会明显降低。二是基于土壤属性多尺度空间变异结构的嵌套插值。如于婧等[62]，霍霄妮等[63]利用根据采样尺度构建了各自研究区土壤特征的半变异函数多尺度套合模型，指出多尺度套合的半变异函数 Kriging 插值比单一尺度半变异函数 Kriging 插值效果要好。巫振富等[58]从建模角度探讨了景观复杂区土壤有机质空间预测过程中不同空间尺度数据的利用问题，指出预测过程中应基于大尺度数据模拟趋势值，大、小尺度数据相结合来拟合剩余残差的空间变异函数。

随着土壤空间问题研究的不断深入，尺度问题将越来越受重视，根据已有学者在地理学领域提出的若干尺度研究的关键问题[56]，本节初步提出土壤空间尺度研究应当解决的以下几个关键问题。

（1）关于空间异质性尺度效应问题，随着尺度增大，土壤特性的空间异质性将会降低，因为其间的很多细节将会被忽略。也就是说，小尺度信息丰富，但随机成分混杂；而大尺度信息相对较少，但以确定性成分为主。实际上，土壤特性空间格局是尺度大小的函数，当尺度增大时，非线性特征下降，线性特征增强。然而，尺度大小与线性和非线性之间的转变关系是难以确定的。

（2）关于主导环境因子及过程特性尺度效应问题，每一尺度上主导过程是不同的，如小尺度上的土壤有机碳的分布主要受其立地的土壤特性和田间管理所决定，而在较大的尺度上，地形、气候则起主导作用。某一过程的特性是针对某一特定尺度而存在的，在小尺度上观测到的一个特定的非平稳过程，在较大尺度上也许就表现为平稳过程。当观测尺度逐渐增大时，小尺度上涌现的非平稳特征将会逐渐消失。另外，值得注意的是，干扰因素、噪声等也会随着尺度变化而变化。

（3）关于多尺度之间的尺度转换问题，同一个尺度下由于土壤过程的相似性，尺度推绎比较容易；当研究在多个尺度下进行时，由于不同过程在不同尺度上起作用，尺度推绎往往复杂化。在尺度间的过渡带常常会出现混沌或其他难以预测的非线性变化。研究的尺度越多，尺度间转换的不确定性就会越大。

五、研究展望

总结当前国内外土壤质量空间研究的最新进展，结合我国的实际情况，未来农田土壤质量空间变异研究仍需从以下几方面内容进行开展：①农田质量关键要素的物理、化学和生物过程的相互作用和耦合机制的研究，主要揭示农用地质量形成过程，实现过程定量化；②农用地质量及其关键要素的时间变化趋势和空间分布规律的研究，以及农用地质量演变的驱动因素，揭示农用地质量的演变趋势；③农用地质量因素、指标和等级变化的多尺度转换方法和模型研究。另外，随着科学技术的发展，获取相关环境信息成为必然，而空间数据的不确定性成为不可回避的问题，如何解决多元数据、空间数据集成的不确定性也是一大难题，这些都是今后需要进一步考虑和深入研究解决的问题。

参考文献

[1] 叶回春，张世文，黄元仿，等．北京延庆盆地农田表层土壤肥力评价及其空间变异．中国农业科学，2013，46（15）：3151－3160.

[2] 黄元仿，周志宇，苑小勇，等．干旱荒漠区土壤有机质空间变异特征．生态学报，2004，24（12）：2776－2781.

[3] 苑小勇，黄元仿，高如泰，等．北京市平谷区农用地土壤有机质空间变异特征．农业工程学报，2008，24（2）：70－76.

[4] 胡克林，李保国，林启美，等．农田土壤养分的空间变异性特征．农业工程学报，1999，15（3）：33－38.

[5] Hu K, Li H, Li B, et al. Spatial and temporal patterns of soil organic matter in the urban－rural transition zone of Beijing. Geoderma, 2007, 141（3－4）: 302－310.

[6] Zhang S, Shen C, Chen X, et al. Spatial interpolation of soil texture using compositional kriging and regression kriging with consideration of the characteristics of compositional data and environment variables. Journal of Integrative Agriculture, 2013, 12（9）: 1673－1683.

[7] Zhang S, Huang Y, Shen C, et al. Spatial prediction of soil organic matter using terrain indices and categorical variables as auxiliary information. Geoderma, 2012, 171: 35－43.

[8] Chai X, Shen C, Yuan X, et al. Spatial prediction of soil organic matter in the presence of different external trends with REML－EBLUP. Geoderma, 2008, 148（2）: 159－166.

[9] Mishra U, Lal R, Liu D, et al. Predicting the spatial variation of the soil organic carbon pool at a regional scale. Soil Science Society of America Journal, 2010, 74 (3): 906 - 914.

[10] Zhang C, Tang Y, Xu X, et al. Towards spatial geochemical modelling: Use of geographically weighted regression for mapping soil organic carbon contents in Ireland. Applied Geochemistry, 2011, 26 (7): 1239 - 1248.

[11] 王政权. 地统计学及在生态学中的应用. 北京: 科学出版社, 1999.

[12] 柴旭荣, 黄元仿, 苑小勇. 用高程辅助提高土壤属性的空间预测精度. 中国农业科学, 2007, 40 (12): 2766 - 2773.

[13] 柴旭荣, 黄元仿, 苑小勇, 等. 利用高程辅助进行土壤有机质的随机模拟. 农业工程学报, 2008, 24 (12): 210 - 214.

[14] Chai X, Huang Y, Yuan X. Accuracy and uncertainty of spatial patterns of soil organic matter. New Zealand Journal of Agricultural Research, 2007, 50 (5): 1141 - 1148.

[15] 刘琼峰, 李明德, 段建南, 等. 农田土壤铅、镉含量影响因素地理加权回归模型分析. 农业工程学报, 2013 (3): 225 - 234.

[16] Iqbal J, Thomasson J A, Jenkins J N, et al. Spatial variability analysis of soil physical properties of alluvial soils. Soil Science Society of America Journal, 2005, 69 (4): 1338 - 1350.

[17] Duffera M, White J G, Weisz R. Spatial variability of Southeastern US Coastal Plain soil physical properties: Implications for site - specific management. Geoderma, 2007, 137 (3): 327 - 339.

[18] 高峻, 黄元仿, 李保国, 等. 农田土壤颗粒组成及其剖面分层的空间变异分析. 植物营养与肥料学报, 2003, 9 (2): 151.

[19] 张世熔, 黄元仿, 李保国. 冲积平原区土壤颗粒组成的趋势效应与异向性特征. 农业工程学报, 2004, 20 (1): 56 - 60.

[20] 张世文, 王胜涛, 刘娜, 等. 土壤质地空间预测方法比较. 农业工程学报, 2011 (1): 332 - 339.

[21] He Y, Chen D, Li B G, et al. Sequential indicator simulation and indicator kriging estimation of 3 - dimensional soil textures. Soil Research, 2009, 47 (6): 622 - 631.

[22] He Y, Hu K L, Chen D L, et al. Three dimensional spatial distribution modeling of soil texture under agricultural systems using a sequence indicator simulation algorithm. Computers and Electronics in Agriculture, 2010, 71: S24 - S31.

[23] He Y, Hu K, Li B, et al. Comparison of sequential indicator simulation and transition probability indicator simulation used to model clay content in microscale surface soil. Soil science, 2009, 174 (7): 395 - 402.

[24] Smettem K R J. Characterization of water entry into a soil with a contrasting textural class: spatial variability of infiltration parameters and influence of macroporosity. Soil science, 1987, 144 (3): 167 - 174.

[25] Lascano R J, Hatfield J L. Spatial variability of evaporation along two transects of a bare soil. Soil Science Society of America Journal, 1992, 56 (2): 341 - 346.

[26] 雷志栋, 杨诗秀, 许志荣. 土壤特性空间变异性初步研究. 水利学报, 1985, 9: 10 - 21.

[27] 李子忠, 龚元石. 农田土壤水分和电导率空间变异性及确定其采样数的方法. 中国农业大学学报, 2000, 5 (5): 59 - 66.

[28] 付湘，谈广鸣，胡铁松．土壤空间变异下田间降雨入渗率的分布特性．水利学报，2010，7：9．

[29] 刘继龙，马孝义，张振华．不同土层土壤水分特征曲线的空间变异及其影响因素．农业机械学报，2010，41（1）：46－52．

[30] Burgess T M，Webster R. Optimal interpolation and isarithmic mapping of soil properties The semi－vario－gram and punctual kriging. 1980，31：315－345.

[31] Tabor J A，Warrick A W，Myers D E，et al. Spatial variability of nitrate in irrigated cotton：II. Soil nitrate and correlated variables. Soil Science Society of America Journal，1985，49（2）：390－394.

[32] Cambardella C A，Moorman T B，Parkin T B，et al. Field－scale variability of soil properties in central Iowa soils. Soil Science Society of America Journal，1994，58（5）：1501－1511.

[33] Gallardo A，Parama R. Spatial variability of soil elements in two plant communities of NW Spain. Geoderma，2007，139（1）：199－208.

[34] 白由路，金继运，杨俐苹，等．农田土壤养分变异与施肥推荐．植物营养与肥料学报，2001，7（2）：129－133．

[35] 白由路，李保国，胡克林．黄淮海平原土壤盐分及其组成的空间变异特征研究．土壤肥料，1999，3：22－26．

[36] 姚荣江，杨劲松，刘广明，等．黄河三角洲地区典型地块土壤盐分空间变异特征研究．农业工程学报，2006，22（6）：61－66．

[37] 姚荣江，杨劲松，赵秀芳，等．沿海滩涂土壤盐分空间分布的三维随机模拟与不确定性评价．农业工程学报，2010，26（11）：91－97．

[38] 杨秀虹，李适宇，Bengtsson G. O. Ran，等．木焦油污染土壤中微生物特性的空间变异性研究．应用生态学报，2005，16（5）：939－944．

[39] 牛佳，周小奇，蒋娜，等．若尔盖高寒湿地干湿土壤条件下微生物群落结构特征．生态学报，2011，31（2）：474－482．

[40] Ronn R，Griffiths B S，Ekelund F，et al. Spatial distribution and successional pattern of microbial activity and micro－faunal populations on decomposing barley roots. Journal of Applied Ecology，1996：662－672.

[41] Wachinger G，Fiedler S，Zepp K，et al. Variability of soil methane production on the micro－scale：spatial association with hot spots of organic material and Archaeal populations. Soil Biology and Biochemistry，2000，32（8）：1121－1130.

[42] 李振高，俞慎，潘映华，等．水稻根际硝化－反硝化作用生态因子的水平空间变异．土壤学报，1999，36（1）：111－117．

[43] Stoyan H，De－Polli H，et al. Spatial heterogeneity of soil respiration and related properties at the plant scale. Plant and Soil，2000，222（1－2）：203－214.

[44] 刘建新．苹果与小麦间作对土壤养分状况及生物活性的影响．土壤肥料，2004（1）：34－36．

[45] Robertson G P，Gross K L. Assessing the heterogeneity of belowground resources：quantifying pattern and scale. In “Exploitation of environmental heterogeneity by plants（Caldwell M M and Pearcy R W，eds.）”. New York：Academic Press，1994：237－252.

[46]　张华，张甘霖．热带低丘地区农场尺度土壤质量指标的空间变异．土壤通报，2003，34（4）：241－245．

[47]　张庆利，潘贤章，王洪杰，等．中等尺度上土壤肥力质量的空间分布研究及定量评价．土壤通报，2003，34（6）：493－497．

[48]　崔潇潇，高原，吕贻忠．北京市大兴区土壤肥力的空间变异．农业工程学报，2010，26（9）：327－333．

[49]　庞夙，李廷轩，王永东，等．县域农田土壤铜、锌、铬含量空间变异特征及其影响因子分析．中国农业科学，2010，43（4）：737－743．

[50]　解文艳，樊贵盛，周怀平，等．太原市污灌区土壤重金属污染现状评价．农业环境科学学报，2011（08）：1553－1560．

[51]　Zhang H, Gao R, Hhuang Y, et al. Spatial variability of organochlorine pesticides (DDTs and HCHs) in surface soils from the alluvial region of Beijing, China. Journal of Environmental Sciences, 2007, 19 (2): 194－199.

[52]　柳云龙，章立佳，韩晓非，等．上海城市样带土壤重金属空间变异特征及污染评价．环境科学，2012，33（2）：599－605．

[53]　Hu K, Zhang F, Li H, et al. Spatial patterns of soil heavy metals in urban－rural transition zone of Beijing. Pedosphere, 2006, 16 (6): 690－698.

[54]　张世文，张立平，叶回春，等．县域土壤质量数字制图方法比较．农业工程学报，2013（15）：254－262．

[55]　陈睿山，蔡运龙．土地变化科学中的尺度问题与解决途径．地理研究，2010（07）：1244－1256．

[56]　李双成，蔡运龙．地理尺度转换若干问题的初步探讨．地理研究，2005，24（1）：11－18．

[57]　徐英，陈亚新，史海滨，等．土壤水盐空间变异尺度效应的研究．农业工程学报，2004，20（2）：1－5．

[58]　巫振富，赵彦锋，齐力，等．复杂景观区土壤有机质预测模型的尺度效应．土壤学报，2013，50（1）：68－77．

[59]　杨奇勇，杨劲松，刘广明．土壤速效养分空间变异的尺度效应．应用生态学报，2011，22（2）：431－436．

[60]　杨奇勇，杨劲松．不同尺度下耕地土壤有机质和全氮的空间变异特征．水土保持学报，2010，24（3）：100－104．

[61]　柴旭荣．土壤属性空间预测精度与不确定性分析——有限最大似然法和高程辅助变量的应用．北京：中国农业大学，2008．

[62]　于婧，周勇，聂艳，等．江汉平原耕地土壤氮素空间尺度套合与变异规律研究．中国农业科学，2007，40（6）：1297－1302．

[63]　霍霄妮，李红，张微微，等．北京耕作土壤重金属多尺度空间结构．农业工程学报，2009，25（3）：223－229．

第二节　现行农村土地政策视野下的国家与农民关系变化初探

摘　要：1994 年分税制改革以后，地方财权上收，事权未减，面临着严重的财政压力。城镇化逐步成为其新的生财之道，形成了土地、财政、金融三位一体的发展模式。没有土地，发展无从谈起。我国实行趋紧严格的土地管理制度，土地的开源成为首要问题。在此背景下，增减挂钩等系列农村土地政策的出台，引导农民集中居住，极大地改变了传统的国家与农民关系，远离城市中心区域的农民也被纳入城镇化进程当中。

传统的国家与农民关系的探讨多集中在“交公粮”意义上，国家的典型代表便是收缴“公粮”或进行计划生育工作的乡镇干部。但随着农村税费制度改革的完成，农业税废除，以及计划生育工作近年来的“低调化”，似乎国家不再与农民个体发生直接的关联。那么，在此背景下，如何考量国家与农民的关系。随着我国工业化城镇化进程的高速推进，一方面的问题是大量农民土地被征用；而另一方面的问题则是大量农民工进城务工却难以在城市“落地”，人口城镇化的进程缓慢。在此背景下，相较于税费改革以前的“农民负担”问题，现阶段的国家与农民关系的核心在于土地，所涉及的农民也从城郊失地农民拓展至远离城市中心区域的农区农民。本节即以农村土地政策为视角考察新时期国家与农民的关系。

一、城市反哺农村的努力

从国家层面来看，2004 年胡锦涛在中共十六届四中全会上提出：“纵观一些工业化国家发展的历程，在工业化初始阶段，农业支持工业、为工业提供积累是带有普遍性趋向的；但在工业化达到相当程度以后，工业反哺农业、城市支持农村，实现工业与农业、城市与农村协调发展，也是带有普遍性趋向的。”在随后召开的中央经济工作会议上，更进一步明确提出我国现在总体上已到了“以工促农、以城带乡”的发展阶段，要求“必须顺应这一趋势，更自觉地调整国民收入分配格局，更积极地支持三农发展。”因此，工业对农业的反哺以及城市对农村的支持，成为农业与国民经济关系的一个根本性战略调整。通观 2004—2013 年的连续 10 个中央一号文件，关注于统筹城乡发展、发展现代农业、促进农民增收，以取消农业税、投资农村基础设置建设、推广现代农业技术、增加对农民直接补贴等为主要内容，基本上形成了“多予少取”的改革特征。

然而，自中央而下的“反哺”战略也对基层政权造成了巨大的压力，因为通常

本节由谭明智编写。

作者简介：谭明智（1987—），男，博士，主要研究方向为农村土地政策问题。

情况下，“上头”下来的一项资金，需要“下面”有相应的配套资金支持。作为反哺农业的重头戏，自2002年开始的税费改革直至农业税的全面取消，对以农业税收入为大头的乡镇财政来说就更加难以维系，很多乡镇都背负了大量旧债，这些债务难以通过中央以转移支付等方面所给予的有限补贴来解决。乡镇财政有逐步走向“空壳化”的趋势。另一方面，乡镇支出经费口径依旧，乡镇财力的有限性与事权的无限性的矛盾越来越突出，很多乡镇完全陷入保工资、保运转的尴尬境地，很多地方官员将之形容为乡镇财政“哭爹喊娘”的困境。

基于对反哺战略的考察与反思，部分学者认为时下中国的“三农”问题是长久以来中国城乡二元分割结构以及中国特有的中央地方关系的格局确立的，其实质是一种结构矛盾，无法单纯依靠加大三农投入这种经济措施来解决。而缩小城乡差距一直面临的两种制度困境是户籍制度和土地制度。在此背景下，如何使得农民能够分享改革所带来的增值收益成为讨论的重要问题。增值收益，聚焦于土地。那么，土地何以成为增值收益的核心？

二、分税制改革后的地方政府

1994年以来，中央政府推行分税制改革，在财政体系上中央集权空前绝后。地方政府财权上收，而事权未减。工业税收中央拿走大头（增值税中央上收75%），地方政府难以从地方工业发展中获得巨额收益。在分税制下，地方政府兴办经营企业的收益减少而风险加大。加之，增值税属于流转税类，按照发票征收，无论企业实际盈利与否，只要企业有进出项目，就要收税。地方政府兴办工业企业的积极性深受打击。取而代之的，土地财政收入以及城市化所带来的大量营业税收入，开始成为地方政府增收和增加政绩的重要途径。兴办工业区在很大程度上也不再是单纯为了“企业利润”，而更多为了获取由此带来的城镇化收益，包括土地地价上涨后的土地财政收入以及由此所带来的第三产业发展的收益等等。

在此过程中，形成的是一种“土地、财政、金融”三位一体的发展模式，简单来说便是：土地收入、银行贷款、城市建设、征收土地之间形成了一个滚动增长的循环过程。地方政府走出了一条新的生财之道。土地扩张和土地资本化极大地推动了城镇化，2003—2012年间，全国国有建设用地供应总量从 28.64×10^4 hm^2 增加到 69.04×10^4 hm^2，2000—2012年间城市建成区面积扩增了一倍多，土地出让收入增加了45倍多。土地在中国21世纪以来的社会经济发展中扮演着举足轻重的作用。地方发展已经对土地形成高度依赖。没有了土地，发展便无从谈起。

三、引导农民集中居住：土地的开源

一方面，地方发展离不开土地；另一方面，我国实行严格的土地管理制度，18亿亩耕地红线作为一项政治任务必须完成。中央政府强调耕地占补平衡，对于地方则严控新增建设用地指标的审批。但随着城镇化工业化进程的推进，占用耕地之势在所难免。根据国家信息中心的测算："未来到2030年，我国基本完成城镇化和工业化，城镇化率将达到70%，需要转移约3亿人口，估计再有约4000万亩土地就够了。"由此造成了一个"保发展"与"保耕地"之间的矛盾，对于很多地区而言，占补平衡愈发成为困难重重的政治任务。

对中央来讲，为了维持地方发展的积极性又不得不为地方政府"开口子"，还要在现有的政治框架下为地方发展寻找新的土地，城乡建设用地增减挂钩政策便是针对农村集体建设用地不节约集约利用的现状而出台的"找地"政策。所谓增减挂钩指的是"城镇建设用地的增加与农村集体建设用地的减少相挂钩"。作为预算外的用地指标，这一政策对地方政府形成了强烈的指标激励，积极开展农村土地的复垦建新工作。"农民上楼"一词便是对此运动的形象解释。

四、农民集中居住与人口城镇化

引导农民集中居住的政策逻辑之一在于：农民不断转移进程从而完成人口城镇化。但在事实上，农民大规模上楼形成一种诡异的"反城市化"效应。即农民的集中居住从长远来看其实是限制了农民向城市的自然流动，人为地将农民"束缚"在村庄中的现象，而在城市打工的农民则更加难以在城市"落地"。

其主要发生机制是：第一，"集中居住"一次性掏空了农民的多年积蓄。农民集中居住仅靠财政拨款在很多地区远远不够，尤其是农民希望获得高于地方平均住宅面积的情况下，还需要自身再掏出一部分积蓄才能顺利"上楼"，同时，上楼以后的生活成本等会有明显上升。而这些积累资金本可以成为农民长期内进城"落地"的重要资本，目前一下子被打断。第二，由于年轻人大部分都在外打工，农民集中居住小区呈现出明显的"老人化"趋势，对公共服务和福利的需求急速上升，加大了地方财政和治理的压力。第三，村庄的合并以及一家一房甚至多房的情况，在某种程度上反而延缓了村庄的自然缩小以及人口的外迁进程，随着城市生活工作的压力增大，返乡就业成为更多人的选择。

五、国家与农民关系的变化

我们知道，农民的土地主要包括两个方面：承包地和宅基地。在传统的"征地"问题上，近城郊农民或处于重大基础设施建设区的农民承包地和宅基地被国家征用，给以一定的补偿安置，变为国有建设用地。也正是在这个意义上才有了"土地财政"的问题。针对这个问题，近年来的讨论已逐步厘清，讨论程度已经深入到进行我国现行征地制度改革的层面。但在增减挂钩政策框架内，远离城市中心区域的农民，通过宅基地退出，改变其原有居住模式住进楼房，腾出大量的集体建设用地指标，指标漂移进城区，从而进一步推动城区的城镇化建设。周其仁等认为这个政策是典型的"还权赋能"，是一种"通过改革土地制度让农村和农民分享了一部分城市化带来的土地收益的上涨"的制度改革。对此问题，争论很多。但就国家与农民关系而言，以土地为核心，处于不同区域的农民与国家发生全方位的直接关系。从“反哺”为核心的统筹城乡发展和以新农村建设为重心逐步转向以农村土地管理制度改革为核心、以“农村出地、城市拿钱、农民上楼”模式为典型的城乡一体化式的发展道路。

参考文献

[1]　蔡昉．工业反哺农业、城市支持农村的经济学分析．中国农村经济，2006，1.

[2]　贺雪峰．地权的逻辑．北京：中国政法大学出版社，2010.

[3]　渠敬东，周飞舟，应星．从总体支配到技术治理．中国社会科学，2009，6.

[4]　郁建兴，高翔．农业农村发展中的政府与市场、社会：一个分析框架．中国社会科学2009，6.

[5]　周飞舟．生财之道：土地开发和转让中的政府和农民．社会学研究，2007，1.

[6]　周飞舟．以利为利．上海：上海三联出版社，2012.

[7]　周其仁．还权赋能：奠定长期发展的可靠基础．北京：北京大学出版社，2010.

第三节　县域土壤质量评价系统的开发和应用
——以北京市密云县为例

摘　要： 土壤质量评价系统是数字土壤系统的重要组成部分，将极大提高土壤质量评价的速度和效率，对于及时掌握和监测土壤质量意义重大。基于土壤质量评价最小数据集和北京市数字土壤系统研究成果，以隶属度函数和主成分分析为量化手段，借助于数据库和地理信息系统等相关技术，建立土壤质量评价数据库，开发了土壤质量评价系统，并以北京市密云县2010年数据为例，实现县域土壤质量评价基础数据管理和土壤质量自动化评价，实现从基础数据、规则管理到评价结果统计一体化。开发的系统具有通用性强、界面友好、操作方便等特点，用户可以根据评价目标的不同设置专门的评价单元和评价规则，评价规则具有多样化，具有很强的灵

本节由张世文，叶回春，段增强，沈重阳，张立平，胡友彪，黄元仿编写。

作者简介：张世文，讲师，博士，主要从事土壤属性空间异质性、土地利用与信息技术研究；叶回春，博士生，主要从事土壤水氮模拟；沈重阳，副教授，博士，主要从事土壤环境物理研究；段增强，副教授，博士，主要从事土地信息技术研究；胡友彪，教授，博士，主要从事矿区环境治理研究；黄元仿，教授，博士，主要从事水土资源高效利用。

基金项目：国家自然科学基金（41071152）、公益性行业（农业）科研专项（201103005－01－01）、国土资源部公益性行业科研专项（201011006－3）。

活性。

一、引言

土壤质量是目前国际研究的热点问题[1-3]，以往的研究大多集中在土壤质量指标的筛选[4-6]、指标权重的确定[7,8]等方面。随着土壤质量研究的深入，其重点逐渐转移到对土壤、质量监测方法的研究上，快速准确获得土壤质量状况，传统的土壤质量评价方法需要大量的人工计算工作，耗时费力，且由于人为因素影响，结果往往精度较低，基本上不能适应目前工作的需求，因此，需要研究一套基于现代信息技术的自动化评价方法，以准确、快速地了解土壤质量状况。为了解决这一问题，目前部分学者利用 GIS 对土壤质量指标进行自动化处理，大大提高了土壤质量评价的速度[9,10]，但仍存在基础数据管理不能实现系统内自动化更新以及地理数据和属性数据分离存储等不足之处。

应用型地理信息系统是指在一定的地理信息系统开发平台的基础上，经过二次开发得到的适用于一定应用目的的系统，它比较容易实现 GIS 的基本功能，使评价工作朝着自动化、电子化、可视化的方向发展。本节利用数据库和地理信息系统等相关技术，建立土壤质量评价数据库，开发了土壤质量评价系统，并基于北京市密云县 2010 年数据，进行了考试点应用研究。

二、系统总体设计和功能

通过 Delphi 与地理信息开发软件 SuperMap 集成，再调用 Access 数据库信息实现系统功能，并通过 GIS 图形信息浏览，使用户操作更加简单方便。县域土壤质量评价系统（Soil Quality Assessment System，SQAS）总的设计思路见图 2-1。

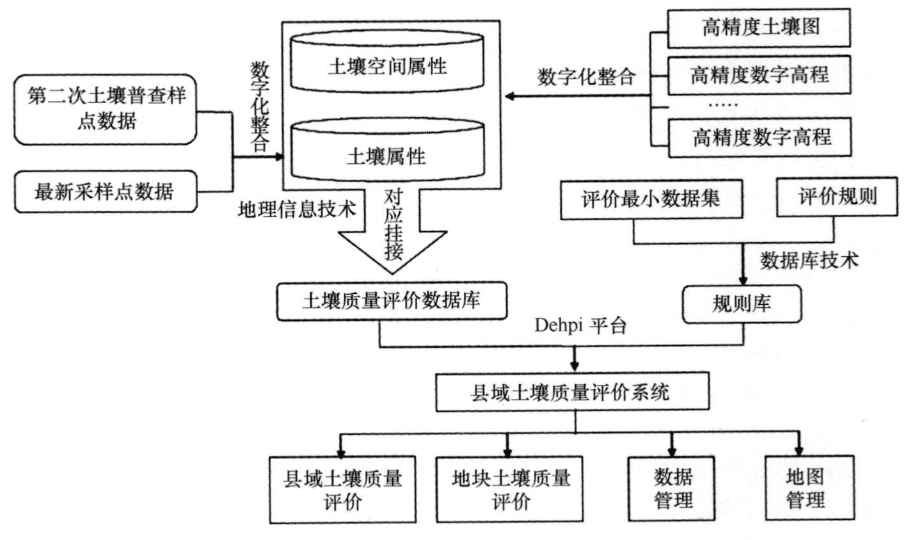

图 2-1　土壤质量评价系统设计思路

（一）评价单元的确定

土壤质量评价单元可采用单一的地类图斑、土壤类型图斑，也可将地类图斑和土壤类型图斑结合进行划分，本节采用后者，基于 ArcGIS10.0 将地类和土壤图斑进行空间叠置生成土壤质量评价单元。考虑到两者空间叠置后将产生众多细小图斑，本研究将对小于 666.7 m^2 的小图斑进行合并，将小图斑合并至相邻的最大周长和面积区，并扣除水库、裸露岩石以及建制镇、工矿仓储公路用地、铁路用地等建设用地。

（二）数据库的建立

参考农业部“县域土壤资源管理信息系统数据字典”，结合北京市密云县实际情况，设计土壤质量评价数据库，从而确保数据库的标准化和模型库、方法库与数据库的相对独立性。

1. 空间数据

区域土壤质量评价的空间数据包括土壤图、土地利用图和基础地理要素图等，输入模式按其性质分别选用 polygon、line 和 point。空间数据采用 SuperMap 6 以数据源和数据集的方式存储，一个数据源包括若干个数据集。

2. 属性数据

这类数据一般与地理要素相关，都有索引字段记录所在的要素，以进行地图要素与属性数据的匹配，土壤质量评价属性数据包括土壤（土壤有机质、全氮、碱解氮、有效磷、速效钾含量、有效态微量元素含量、重金属含量、pH 值、容重、土壤颗粒组成）、立地条件（高程、坡度）、土壤类型等。

对采样点数据采用地统计学插值方法进行最优无偏插值，通过插值可获得土壤属性的等值线图，并在此基础上采用 ArcGIS 的区统计功能（zonal statistics）获取图斑的属性并添加到属性数据库中，从而能更精确地完成采样点数据由点到面的扩展。本系统也可以实现数据的自动更新，系统提供了反距离加权法、克里格法等由点到面的扩展方法（图 2－2）。

3. 模型运行数据

运行系统模型所需的数据包括土壤质量评价的相关评价标准、模型运算的参数等以及模型运行结果的数据。相关的评价标准和模型运算参数可以通过各种方法获取，采用累计概率曲线和主成分分析获取参评指标分级标准和相应权重，评价方法采用指数和法。

4. 数据库标准化

为了实现数据库的标准化和规范化，使其具有较强的可操作性和完整的容错性，便于和其他常用格式转换进行数据共享，并实现开发和维护并重。参照农业部的《县域耕地资源管理信息系统数据字典》，制定了县域土壤质量评价单元属性数据标

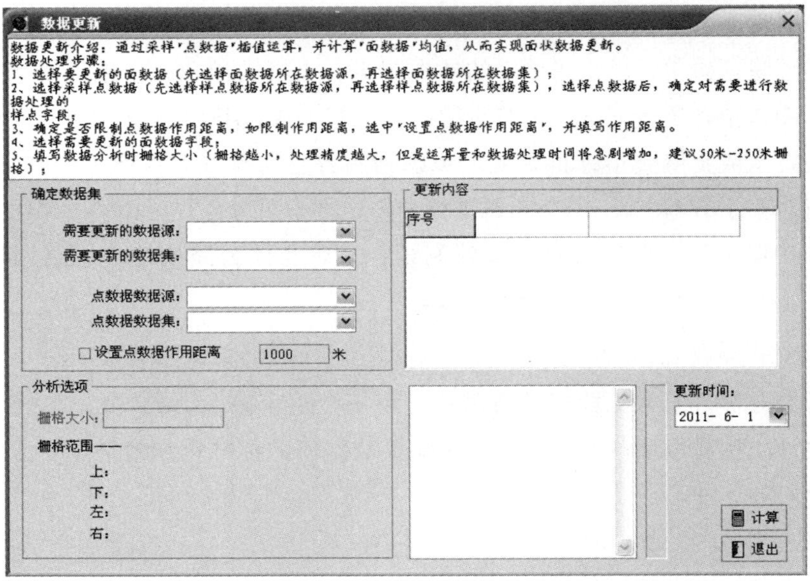

图 2-2　数据更新界面

准化格式，系统自带了部分土壤数据（表 2-1），用户可以根据评价对象和评价因素的不同添加或者删除相关土壤属性。

表 2-1　数据库自带数据标准化格式

项目	单位	类型	长度	精度	备注
面积	m^2	双精度	—	—	系统自动生成
周长	m	双精度	—	—	系统自动生成
土种代码	—	文本	16	—	
土类	—	文本	16	—	
亚类	—	文本	20	—	
土属	—	文本	40	—	
土种名称	—	文本	60	—	
土种群众名	—	文本	20	—	
母质类型	—	文本	30	—	
区县名称	—	文本	10	—	
高程	m	双精度	6	0.01	
坡度	°	双精度	3	0.1	
综合指数	—	双精度	8	0.01	
等级	—	文本	16		

（三）系统模块

在标准化数据库和模型参数数据库基础上，采用组件化模型库设计方法，在规定的接口标准条件下，实现模型动态更新以及模型与数据库系统的相对独立性。县域土壤质量评价系统主界面和功能向导界面见图 2－3。

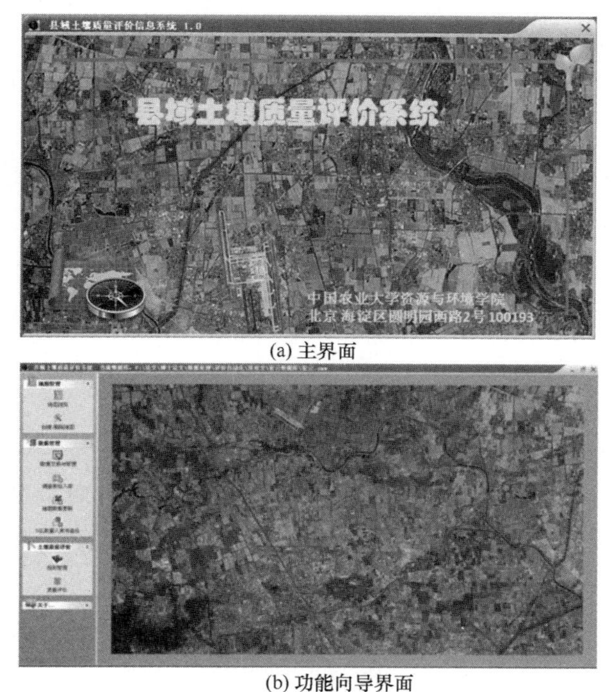

(a) 主界面

(b) 功能向导界面

图 2－3　县域土壤质量评价系统

土壤质量评价系统通过地图管理、数据管理和土壤质量评价三个模块实现土壤质量评价相关地图管理、数据管理和评价统计等功能（图 2－4）。

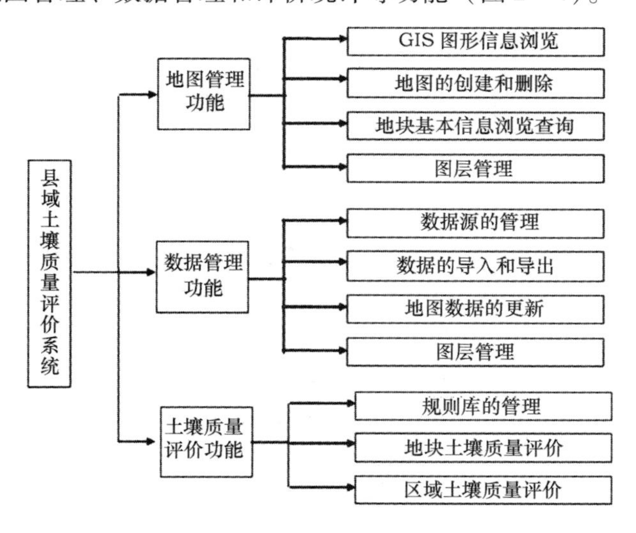

图 2－4　系统功能结构

1. 规则库管理

根据评价目的的不同，评价规则具有多样性，为了增加系统的灵活性，系统采用了规则解释模式，系统类镶嵌了一个规则解释机，可以对符合语言规范的规则语言进行动态解释和计算，而规则库则可以通过用户定义的方式存放于参数数据库，每个评价单元都单独存放在一个规则表中，一个模型参数数据库可以存放多分额规则表，用户可以根据需要进行动态编辑、增加或者删除模型参数数据库内的规则表。可以浏览修改，保存已有规则。还可以新建规则［图2－5（a）］。

2. 土壤质量评价模块

系统在检测字段的完整性和一致性后，能够实现区域土壤质量评价和地块土壤质量评价［图2－5（b）］。在“评价”界面上，单击“地块分等”按钮，再在地图上选取一块地，系统就对该块地进行评价。在“评价”界面上，单击“区域分等”按钮，系统就对该区县进行分等。单击“停止分等”按钮，系统就会停止对该区域的分等。评价结束后，用户可以查看全区的土壤质量等别情况，也可以分乡镇查看土壤质量等别。通过专题图设置和输出功能，绘制和输出土壤质量评价图。

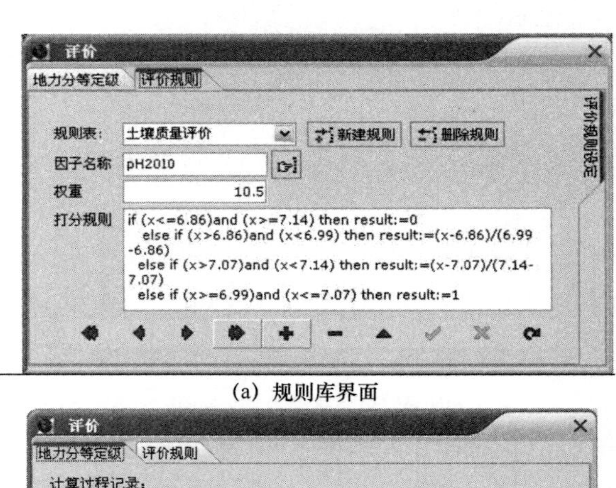

(a) 规则库界面

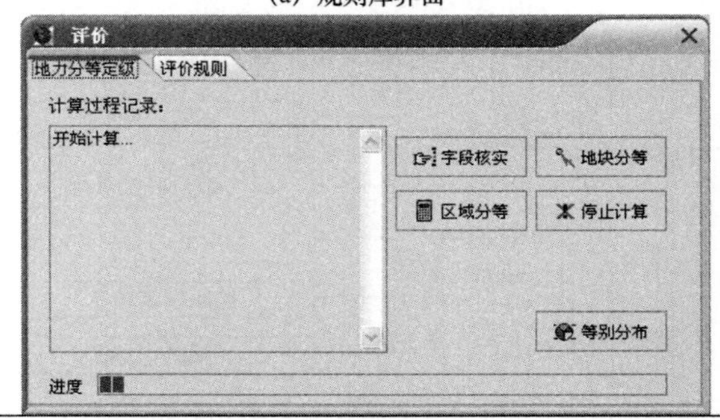

(b) 评价管理界面

图2－5　规则库

三、系统应用

（一）评价单元确定

采用地类图斑和土壤图空间叠置的评价单元划分方法，以北京市密云县 2010 年数据为例，密云县土壤图 531 个土种图斑，土地利用现状图 27 967 个二级地类图斑，最终共确定评价单元 41 372 个，以此作为土壤质量评价的评价单元。

（二）构建县域土壤质量评价模型

尽可能多地获取衡量研究区土壤质量的因素，共获取 13 个因素，其中，土壤化学因素 2 个，养分因素 3 个，物理因素 4 个和土壤环境因素 4 个。基于以上数据，通过皮尔森相关分析、主成分分析、矢量常模值的计算、土壤类型和土地利用等环境因素与土壤质量的关系分析、线性变换和参数得分计算、排序分组 6 步确定评价区域土壤质量的最小数据集（minimum data sets，MDS），MDS 建立的方法可进一步参考相关资料[11]。建立的 MDS 包括土壤有机质、pH 值、容重、黏粒、有效锰和有效锌 6 个指标（表 2－2）。采用隶属度函数（评分函数）对参评指标进行赋分，利用 PCA 法按贡献率大小赋予各参评指标权重，隶属度函数转折点采用累计曲线进行确定。采用指数和法获取采样点土壤质量指数[11]。

表 2－2　土壤质量参评指标隶属度函数类型、转折点和权重

指标	隶属函数	不同参评指标隶属度函数转折点						权重
		a	b	a_1	a_2	b_1	b_2	
有机质（g/kg）	S 形	11.14	16.08					0.2
有效锌（mg/kg）	S 形	1.94	2.35					0.14
有效锰（mg/kg）	S 形	21.61	29.29					0.18
pH	抛物线形			6.86	7.14	6.99	7.07	0.14
容重（mg/cm^3）	抛物线形	1.4	1.52	1.45	1.49	0.18		
黏粒含量（%）	抛物线形			2.04	5.77	3.43	4.15	0.16

注：a 和 b 分别为相应指标“S”形曲线隶属度函数的下限值和上限值；a_1 和 a_2 分别为相应指标抛物线形曲线函数的下限值和上限值。b_1 和 b_2 分别为指标的中间值，其中 $b_1 < b_2$。

土壤质量等级分为 5 级，综合指数≥0.8，等级为“高”；0.6≤综合指数＜0.8 的等级为“较高”；0.4≤综合指数＜0.6 的等级为“中”；0.2≤综合指数＜0.4 的等级为“较低”；综合指数＜0.2 的等级为“低”。

（三）自动化评价

根据构建土壤质量评价模型，更新土壤质量评价系统规则库相关参数，并添加密云县土壤质量评价因素，同时每增加一个因素字段需要相应地增加一个该因素的分值字段。各因素的标准化格式如表 2－3 所示。

表 2－3　土壤属性数据标准化格式

<table>
<tr><th>项目</th><th>单位</th><th>类型</th><th>长度</th><th>精度</th><th>备注</th></tr>
<tr><td>Sand</td><td>%</td><td>双精度</td><td>4</td><td>0.01</td><td rowspan="11">系统各种指标数据的命名采用“土壤属性”＋“年份”，如以2010年的有机质为例，命名为“有机质2010”</td></tr>
<tr><td>Clay</td><td>%</td><td>双精度</td><td>4</td><td>0.01</td></tr>
<tr><td>容重2010</td><td>g/cm^3</td><td>双精度</td><td>4</td><td>0.01</td></tr>
<tr><td>全氮2010</td><td>g/kg</td><td>双精度</td><td>5</td><td>0.01</td></tr>
<tr><td>有机质2010</td><td>g/kg</td><td>双精度</td><td>5</td><td>0.1</td></tr>
<tr><td>有效磷2010</td><td>mg/kg</td><td>双精度</td><td>5</td><td>0.1</td></tr>
<tr><td>速效钾2010</td><td>mg/kg</td><td>双精度</td><td>3</td><td>0</td></tr>
<tr><td>有效锌2010</td><td>mg/kg</td><td>双精度</td><td>5</td><td>0.01</td></tr>
<tr><td>有效铜2010</td><td>mg/kg</td><td>双精度</td><td>5</td><td>0.01</td></tr>
<tr><td>有效锰2010</td><td>mg/kg</td><td>双精度</td><td>5</td><td>0.1</td></tr>
<tr><td>有效铁2010</td><td>mg/kg</td><td>双精度</td><td>5</td><td>0.1</td></tr>
<tr><td>pH</td><td>——</td><td>双精度</td><td>3</td><td>0.1</td><td rowspan="8">参评指标的分值命名采用“F”＋“_”＋“土壤属性”＋“年份”的方式</td></tr>
<tr><td>F_ 有机质2010</td><td>——</td><td>双精度</td><td>8</td><td>0.001</td></tr>
<tr><td>F_ Clay</td><td>——</td><td>双精度</td><td>8</td><td>0.001</td></tr>
<tr><td>F_ 有效锌2010</td><td>——</td><td>双精度</td><td>8</td><td>0.001</td></tr>
<tr><td>F_ Sand</td><td>——</td><td>双精度</td><td>8</td><td>0.001</td></tr>
<tr><td>F_ 有效锰</td><td>——</td><td>双精度</td><td>8</td><td>0.001</td></tr>
<tr><td>F_ pH</td><td>——</td><td>双精度</td><td>8</td><td>0.001</td></tr>
<tr><td>F_ 容重2010</td><td>——</td><td>双精度</td><td>8</td><td>0.001</td></tr>
</table>

采用开发的评价系统，利用采集的2010年密云县样点数据，对数据库中添加的字段进行赋值，本研究采用反距离加权法，系统参数和字段更新后，系统将自动生产地块和区域评价结果，并对结果进行了统计（图2－6）。

通过专题图设置和输出功能，绘制和输出土壤质量评价图。图2－7为系统评价出的2010年密云县土壤质量等级专题图。评价结果显示，评价结果与相关研究结果比较一致，应用区域的土壤质量等级主要以中等、较高为主，空间格局上呈现密云水库以南耕地区相对较低，密云水库以北地区相对较高。

四、结论

利用数据库技术和地理信息系统等相关技术，建立土壤质量评价数据库，开发了土壤质量评价系统，并以北京市密云县2010年数据为例，应用该系统，对该区进行了专题研究。

（1）开发的系统实现从基础数据、规则管理到评价结果统计一体化的管理，实现了地图管理（包括地图绘制、编辑和出图）、数据管理（数据的导入和导出、数据源和数据集的管理等）和土壤质量评价功能（包括评价规则的管理和地块、区域土壤质量评价）等功能。

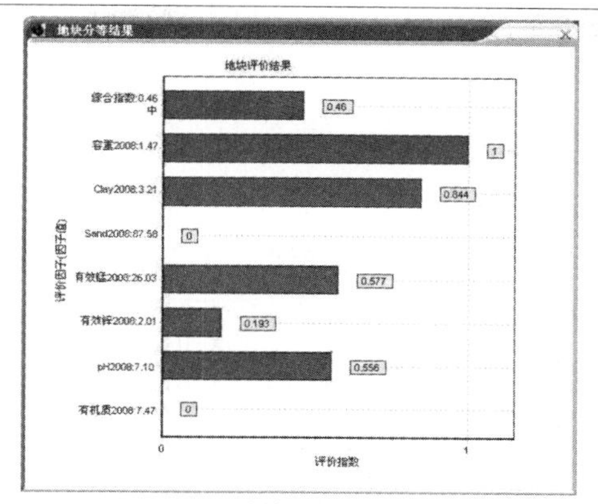

(a) 地块评价结果

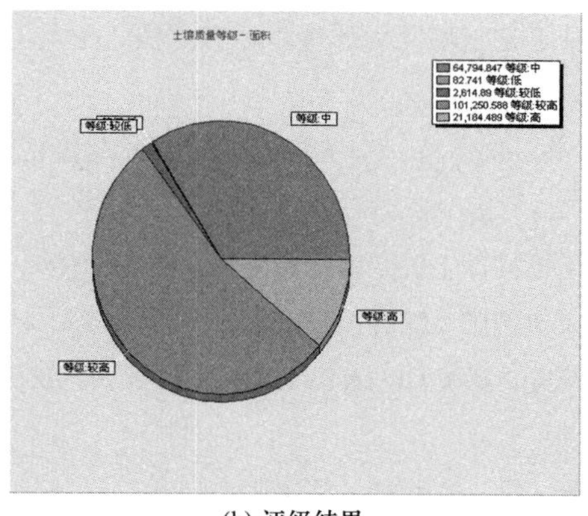

(b) 评级结果

图 2－6　地块与区域评级结果

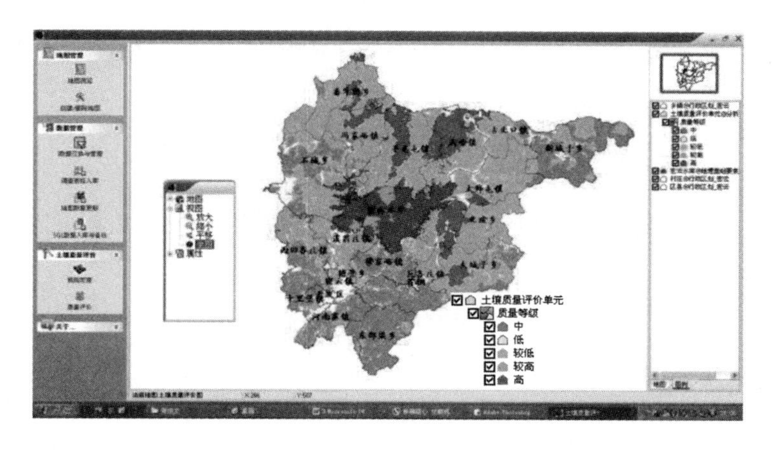

图 2－7　2010 年研究区土壤质量等级

（2）系统具有通用性强、界面友好、操作方便等特点，用户可以根据评价目标的不同设置专门的评价单元和评价规则，评价规则具有多样化，具有很强的灵活性。

（3）利用该系统，基于构建的密云县土壤质量评价模型，实现对该地区土壤质量自动化评价，评价结果较为准确，反映了该区域土壤质量等级分布总体格局。

参考文献

[1] Doran J W. Soil health and sustainability. Advances in Agronomy, 1996, 56: 1 –54.

[2] Rosek M J , Gardner J B. Soil quality in response to the Conservation Reserve Program . In: Converting CRP grass2 land to Crop land and Grazing: Conservation Technologies for the Transition. Soil and Water Conservation Society: Ankenk, IA. SAS Institute. 1995: 39 –40.

[3] Kannedy A C, Papendick R L. Microbial characteristics of soil quality . Journal of Soil and Water Conservation, 1995, 50: 243 –248.

[4] 骆东奇，白洁，谢德体．论土壤肥力评价指标和方法．土壤与环境，2002，11（2）：202 –205.

[5] 俞海，黄季焜，Scott Rozelle，等．土壤肥力变化的社会经济影响因素分析．资源科学，2003，25（2）：65 –72.

[6] 王克孟，马玉军．淮阴市高产土壤肥力指标研究．土壤，1994，24（5）：239 –243.

[7] 李方敏，周治安．渍害土壤肥力综合评价．资源科学，2002，24（1）：25 –29.

[8] 聂庆华，包浩生，王海英．基于 GIS 农田土地质量评价立地条件分析．地理科学，2000，20（4）：307 –312.

[9] 马强，宇万太，赵少华，等．黑土农田土壤肥力质量综合评价．应用生态学报，2004，15（10）：1916 –1920.

[10] 李新举，胡振琪，刘宁，等．基于“3S”技术的黄河三角洲土壤质量自动化评价方法研究．农业工程学报，2005，21（10）：59 –63.

[11] 张世文，张立平，叶回春，等．县域土壤质量数字制图方法比较．农业工程学报，2013，29（15）：254 –262.

第四节　新型现代农业区建设与城乡一体化

摘　要：在我国的城乡一体化进程中，提出了缩小城乡差距，城市支持农村，让农民平等参与现代化进程共享现代化成果的目标。本节在分析了推进城乡一体化发展中面临的现代农业的发展空间、城市无地可种和农村腹地边缘化等问题的基础上，提出了基本农田驻城发展都市休闲农业区，发展国有农场壮大现代农业区，村办农场同家庭承包有机结合复兴传统农业区，营造城乡三元结构有序推进城乡一体化发展的政策建议。

本节由杨邦杰，王洪波，程锋编写。

作者简介：王洪波，研究员，博士后，从事土地评价、农用地分等定级与估价领域的研究。

在十八大报告中，将城乡发展一体化作为解决“三农”问题的根本途径。逐步缩小城乡差距，城市支持农村，确保国家粮食安全和农产品有效供给，让广大农民平等参与现代化进程、共同分享现代化成果等成为了实现城乡一体化的主要手段。我国的城乡一体化问题，与东西差距问题、城乡差距问题、行业差距问题和三农问题交织在一起，绝不是一个简单的让农民上楼的问题。

当前，我国正处于“四化”同步发展的重要时期，亟须建立并推进“城乡三元”结构，破解城乡二元结构难题，以土地管理制度创新为突破口，减少失地农民的数量，实现农民真正的参与农业现代化，壮大现代农业的发展空间，改善城市生态环境，制定科学有效的城乡一体化的实现途径，并有序推进。

一、土地领域内的二元结构及其影响

（一）破除二元结构不等于实现了城乡一体化

20世纪80年代末以后，农民负担久治不愈、长期居高不下，城乡分治的二元结构广受诟病。2006年我国全面取消了农业税，彻底终结了具有2600年历史的“皇粮国税”。这项改革标志着我们消除了城乡“二元”税制结构。可以说，现在农民的显性负担基本上没有了，但是农民的隐性负担或灰色负担还不少，在有些方面农民的负担还很重。

根据中国致公党中央组织的“国家粮食核心产区保护与建设”调研组在黑龙江建三江农垦分局、红兴隆农垦分局辖下的7个农场的调查，虽然现在国家从多个方面对农民进行补贴，但是调研组和农民算了一笔细账，发现每亩地补贴增加了58元，而生产成本每亩增加了59元，基本上没有得到什么实惠。

2011年1月12日，中央电视台财经频道主办的“CCTV2010经济生活大调查”，通过8万余份有效问卷的统计分析，发现感到自己不幸福和很不幸福的人的比例达到11.1%，普遍认为教育、医疗和住房成为了压在老百姓身上的“新三座大山”。因此说，在税收等制度上破除城乡二元结构容易，但是实现城乡一体化还有很长的路要走。

（二）二元结构框架下城市无法发展现代农业

在城乡一体化中，城市摊大饼，用地结构单一，城市有资金、有信息，没有耕地，不能直接发展现代农业。城市没有耕地可以经营，不能直接建设现代农业，这是城市不能有效支持现代农业的最主要表现之一。现有的城市土地利用结构，一方面导致了城市虽然有资金、有信息、有巨大的鲜活农产品的需求，但是却没有耕地可以经营；另一方面导致了城市的建设用地在空间上不断地“摊大饼”，地面硬化，无法涵养水源和净化空气，最终导致城市的生态环境恶化。

（三）二元结构框架下农村发展现代农业有很大的局限性

实现传统农业向现代农业转型是专家们普遍接受的，可以缩小城乡差距，可以让广大农民平等参与现代化进程，共同分享现代化成果的主要思路。在农村发展现代农业，一般认为有种粮大户、合作社、资本下乡和家庭农场四种形式。种粮大户、合作社和家庭农场三种形式，在人多地少的国情下，很难实现耕地的有效集聚和规模化种植。资本下乡，很容易造成城不像城，村不像村，城中有村，村中有城的问题，也无法实现农业的可持续发展和农民利益的保障。单纯地依靠农民，按照传统的生产方式实现农业现代化是不可行的；但是城市资本主导，没有农民参与的农业现代化，也不是真正的农业现代化。

二、城乡三元结构的内涵

（一）衔接城乡的现代农业区

扩大国有土地所有权的覆盖范围，打破城市以建设用地为主的框架，将大城市周边和城乡结合部已经不具备传统农业特征的耕地和集体建设用地采用区段征收的方式纳入城市的管理范围，并将这些范围的农用地按照规划优先划定为永久基本农田，发展国有农场，将原有农民转化为农业产业工人，作为发展现代农业的主体，由城市加以建设和保护。

（二）村办农场和家庭承包相结合的传统农业区

在坚持农村集体土地所有权不变的前提下，采用村办农场和家庭承包相结合的方式，二者在空间上镶嵌分布，以公平为主，兼顾效率，让农村腹地的农民可以安心地种地，这是维持粮食安全的根本。

（三）基本农田驻城的都市休闲农业区

优化大中城市的土地利用结构，实现基本农田驻城，发展都市休闲农业，增加城市鲜活农产品的供给，涵养水源，优化城市生态环境。

三、现代农业区的实现路径

（一）打破即征即用的思维定势

城乡二元结构同我国现在即征即用的征地制度存在很大的关系。即征即用，被征地农民突然失去土地，虽然可以得到相当数量的经济补偿，但是却没有办法迅速适应这种变化，无法将经济补偿转换为生存的手段，肯定会出现大量的社会问题。

在传统的按照年产值倍数进行征地补偿的方式越来越受到批评和诟病的情况下，为了提高征地补偿的标准，保障失地农民的生产生活，我国加快推进了征地制度改革，在年产值倍数的基础上，出现了土地换社保、留地安置、区片综合地价等多种补充补偿方式，在一定程度上提高了征地补偿水平。但是，这些补充补偿的方式并没有摆脱行政主导的、提高补偿标准的一般性方式，农民仍处于十分被动的地位，补偿标准仍有很大的浮动空间，农民的利益保障仍具有很强的不确定性。

即征即用导致利益分配矛盾突出。在征地发生后，低廉的农地价格迅速转换成高昂的市地价格，价格提升带来的巨额收益到底应该归农民所有，还是城市所有，还是二者按一定比例分割，目前没有权威的规定，给失地民众带来了政府卖地赚钱的感觉，利益矛盾十分突出。

（二）实施区段征收是消除失地农民出现的根源

为了公共利益的需要而进行"征地"时，我国台湾地区采用的两种做法之一是区段征收。区段征收是政府基于新都市开发建设、旧都市更新等的需要，依法将一定区域内的土地全部予以征收，并重新加以整理规划开发后，除公共设施用地由政府直接支配使用外，其余建设用地，部分由原土地所有权人领回作为抵价地，部分供作开发目的或拨供需地机关使用，剩余土地则办理公开标售、标租或设定地上权，并以处分土地之收入优先抵付开发总费用。通过区段征收，政府取得了需要的公共设施用地或者其他用地，农民所获得的土地面积减少，但是重新规划后土地价值的增长能够抵消土地面积减少的不利因素，使得农民所有的土地总价值并没有减少，甚至还大幅度增加。这样做更多地体现了价值补偿思路。

在城乡一体化中，应该推广区段征收的做法，推进整村、整镇的土地用途转变，将集体耕地转变为国有耕地，将农村转变为国有农场，将农民转变为农业产业工人。这些农业产业工人可以继续从事农业生产，然后慢慢地分化，部分人会从事生产服务、产品销售等工作，慢慢离开劳动岗位；部分人会通过找到新工作，在获得一定补偿的情况下脱离国有农场，从而彻底铲除失地农民出现的根源。

（三）在城乡接合部发展国有农场壮大现代农业

要通过规划多征地，按照实际需要占用耕地的5~10倍（具体城市和地区分别制定标准，并根据经济发展状况调整）征地，通过多征地实现大比例增加国有耕地的目的，将国有耕地纳入城市管理的轨道，在空间上拉大城市建设用地和传统农用地的距离，将城乡接合部从自然状态全面地调整为规划状态，可以有效防止"小产权房"等乱建问题的发生。

建议将大部分征用的耕地转变为国有农场，融入城市日常管理，率先实现农业现代化。农业现代化的主体应该是农民和农村，在现代农业区，用城市管理的模式管理国有耕地发展现代农业，可以有效地实现布局的区域化、生产的规模化、经营的专业化和要素的资本化。

（四）以扩大国有耕地面积的形式实现城市直接经营耕地

我国的国有耕地主要集中在农垦系统和新疆建设兵团。目前，农垦系统每公顷耕地面积拥有大中型拖拉机动力0.6 kW，是全国0.26 kW的2倍多，其机耕、播种和收获三个主要环节的机械化水平分别为83.6%、72%和54%，分别比全国水平高出23个百分点、49个百分点、40个百分点；化学除草率达到67%，高出全国47个百分点；农业科技贡献率达到43%以上，高出全国4个百分点。农垦系统在农业及其产业发展等方面不仅在全国农业和农村系统处于领先地位，而且与世界发达国家比较，一些指标也已超过或接近世界先进水平。

据统计，在1981年到2007年的26年间，城市用地面积扩大了5倍多，而这20多年间，国有耕地面积却基本没有增加。事实证明，大都市新鲜蔬菜和水果的供应，完全依赖长途运输，这是十分危险的。在城市区域，扩大国有耕地面积，是保证城市菜篮子的有效途径。

四、传统农业区的复兴路径

（一）我国传统农业生产的优势

我国的传统农业的生产方式并不是完全落后的，它有其自身的优势，是祖先创造的一整套独特的精耕细作、用地养地的技术体系，并在农艺、农具、土地利用率和土地生产率等方面长期居于世界领先地位。

因此我们必须通过各种政策的制定支持传统农业区继续保持这种优势，如果我们丢失这个优势，盲目地推广石油农业，盲目地引进转基因等生物技术，让跨国粮食巨头控制我们的粮食生产权，就会出现广大农民没法安心种地或是种地赔钱的问题。我们整个国家都是没有前途的。

目前，我们对传统农业区的支持和重视还很不够，国家的补贴政策，以补地为主，造成了种与不种粮食作物的耕地都得到了补贴，这样的补贴达不到促进生产的目的。只有在传统农区，种地和产粮是可以等同起来考虑的，也只有在传统农区，补了钱就能多产粮食。

（二）传统农区应发展村办农场同家庭承包相结合的生产方式

在保持农村集体经济性质不变的前提下，吸取现代企业制度经验促进村办农场发展。村办农场同家庭承包有机结合，参加村办农场经营方式的农户要享有村办农场的“原始股”，参加村办农场经营的农民按工作量享有工资。伴随着村办农场的发展，参加村办农场经营的农民向职业农民或是农业产业工人转化，持有村办农场“原始股”不愿参加农场经营的农民可以放心地从事其他产业。不愿参加村办农场经营方式的农户可以继续按照原有的经营方式开展农业生产活动。

村办农场同家庭承包相结合，可以克服种粮大户承租耕地不稳定、受市场影响大的问题，可以克服合作社效率不高的问题，同时又可以克服资本下乡和家庭农场经营存在的土地流转不畅和利益分配机制不清等方面的问题。村办农场是按照现代企业制度建立的责权利清晰的现代农业企业，同传统意义上的“互助组”有本质的不同。村办农场的发展壮大要同区域社会经济发展相协调，在一定条件下就地转制为国有农场，完成生产方式的升级换代。

（三）传统农业区应该享受城市和现代农业的双重补贴

在城市和传统农业之间，以现代农业为隔离带，可以保证传统农业不受或少受城市化的影响。在传统农业区，田、水、路、林、村适度配置，不需要高楼大厦、大广场和大马路。传统农区应该承担起国家大宗粮食作物的生产任务，生产安全的农产品，并能够享受来自城市和现代农业的双重补贴。可以这样认为，传统农区的农民可以安心地、有尊严地种地，通过享受补贴和由国家投资进行农田基础设施建设的方式来分享现代化的成果。

（四）复兴传统农区可以减少对石油的依赖

我国的耕地资源状况决定了全面实现大规模机械化耕种是很困难的。中国的耕地类型中大部分都是丘陵地、低缓山地，粮食的增产与化肥的大量施用密切相关。20 世纪 50 年代我国每 1 hm^2 耕地施用化肥 4 kg 多，现在是 434 kg，是安全上限的 1.93 倍，但这些化肥的利用率仅为 40% 左右。

为了粮食产量的稳定，中国的耕地都是满负荷耕作的，这样的农业耕作使得土壤板结退化等问题非常严重。因此，在有条件的耕地中插播、轮种能够固氮的豆科作物（如大豆、花生、苜蓿、紫云英）可以非常好地改良土壤结构，肥地养地，规划和振兴一批传统农区，是一项非常紧迫且重要的任务。

因此，应该大幅提高农民收入，让部分种田能手留在农村种地，要走依靠科技创新提高土地产出率、降低资源消耗的道路。通过新方法、新技术的应用，改变物质投入方式，极大地提高物质投入的资源配置效益，使农业生产力不断增强，达到“少投入、多产出、保护环境”的要求。

五、现代都市休闲农业区的建设路径

（一）借鉴城市保留绿心和绿带的生态理念构建生态和谐的现代都市区

生态和谐的现代化都市是人类最理想的生活空间。在城市的生态环境的建设和保护中，耕地的作用日益突出，耕地已经成为了生态基础设施，有涵养水源、净化空气、保持生物多样性的作用。中国农业大学张凤荣教授连续发表了“都市何妨驻田园”、“以稻田填补都市绿色的新思路”、“从城乡统筹的角度合理布局、建设与利用都市区农田”等新观点。

十八大报告提出了大力推进生态文明建设，建设美丽中国的目标。从国土资源空间布局安全的角度出发，必须转变城管城、乡管乡的传统思维方式，必须要让经济实力雄厚的城市承担起建设永久基本农田的任务。目前基本上全保的基本农田保护政策可以等同于没有基本农田保护政策。

（二）发展都市休闲农业优化大城市土地利用结构

目前，我国研究都市农业的专家非常多。一般认为，都市农业是在城郊型农业基础上发展起来，又超越城郊型农业的一种高级形态的农业。都市农业本质之一，是在城乡差别与工农差别消灭过程中产生的一种发达农业形态。世界城市迅猛发展，目前世界人口的 42%，发达国家人口的 80% ~90%，居住在城市化地区，这是都市农业形成的直接原因。都市农业本质之二，是经济效益、生态效益、社会效益三个效益的高度协调统一。据测算，水稻生态价值为经济价值的 3 倍，而城市 1 hm^2 土地绿化等于 300 台空调。都市要保留一片动植物栖息的农田和绿野，以发挥农业作为自然的看守者和管理者的功能。

我国的都市休闲农业应该以优化城市生态系统和美化城市形象为目标，以城市绿化体系、生物主题公园和“菜篮子”工程为主载体，可供游览、休息和采购，位于大城市内部，是一种园林化农业。都市休闲农业应该以经济发达的大都市为主，充分借助区域周边庞大的市场消费群体和政策的支持。例如，北京和上海在“十二五”规划中都特别提到加快都市农业（都市农业包括休闲农业）的发展。

（三）重新认识耕地保护的本质问题

通常人们都认为，少征地就是保护耕地。少征地，表面上是保护农民利益，实质上是剥夺了农民参与城市现代化进程的机会，斩断了广大农民分享城市现代化成果的途径。在大都市的城乡接合部，已经不具备了传统农业的特点，农民也不再是传统意义上的农民，死板的按照管理传统农业和农区的思路管理，显然不符合实际，不能解决问题。

每一宗地，都是按照“少征地”的原则征用，但是一个时期内一个区域被征用的耕地，在总量上并不会明显减少。虽然被征用耕地总量并没有减少，但是一个区域内发生征地的次数却增多了，而且每次被征用耕地的用途和价格也往往不相同，甚至差异较大。中国的农民，在征地的问题上，往往是“不患寡，患不均”；不能实现同地同价是目前征地中导致农民上访的较大的原因之一。

用多少，征多少，尽量少征的办法，好似是严格的耕地保护措施，但是导致了基本农田保护区边界与城市扩张边界呈线性正面冲突的状态。由于城市建设用地管理制度和收益水平与农村集体用地管理制度和收益水平的巨大差异，导致该线两边的差异梯度非常大，进而导致在城乡接合部小产权房泛滥，农民自发的贴边建设与有规划的城市建设并行，并最终导致城市建设要为农民盲目的建楼买单。尽量少征地从眼前看是最经济的，但从长远看其实是最不经济的。

六、三元驱动推进城乡一体化发展

（一）城乡三元结构将长期存在

从传统的观点看，农业和工业是人类社会发展的两个支柱产业，农村和城市是人类经济活动的基本区域。在现代都市区、现代农区和传统农区，不能够简单地在城乡规划、基础设施、公共服务等方面推进城乡一体化。

推进城乡一体化，应该是依据国家经济发展的状况，逐步推进现代农业，压缩传统农业，并最终实现城乡一体化。由于现代都市区、现代农区和传统农区三元并存的现象将长期存在，因此，解决这个三元并存问题不是一日之功，需要制定长期的应对策略，要有区别、有重点地加以推进，因地制宜地制定城乡规划、基础设施建设方案和公共服务建设目标。

（二）城乡三元结构的基本特征

规划和振兴传统农业，确保大宗农产品的有效供给。总体质量水平偏低的耕地资源家底，有限的石油资源，加上东中西经济发展的不平衡状况，导致了传统农业将长期存在，因此必须要规划和振兴传统农业，村办农场和家庭承包协调发展，让农村腹地的农民可以安心的种地，这是维持粮食安全的根本。

在城乡结合部多征少用，发展国有农场，壮大衔接城乡的现代农业区。要依据规划多征地，要在征用地耕地中安排一定比例的国有耕地，要规避征地中挑肥拣瘦，只征农用地，不征集体建设用地的现象，要推广区段征收的方式，将征地区域的农民转变为农业产业工人，发展国有农场，率先实现农业现代化。

实现基本农田驻城，建设生态和谐的现代都市休闲农业区。在大城市发展都市休闲农业，既可以增加城市鲜活农产品的供给，又可以涵养水源，净化空气，优化城市生态环境，减少城市“摊大饼”现象。

（三）三元结构合理布局促进城乡一体化发展

现代农业不是一个简单的转换农业生产方式的问题。农业现代化必须反映出现代农业的本质要求，不能实现农业、农民、农村的现代化，不能算作是一种真正的农业现代化。由于我国社会经济发展的不均衡，现代农业无法在短期内发展起来，传统农业在短期内也无法退出历史舞台

在全国范围内，经济发达、城市广布的东部地区应该以发展都市休闲农业和现代农业为主；以粮食主产区为主要特征的中部地区，应该是现代农业和传统农业并举；以生态脆弱为主要特征的西部地区，应该在复兴传统农业的基础上，逐步增大现代农业的比例。伴随着经济社会的发展，突出发展都市休闲农业，逐步壮大现代农业，复兴传统农业，应该成为城乡一体化发展的重要任务。

参考文献

[1]　王世元．完善土地产权制度 推进城乡一体化发展为建设和谐社会作出积极贡献——在中国土地学会2012年学术年会上的讲话．国土资源通讯，2013，02：26－31.

[2]　金中天．“农村衰落”成世界难题．东北之窗，2007，21：34－35.

[3]　韩俊．加快破除城乡二元结构推动城乡发展一体化．理论视野，2013，01：19－21.

[4]　杨邦杰，郧文聚，吴克宁，等．国家粮食核心产区的保护与建设——黑龙江调查报告．中国发展，2009，01：1－5.

[5]　刘维涛，郭雅婧．北大仓“整”出新天地．人民日报，2008－12－24008.

[6]　向“新三座大山”开战．经济导刊，2011，01：6.

[7]　袁勇．谨防现代农业陷入三大误区．湖湘三农论坛，2010，00：496－499.

[8]　朱启臻．理清发展现代农业的认识误区．中国乡村发现，2012，02：106－109.

[9]　饶书贤．石油农业下中国粮食安全问题分析．农村经济与科技，2012，10：68－70.

[10] 孙丽．我国国有农场的形成、作用及现状．黑龙江科技信息，2011，20：149.
[11] 马俊哲．农垦在全国率先实现农业现代化之管见．中国农垦经济，1999，06：25－28.
[12] 杨珍惠．关于“同地同价”及征地制度改革的思考．资源与人居环境，2011，06：31－35.
[13] 张占录．征地补偿留用地模式探索——台湾市地重划与区段征收模式借鉴．经济与管理研究，2009，09：71－75，95.
[14] 杨邦杰，王洪波，郧文聚，等．耕地质量保护和建设共同责任机制的建立途径研究．中国发展，2013，2：1－5.
[15] 王洪波，程锋，张中帆，等．中国耕地等别分异特性及其对耕地保护的影响．农业工程学报，2011，11：1－8.
[16] 杨邦杰，王洪波，郧文聚，等．探索以村办农场形式实现我国农业转型发展．中国发展，2013，4：1－6.
[17] 刘彦随，王介勇，郭丽英．中国粮食生产与耕地变化的时空动态．中国农业科学，2009，12：4269－4274.
[18] 杨邦杰，杨磊，郧文聚．加快良田建设，夯实农业转型基础——宁夏高标准基本农田建设情况调研报告．中国发展，2013，4：7－11.
[19] 蔡建明，杨振山．国际都市农业发展的经验及其借鉴．地理研究，2008，02：362－374.
[20] 郭焕成，任国柱，周聿贞．都市农业与观光农业发展研究．海峡两岸观光休闲农业与乡村旅游发展学术研讨会论文集，2002：10.
[21] 张凤荣，赵华甫，姜广辉．都市何妨驻田园——基本农田保护与城市空间规划的一点设想．中国土地，2005，06：13－14.
[22] 孟媛，张凤荣．以稻田填补都市绿色的新思路，中国可持续发展研究会2006学术年会青年学者论坛专辑，2006：3.

第三章　良田工程的多功能诊断与评价

第一节　暗管改碱技术研究与产业发展

摘　要： 本节介绍了暗管改碱的基本原理和技术特点，从开沟铺管机的研制、暗管与外包滤料、暗管改碱的关键技术参数、施工技术、维护管理技术以及基于多级暗管的农田“管道水利”建设技术6方面论述了其主要技术内容。分析了暗管改碱的技术价值和产业化发展前景。暗管改碱技术从装备、技术、标准等方面，为工程化改造盐碱地资源，促进暗管改碱技术产业化发展，建立了一套国产化的装备与技术体系，提供了一种现代化的工程技术手段，在我国盐碱地资源开发利用、南方非盐碱区农田排涝除渍、为我国传统的农田灌排“渠道水利”向现代化的“管道水利”转变提供技术支持，促进农田基础设施现代化和参与国际竞争方面具有广阔的应用前景。

暗管改碱技术是国家“十一五”科技支撑项目“盐碱地暗管改碱与生态修复技术开发与示范”的主要研究成果。项目面向生产实践需求、现代化施工需求和产业化推广需求，以暗管改碱技术为核心，从研发成套装备实现国外产品的替代、攻克关键技术、开展应用示范、建立规范标准四方面打造工程化改造盐碱地的装备与技术体系，为推动暗管改碱的产业化发展提供技术支撑。本节概略性地介绍该项目的部分研究成果及在产业化推广方面的前景分析。

一、暗管改碱技术原理与特点

（一）暗管改碱技术原理[1]

暗管改碱的基本原理是遵循“盐随水来，盐随水去”的水盐运动规律，将充分溶解了土壤盐分而渗入地下的水体通过管道排走，从而达到控制地下水位、防止耕作层返盐、有效降低土壤盐分的目的。见图3－1。

暗管改碱是相对于明沟排碱而言的。明沟排碱就是挖掘深度低于地下水位的明

本节由鞠正山编写。

国家“十一五”科技支撑计划“盐碱地暗管改碱与生态修复技术开发与示范”（2009BAC55B00）项目资助。

作者简介：鞠正山（1972—），男，国土资源部土地整治重点实验室副主任，主要研究方向：土地整治。

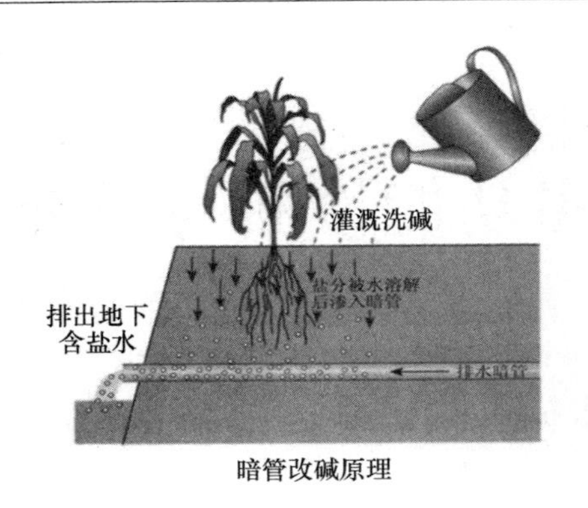

图 3－1　暗管改碱原理

沟将含盐水体排出。暗管改碱则是将带空隙的管道铺设于地下，土体中含盐水分通过管道空隙汇入管道后排离耕作区。见图 3－2。

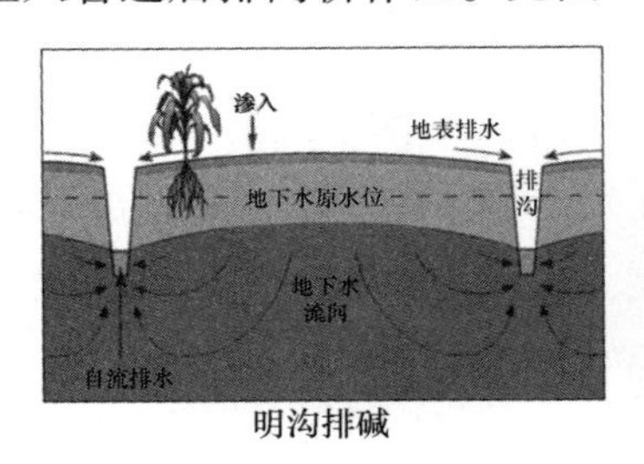

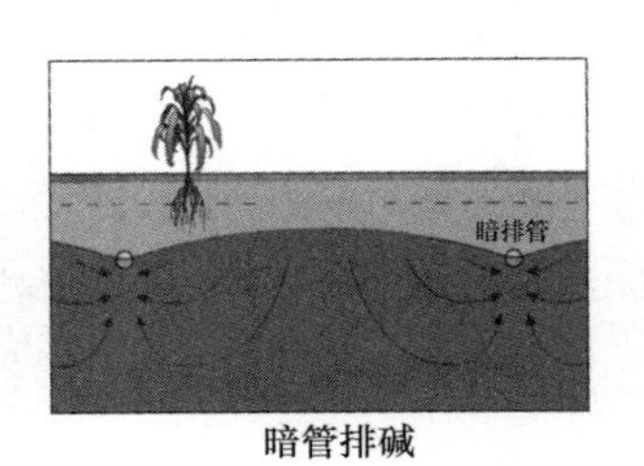

图 3－2　明沟排碱与暗管改碱

暗管铺设采用开沟埋管机进行机械化作业，将数据输入计算机和激光发射器，开沟、埋管、裹砂、敷土一次完成，保障了暗管改碱作业的机械化、工程化和信息化施工，实现了现代化和工程化。

（二）暗管改碱技术特点

暗管改碱技术的特点主要体现在 3 个方面：一是与传统明沟排碱相比，暗管控制有效土层的水盐运动，而不是整个土体的水盐运动，能够促使土体中暗管以上和以下的水向暗管单向流动，从而利用暗管有效控制地下水位，防止土壤次生盐渍化；二是暗管改碱技术的技术指标面向生产实践需求、现代化施工需求和产业化推广需求设计，技术产品能够直接转化推广；三是暗管改碱技术为盐碱地治理提供了一种现代化的工程技术手段，适合大规模工程化改造盐碱地，并能与现代农业信息化管理实现有效对接。

二、暗管改碱技术内容

（一）开沟铺管机

开沟铺管机是暗管改碱技术的核心装备（图 3－3），此外还包括覆土机和滤料拖车。开沟铺管机由动力系统、行走系统、挖掘系统和自动控制系统等组成，实现了全液压控制技术、行走自适应技术、GPS 引导自动驾驶技术、激光与 GPS 联合高程控制技术、刀片等易耗部件制造工艺等技术创新。1KPZ－250 型开沟铺管机（图 3－4）的基本性能指标包括：挖沟深度 0.7～2.5 m；挖沟宽度≤400 mm；埋管直径 60～150 mm；工作速度 0～2 km/h；导航控制精度偏航距离 ±200 mm；埋管高程误差 ±20 mm。研制的以开沟铺管机为核心的暗管改碱成套装备填补了国内空白，达到了国内领先水平。基于 GPS 和激光技术的高程控制技术、基于神经网络与遗传算法的作业功率自适应控制技术达到国际先进水平。在机械装备方面，用不到 3 年的时间实现了国外近百年的研发历程。

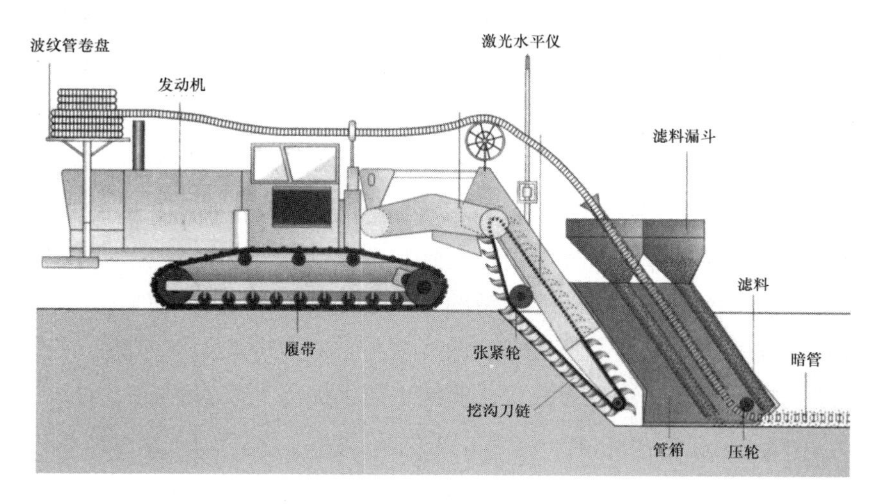

图 3－3　开沟铺管机结构与原理

图 3－4　1KPZ－250 型开沟铺管机

（二）暗管及外包滤料

改碱暗管材料主要是市场上常见的 PE 或 PVC 波纹管，关键技术是根据土壤特点和土壤盐分淋洗需要，在 PE 波纹管上进行激光打孔，作为土壤水分和盐分进入暗管的通道。确保暗管上的透水口在顺畅透水同时又能防止土壤颗粒堵塞的关键是暗管周围外包滤料的选择和施工技术。传统的外包滤料是沙滤料，沙滤料淋洗效果好，但使用成本高，这是施工技术所要求的，因此目前需要进一步研发低成本，操作简易的土工布滤料以及工业废弃物滤料等。

（三）暗管改碱的关键技术参数

除现代化的施工装备与材料外，在暗管改碱的规划设计上，还有 3 个关键参数影响暗管改的碱实施效果，分别是暗管铺设的间距、埋深和管径。上述 3 个关键参数的确定不是独立和单一，而是相互联系的。关键参数的确定是根据土壤的水土环境和改良利用目标综合确定的，所遵循的基本原理是 DEMOND 模型。

（四）暗管改碱施工技术

暗管改碱技术在具体实施过程中，对施工技术要求很高。在施工过程中对暗管铺设坡降要求、埋深均匀度、暗管铺设的直线性要求、外包滤料施工的均匀性、观察孔的设计深度等要求很高，正常需要激光测控、自动化施工来实现，传统的人工施工很难达到技术要求。这就为现代化的施工技术提出了需求。

（五）暗管改碱管理技术

暗管改碱的管理技术主要包括两方面：一是暗管排碱效果的监测与淋洗定额的核算；二是暗管排碱管道维护的冲洗技术。对暗管排碱效果的监测由于监测任务量大、频度高、周期长，一般需要 3 ~5 年。目前最先进便捷的监测手段是采用基于无线传感器和物联网的无线监测系统，可实现批量、实时、远程、无线监测，并能与现代农业信息管理系统有效融合。暗管排碱管道维护的冲洗技术由专门的冲洗机完成，简便高效。

（六）基于多级暗管的农田“管道水利”建设技术

基于多级暗管的农田“管道水利”建设技术是暗管改碱技术提升与示范的重要支撑技术，其原理是利用多级暗管铺设地下排灌管网，替代原有农级渠系的排灌功能，并将农级渠系由“暗灌暗排”取代“明沟明渠”并填埋复垦为耕地，其核心内容是将过去农田水利工程中普遍采用的渠系排灌模式转换为基于多级暗管的管道排灌模式（图 3 -5）。该技术主要有两种工程方式：一是在荒碱地水利工程开发中，只建设大中型骨干排水河道，不再建设农级和斗级排水沟，而以地下排水管网取代，此项工程可将土地开发的出地率由 65% ~70% 提高到 85% ~90%；二是在已有配套排灌设施的农田中铺设排水管网，将原来的农级和斗级排水沟填埋或部分由暗管替代，可使工程区新增 20% ~30% 的耕地率。

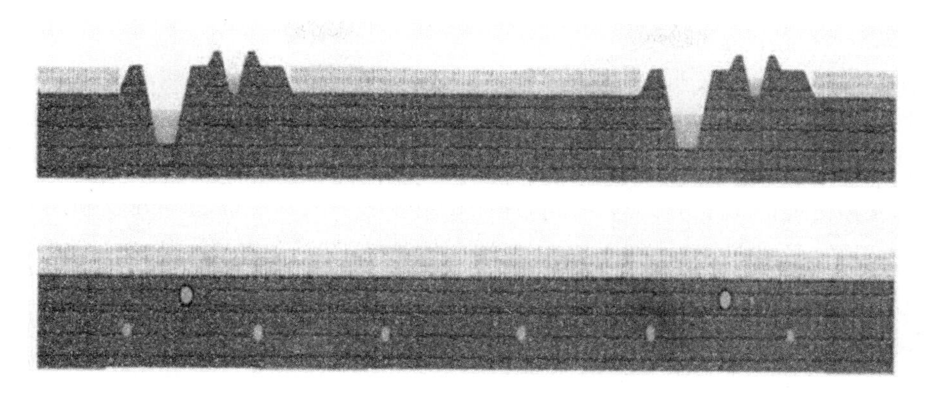

图3-5　排灌模式转换工程实施前、后农田断面

三、暗管改碱技术效应及价值

暗管改碱技术的效应及价值主要体现在以下5个方面。

（1）暗管改碱技术从装备、技术、标准等方面，为工程化改造盐碱地资源，促进暗管改碱技术产业化发展，建立了一套国产化的装备与技术体系，提供了一种现代化的工程技术手段。

（2）该技术通过定量化的灌溉与排水控制，辅助以激光精平等现代技术，并以暗管代替明沟，节水节地效果显著，实现节地20%，节水16%以上（山东、沧州试验数据）。

（3）该技术有效减少了渠道对地块的切割，扩大了田块面积，有利于农业机械化作业，对促进现代农业生产和农田生态环境保护方面均具有重要意义。

（4）该技术实现了由传统农田“渠道水利”向“管道水利”整体转换，是对传统“渠道水利”的一次重要技术创新。

（5）该技术体现了国际上农田灌排渠系发展的最新水平，为现代土地整治中农田灌排工程提出了新的发展方向。

四、暗管改碱技术产业发展

暗管改碱技术在立项之初，就确立了“突破一项技术，引领一个产业”将暗管改碱工程技术产业化推广的目标。项目研发了暗管改碱成套装备，研发出了一批生产性非常强的暗管改碱实用技术，并已在我国东部4个省（市）滨海盐碱区开展了超过10万亩不同类型大面积的暗管改碱技术示范，从行业、地方到企业建立了相对完备的技术标准体系，初步研发出了基于WETGIS暗管改碱远程技术服务系统，培育了一批暗管改碱工程技术人才。从装备、技术、人才、标准、应用示范5个方面构建了推动暗管改碱产业化的基本要素。暗管改碱产业化发展已初具雏形，产业化前景非常广阔。

（1）暗管改碱技术为大面积工程化开发利用盐碱地资源提供了一种现代工程技

术手段。

随着我国宜农后备耕地资源的日益减少和土地整治进入提高耕地质量的深层次发展阶段，对盐碱地的治理日益得到重视。盐碱地是我国重要的后备耕地资源，分布广泛，也属于我国主要的低产田类型。据保守统计，我国现有盐碱地面积 1.5 亿亩，盐碱化耕地 1.1 亿亩，潜在盐碱地面积数量更为巨大，改良和开发利用前景广阔。盐碱地暗管改碱技术作为一项物理性和工程化改良盐碱的技术，可广泛适应于东部沿海和中西部我国盐碱地主要分布区域，为开发利用盐碱地资源提供了一种现代工程技术手段，利用技术手段拓展后备耕地资源空间潜力巨大。通过对新疆的典型调研统计，利用暗管改碱技术对新疆农田排水工程进行整治，将部分排碱沟用暗管替代，在已有耕地上可节约 1 000 万亩的耕地潜力。通过对新疆中低产盐碱化土壤进行改良，按每亩提高 100 kg 核算，相当于增加 700 万亩耕地的产量，效益巨大。

（2）暗管改碱技术可广泛应用到南方非盐碱区发挥农田排涝除渍作用。

暗管改碱技术的核心是暗管排水，对南方涝渍危害地区可利用暗管改碱技术发挥暗管排水的作用排涝除渍，减少更多的排水沟对农田的切割，效果优于排水沟。涝渍地是我国主要的中低产田类型之一，广泛分布在我国南方和东南沿海地区，总面积约 $1\ 200 \times 10^4\ hm^2$。主要分布在成都平原、江汉平原、洞庭湖平原、鄱阳湖平原、长江三角洲、珠江三角洲等经济社会较发达地区。利用暗管改碱技术在农田排水方面发挥排涝除渍作用，充分挖掘耕地资源的潜力，推广应用前景也十分广阔。

（3）暗管改碱技术可为我国传统的农田灌排“渠道水利”向现代化的“管道水利”转变，促进农田基础设施现代化提供技术支持。

农田“管道水利”体现了国际上农田灌排渠系发展的最新水平。暗管改碱技术为促成我国农田灌排由传统的“渠道水利”向现代化的“管道水利”整体转换提供了一套技术思路，在节地节水、促进农业现代化和农田生态环境保护方面效果显著，应用前景更为广阔。

（4）从引进来向走出去转变，积极参与政府间国际合作项目。

暗管改碱技术源自国外，在美国、荷兰等发达国家此技术已相对成熟，基本实现了产业发展，市场相对成熟。通过暗管改碱技术的引进、消化、吸收再创新，与国际先进水平相比，除机械装备的动力、稳定性和技术的成熟性相对较弱外，我国自主研发的暗管改碱技术在装备的信息化和智能化水平、网络化的服务保障系统以及产品价格方面具有显著优势。在东欧、埃及、印度等发展中国家的市场竞争中具有较强的国际竞争优势。自主研发的暗管改碱技术基本具备了从引进来向走出去的转变条件，在下一步积极参与政府间国际合作项目等方面具有竞争优势。

参考文献

[1] 彭成山，杨玉珍，等．黄河三角洲暗管改碱工程技术试验与研究．郑州：黄河水利出版

社，2006，1-6.
[2]　艾天成．涝渍地土壤改良技术研究与应用．北京：中国农业大学，2004.

第二节　高标准农田建设理论技术体系探讨

摘　要：在全球气候变化、资源紧缺和我国城市化工业化快速推进的背景下，中国农田建设的技术是否能够得到突破，对我国粮食安全影响重大。本节在查阅国内外相关文献的基础上，提出了构建高标准农田的技术需求方向。研究表明，在全球气候变化、资源紧缺的国际条件下，中国的粮食安全必须自己解决；在中国城市化和工业化带来的巨大资源压力下，已有的通过耕地资源扩张，通过高集约化投入的耕地资源保障模式，已经远远不能满足国家发展对我国粮食安全的迫切需求。面临国际和国内的资源压力，中国必须构建起基于高能、高效、低耗、绿色生产能力的高标准农田建设的技术体系，才能构筑起我国粮食安全的耕地资源支撑科技体系。

一、高标准农田建设是应对全球气候变化和资源紧缺的必然选择

人类粮食安全面临全球气候变暖和资源约束的挑战。全球范围内农用地资源有限，已有的农用地资源利用已经对区域和全球生态产生了严重的负面影响。最新发表在 Nature 上（Jonathan A. Foley，2011）的文章表明，要减缓粮食生产的负面影响，全球粮食安全只能从持续提高产量、降低生态代价出发。而 Lobell（2011）在 SCIENCE 杂志上发表的最新研究结果表明，气候变化趋势抵消了技术进步对粮食生产能力支撑作用的15%，而且这种不利局面还将继续加剧。全球范围内，除了美国受到的影响相对较小外，世界上其他产量大国均受到了不利影响。他的研究结果还表明，全球气候变化将导致中国的玉米、小麦和大豆分别减产 8%、4%和 3%，只有水稻增产 2%。Piao（2010）的研究表明，全球气候变化对中国的降雨分配产生极大影响，气候变暖使中国北方呈现干旱化趋势，降雨量将逐渐减少，而对我国西部产生有利影响，降雨量逐渐增加。

以增加耕地数量保障粮食生产需求的方式必将以牺牲生态用地为代价。中国科学院的牛振国博士发表在 Nature（2012）上的研究成果表明，自 20 世纪 70 年代以来，已有 70% 的湿地资源转化为耕地资源，消失的湿地对中国的生态安全产生了严重的负面影响。另一篇发表在 Nature（Jeff Tollefson，2010）上的文章，则以南美的

本节由孔祥斌编写。
作者简介：孔祥斌（1969—），男，博士，教授，主要从事土地领域相关研究。

巴西为例，分析了在全球粮食安全的需求下，巴西亚马逊河的热带雨林正在加速消失，这些消失的雨林转化为耕地和畜牧用地。以牺牲全球生态用地来保证粮食安全，必然导致气候变暖以及极端气候天气的出现，使全球人类面临巨大灾难。

全球安全不仅面临粮食安全的挑战，还受到气候变暖的挑战。研究表明，气候变暖与温室气体排放量增加有关。中国已经超越美国，成为世界上第一大温室气体排放国。在全球气候变暖的背景下，2009 年全球各国首脑齐聚丹麦首都哥本哈根，寻求减少温室气体排放、遏制全球气候变暖的对策。中国本着负责任大国的态度宣布，到 2020 年，中国单位 GDP 二氧化碳排放量将比 2005 年下降 40% ~45%，这对以高投入为特征的集约化进行粮食生产的中国来说是一项严峻的挑战。

在全球气候变暖和生态安全的双重约束下，保障全球粮食安全的唯一途径就是实施集约化粮食生产。但是，集约化利用在保障粮食安全的同时，也产生了一些负面影响。在全球范围内，由于大量的地下水被开采用来灌溉，一定程度上提高了粮食产量，但也形成了中国华北平原、印度大平原和美国加利福尼亚三处世界范围的地下漏斗，已经严重影响到区域资源的持续利用。中国华北平原的过量超采，已经导致了大约 $2\ 000 \times 10^8\ m^3$ 地下水的消失，因此，有科学家预测，华北平原逐渐呈现出干旱化趋势，并且有导致沙漠化的可能。中国农业大学 Guo（2010）的研究表明，中国粮食生产在消耗世界 40% 的氮肥和 20% 淡水资源，在提高中国粮食产量的同时，也导致了中国土壤酸化，pH 值显著下降。过量的化肥施用不仅导致了土壤酸化，还导致了农田土壤的面源污染。尽管提高了耕地生产能力，但是无法保障绿色的耕地生产能力。

气候变化、生态安全、耕地资源、水资源紧缺都对中国的粮食安全产生了严峻的挑战。美国的 Lester Brown（2011）在 2011 年提出了“美国能养活中国人吗?”他的研究认为，中国城市化和工业化耗费了大量的优质耕地资源，而且作为生产了中国 60% ~80% 的小麦和 30% ~40% 玉米的中国粮仓的黄淮海区域，地下水下降将导致整个区域粮食产量大幅度下降。将导致至少超过中国 10% 的人口粮食安全受到影响。为此，中国清华大学的宫攀发表文章回应认为，中国实施的耕地占补平衡政策，土地整治对策等，确保中国能够有足够的耕地资源保障粮食安全，因此，不需要美国，中国完全有能力保障自己的粮食安全。

面临气候变化和资源紧缺，中国可以保障粮食安全，但是如何以更小的资源代价来保障粮食安全，则对中国的政治家和科学家提出了严峻的挑战。中国人口众多，资源紧缺，只有通过实施高能、高效、低耗、绿色的高标准农田建设，才能保障国家的粮食安全。基于高能、高效、低耗、绿色生产能力的耕地质量建设的技术是在全球化格局下，实现中国粮食安全保障的理论突破和技术需求。基于这一理论的突破，不仅为解决中国的粮食安全、资源安全提供依据，也可以为人多地少，资源紧缺的国家提供借鉴。

二、中国的粮食安全必须要转移到耕地数量质量并重的轨道上来

中国正在经历着人类历史上最大的城市化和工业化发展过程，耕地资源的刚性需求依然十分强劲。2010 年中国耕地面积仅约为 18.26 亿亩，比 1997 年的 19.49 亿亩减少 1.23 亿亩，中国的城市化和工业化正在以每年消耗 946 万亩优质耕地资源的速度发展着。中国人均耕地面积由 10 多年前的 1.58 亩减少到 1.38 亩，仅为世界平均水平的 40%，18 亿亩耕地红线岌岌可危。而且，中国目前的 18.26 亿亩耕地是从 1997 年以来，实施耕地占补平衡政策，才得以保障实现的。继续实施以数量平衡的耕地保护政策无法保障中国的粮食安全。

城市化和工业化的发展，使我国的耕地资源重心发生了明显位移，从东南部向西部和北部转移。这种位移，虽然没有通过具体的数字显现出耕地资源数量与粮食安全之间的关系，但是确保粮食播种面积支撑粮食生产的耕地资源空间位置却发生了显著的变化。东北、新疆、内蒙古的一部分作物播种面积是由草地、湿地这些生态用地转化而来。过去，江南是中国的鱼米之乡，是传统的优质水稻种植区域，但是现在，东北平原是水稻的主要生产基地。在保障水稻需求供应的背后，是中国大片湿地和草地资源的渐渐消失，是更多良好生态空间的消失。为了保障粮食安全，我国付出了巨大的生态代价与资源代价。

中国的农村土地制度以耕者有其田的设计思路，在保障中国农村稳定的同时，“远近搭配、肥瘦搭配”的平均分配土地，也导致了中国耕地资源的细碎化程度加剧。华北平原、江南区域以及西南区域的土地细碎化呈现加剧趋势。农村居住空间也呈现出不断侵占耕地，特别是优质耕地资源的趋势。中国的耕地资源不仅受到来自城市化和工业化的影响，也受到来自农村内在空间变动的严重影响。为了保障耕地资源安全，中国实施了旨在减少农村居民点用地的城乡用地增减挂钩的政策。

与此同时，单独考虑耕地资源本身的粮食安全保障战略，已经远远不能应对全球气候变化、资源紧缺、中国城市化和工业化以及中国农村空间的破碎化、分散化的问题。中国的耕地生产能力提升，必须从我国耕地生产能力区域差异特征出发，从区域的农村土地结构出发，提出基于城乡一体化的耕地质量提升的技术。

三、中国粮食生产单项技术的突破与发展迫切需要高标准农田技术突破

中国农村资源整体不断恶化，而提高耕地生产能力的单项技术却在不断提升。比如我国小麦、玉米和水稻的育种技术不断突破，水资源管理技术不断突破，精准施肥控制技术不断突破，农田土壤培肥和地力提升技术不断得到提升。

但是，这些已经取得的单项突破技术的应用必须依托通过高标准农田建设提供的良好的“光、温、水、土”的立地条件，才能最大限度发挥其提高生产潜力的作用；必须依托“田、水、路、林、渠、村”整体农村空间支撑能力的提升，依托农村整体生产要素的循环、减量水平的提升，依托农村空间农户、农地组成的人地关

系系统的协调发展，才能推动高能、高效、低耗和绿色生产能力的实现。

四、基于高能、低耗、低碳、绿色生产能力的耕地质量建设的技术需求

支撑高能、高效、低耗、绿色生产能力的耕地质量建设的技术，应不仅包括具体实现耕地生产能力的农田支撑子系统，还应包括支撑生产能力发挥的整个“田、水、路、林、村”组成的整个农村空间。农田高产、低耗、高效生产能力的实现是基于整个农村空间的各个子系统的协调，发挥整体的生产功能作用。因此，未来的耕地生产能力提升的理论与技术，必须从农村空间以及实现耕地生产能力的农田子系统这两个系统出发来综合考虑和设计。

整个农田生产系统由“天、地、人”组成，这个支撑耕地粮食生产的空间要素系统，是生产能力得以实现的支撑空间。这个系统是实施高能、高效、低耗和绿色生产能力的基础保障。这个基础支撑条件的建设，是实现育种技术、灌溉技术、施肥管理技术、物质循环技术的重要支撑空间。

通过对耕地资源生产潜力限制因素的分析，提出了最大技术生产潜力、农田支撑生产潜力等相关概念，初步分析生产潜力提升限制因素、各个生产潜力层面提升的技术以及获得不同层次生产潜力的途径（图3－6，图3－7）。

耕地生产潜力	提升限制因素	主要技术途径	获得途径
光温水生产潜力	大气界面 光照 温度 二氧化碳 降水	光温二氧化碳水平决定的生产能力潜力上限；受到光照、温度、降水等控制	AZE测算生产潜力
光温水现实生产能力，品种突破下形成的产量（Y^{max}），审定品种最高产量	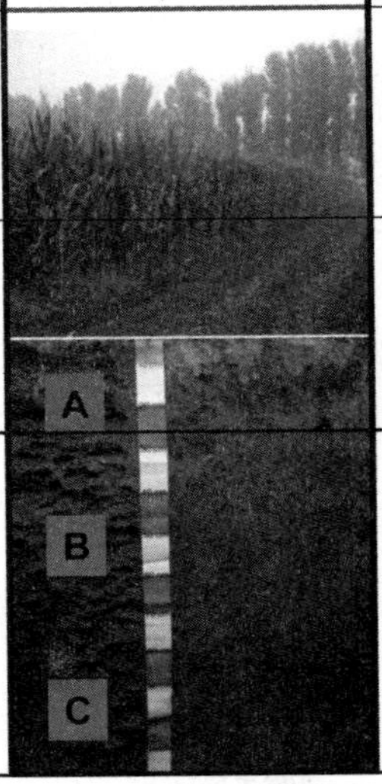	受到气候条件控制，在已有农用地质量最优支撑、水肥管理最优、农户最优利用下提升形成的产量，通过育种技术突破可实现的现实生产能力上限	区域审定高产品种
光温水土生产能力，通过最优农田管理实现产量Y^c，示范农田最高产量	A	在一定技术条件下，已有的育种技术条件下、农田最优、农户最优利用下可以形成的现实产量。通过农田水肥管理可以提升的生产能力	推广示范田产量
光温水土生产能力，通过农田综合质量提升可以实现稳定的产量（Y^a），高产稳产农田平均产量	B C	在一定技术条件下，通过实施破碎化田块整理和土地权属归并、控制农田水土流失、改善生产条件、提高灌溉保障能力和排水条件、农田基础地利提升等农田支撑粮食生产立地条件下形成的稳定的粮食生产能力	区域高产稳产田平均产量

图3－6　农田生产系统生产潜力、限制因素分析

Y^{max}是耕地的光温生产潜力。

Y^c 是通过农田质量建设、农田最优管理条件下，耕地可以实现的产量水平，是一定时间内技术可以达到的耕地产量水平上限。

Y^a 是在农田质量最优，农田管理水平最低的条件下，耕地可以实现的稳定生产能力，是农户现实生产能力的下限。

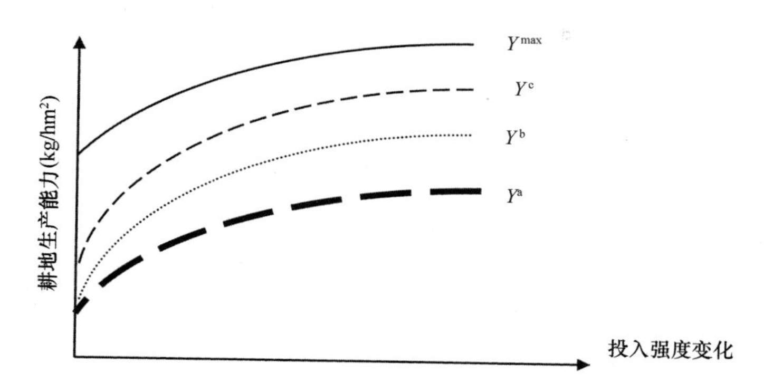

图 3－7　耕地生产能力与投入强度变化关系

1. 从影响耕地生产能力的光温限制条件出发，要研究提高光温生产效率提升的农田支撑技术

在一定时期内，区域内光照、温度在短时间是相对稳定的，这些生产能力要素决定了区域生产潜力的上限。但是，从保护和提升光温生产潜力技术突破来讲，依然可以通过高标准农田建设，提高区域光温利用效率。我国区域南北差异显著，东中西差异显著，随海拔上升，光温潜力降低。迫切需要研究提高耕地光温保障条件的半设施化的农田建设技术，在耕地层面，切实提高光温效率。比如，东北的建三江水稻产区，就是通过构筑温室大棚，实施温室育秧，显著地提升了低寒区域的温度限制问题，单项技术的突破，显著提高了区域的光温生产潜力。因此，在我国高寒、东北等区域，高标准农田建设的技术突破，应该从提高光温生产潜力入手。

2. 从提升降水与光照、温度形成的气候生产潜力的角度来讲，要研究提升农田区域稳产的灌溉支撑技术体系

我国的光照、温度和降水匹配存在显著的差异。比如，湿润气候区域的东北、江南、华南、西南的光、温、水匹配条件好，而干旱和半干旱、半湿润区域的西北、内蒙古高原和华北平原的匹配性就显著下降。在全球气候变化的背景下，我国北方的降水将会进一步减少，西北区域的降水将增加，而西南和华南的降水相对稳定。

从优质配置提升潜力的角度出发，光、温、水资源匹配好的东北、江南、华南区域，要研究提升节水灌溉技术；对于匹配差的区域，比如黄淮海、西北以及内蒙古等区域，不仅要通过全面提高灌溉的配套水平，才能实现光温生产潜力，而且要发挥水资源的利用效率，应对温度增加的水资源效率提升和农田质量提升技术。

从农田支撑耕地生产能力水平来讲，研究提升高标准农田质量提升技术。影响耕地生产能力的关键要素在于土层厚度、土壤质地、土壤中的砾石含量、土壤剖面、土壤有机质含量和土壤 pH、土壤的温度等条件、土壤中的障碍层次以及土壤中的盐碱化程度以及地形坡度、海拔等因素。而在不同区域，存在不同的主导限制因素。

我国自20世纪50年代以来，开展了大量的土壤改良工程，取得了显著的成效。比如，我国黄淮海区域的盐渍土改良，南方的丘陵山区的酸性土壤的改良等。

从农田支撑生产能力角度，就要实施工程措施，切实改善土壤条件，提高农田支撑生产能力水平。可以实施的技术包括优先保护优质土壤条件下的耕地资源保护与整治技术：如基本农田划定技术、土地整治技术、耕地质量的限制因素提升和改良技术。只有提升这个优质农田立地支撑条件，育种技术、栽培技术、田间管理技术、施肥技术、灌溉技术等技术成果才有可能发挥作用。

五、基于低耗、高效、绿色的生产能力的高标准农田整治技术需求

在不同的农田系统功能下，形成了不同的农用地土地利用结构，这种土地利用结构的变化，反过来，又促进了农田功能的分化。因此，从形成耕地生产能力的系统来讲，在不同的生产能力导向下，产生了不同的农用地利用结构，这种结构表现出对生产能力的强化，并以发挥耕地生产能力为核心，促进其他的功能协调发展。

区域的“田、水、路、林、渠、村”构成了整个的农村空间系统。组成整个系统的合理土地利用结构，人地关系的协调，是保障区域生产能力总体协调的关键问题。把农田生产系统的粮食生产的投入和产出纳入到农村空间系统，可以切实提高农田生产效率，降低物质投入，并做到农田投入物质的循环利用，最大限度地利用实现农田生产的投入要素，是实现农田投入“减量化、无害化、低碳化、循环化”的关键。

从高标准农田系统设计来讲，就是要突出节地、节水、减小劳动强度，提高各种资源的利用效率，保障农田生产稳定性、安全性、持续性、生态性以及多样性的问题。

从提高农田生产的稳定性来讲，迫切需要通过线状廊道实现防护林网络化，提高连通性，防治林网破碎化对农田生产稳定性的影响；建立农田系统缓冲带，不仅可以起到减少病虫害的作用，还可以显著地降低硝态氮向地下水和水体的迁移速度，有效减缓环境污染；对于农田道路沟渠实施来讲，减少生境破损化的生态桥和生态隧道建设。比如，传统的桑基鱼塘的模式、黄淮海区域水盐控制模式等、西北的绿洲，滴灌模式等都是技术上的突破。

从降低资源耗费角度来讲，需要将农村空间的农村居民点、农田、林网、道路等进行通盘研究，支撑实现绿色生产能力。从我国传统的农田生态系统吸取营养，构建促进村级尺度上水、土、肥等资源循环利用的农田整治新模式。比如，云南的哈尼梯田、广西的龙胜梯田，都是降低资源耗费，实现资源循环利用的典范。

从农村空间整体功能出发：提高耕地利用效率，降低要素投入。耕地生产能力提升不仅要考虑耕地本身生产能力提高，还要从影响区域耕地生产能力的人地系统出发，在农村空间统筹考虑因地制宜。从农用地组成“田、水、路、林、渠、村”的整体土地利用结构控制和结构优化出发，进行基础设施建设，提高农田利用规模、

降低劳动强度，减少要素投入，循环利用资源。最终形成区域的高产、生态和低碳的生产能力的农田系统建设技术。

六、提升高标准耕地生产潜力的土地政策保障需求

在中国现实的粮食生产中，农户是耕地生产的主体，因此把进行粮食生产的企业、农民、承包户统一定义为农户。农户耕地生产潜力实现程度与农户生产目标密切相关。图 3－8 中 A 是产量最大化阶段，B 是产量与利润协调化阶段，C 是利润最大化阶段。农户在利润最大化阶段，粮食生产出现由土地效率最大化向劳动力生产效率最大化转移，如果耕地规模得到满足，则生产潜力实现程度显著提高（Y^{h2}），如我国东北；如规模得不到满足，则耕地生产潜力实现程度下降（Y^{h1}），如我国的发达地区。由于我国农户土地利用目标存在显著东部、中部、西部差异性，因此，假定耕地生产潜力实现程度存在空间差异性和互补性特征。

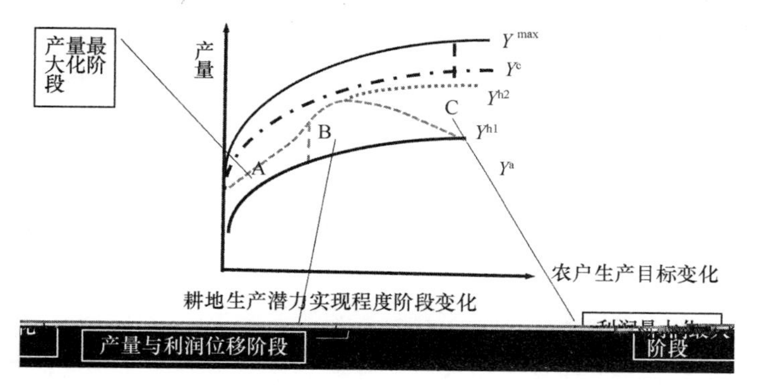

图 3－8　农户在不同生产目标下耕地生产潜力实现程度

农户在生产意愿支配下，对各种技术进行综合应用，最终实现一个现实生产能力。在耕地范围内，通过生产方式、利用强度以及对技术选择的意愿等通过耕地资源集约化、粗放化过程等实现了一个粮食产量（孔祥斌，2011）。这个产量是第二个产量差值，这个差值是通过农业政策安排、土地制度政策调整、经济政策等来进行调控的一个生产能力。

七、结论

在全球气候变化、资源紧缺的国际条件下，中国的粮食安全必须自己解决；在中国城市化和工业化带来的巨大资源压力下，已有的通过耕地资源扩张，通过高集约化投入的耕地资源保障模式，已经远远不能满足国家发展对我国粮食安全的迫切需求。面临国际和国内的资源压力，中国必须构建起基于高能、高效、低耗、绿色生产能力的高标准农田建设技术体系，才能构筑起我国粮食安全耕地资源支撑科技体系。

参考文献

[1] 孔祥斌．区域土地利用转型对耕地质量的影响．北京：科学出版社，2011.

[2] Guo J H, Liu X J, Zhang Y, et al. Significant Acidification in Major Chinese Croplands. Science, 2010, 327: 1008.

[3] Jeff Tollefson. The global farm. Nature, 2010, 466: 554 – 556.

[4] Jonathan A. Foley, Navin Ramankutty, Kate A. Brauman, et al. Solutions for a cultivated planet. Nature, 2011, 478: 337.

[5] Lobell David B, Schlenker Wolfram, Costa – Roberts Justin. Climate Trends and Global Crop Production Since 1980. Science, 2011, 120: 4531.

[6] Piao SL, Ciais P, Huang Y, et al. The impacts of climate change on water resources and agriculture in China. Nature, 2010, 467: 43 – 51.

第三节　农村人居环境存在的问题和建设对策

摘　要： 农村生态环境的质量关系到农村人居环境的优劣和农业生态系统功能的高低。然而，在我国农村经济不断发展的同时，出现了植被破坏、水体污染等环境问题和乡村城市化等乡村景观风貌破坏等乡村景观问题。在十八大会议提出加强生态文明建设和农业部提出“美丽乡村”创建的背景下，农村生态环境建设的要求不断提高。本节通过问卷调查的结果分析，总结出我国农村生态环境建设存在的主要问题，包括环卫设施缺乏、污水缺乏处理、村庄内外绿化缺失和管理缺失等。同时，本节介绍了欧美发达国家农村生态环境建设的理论和实践经验，包括农村社区和农田景观方面的政策、工程技术和管理制度等。最后，在结合我国乡村生态环境存在问题和国际经验的基础上，提出了针对我国现状的农村生态环境建设对策，包括拓宽农业/农村生态环境建设内容和方法、加强生态景观规划，开展景观特征评价和绿色基础设施建设，提高生态环境工程技术精细化程度，加强部门协调和技术集成研究和示范，推进以农户或村集体为主题的生态环境管护制度。

一、引言

农村景观对于世界各国都是十分重要的景观类型，其生态环境的管护也显得尤

本节由宇振荣，张茜编写。

宇振荣（1961—），中国农业大学资源与环境学院教授，主要从事景观生态、乡村生态景观建设理论、方法和技术研究。

其重要，许多发达国家很早就开始了农村生态系统管护的理论与实践研究。然而，在中国，针对农村生态环境的管护内容、措施等方面的研究仍未形成完整的体系。中国共产党第十八次全国代表大会提出加强生态文明的建设，要求“必须树立尊重自然、顺应自然、保护自然的生态文明理念，把生态文明建设放在突出地位，融入经济建设、政治建设、文化建设、社会建设各方面和全过程”。农业部为了响应建设生态文明的号召，决定于2013年开展“美丽乡村”创建活动，以此加强农村生态环境保护、改善农村人居环境，全国各地纷纷响应。这些对于乡村生态环境的保护和管理提出了更迫切的要求。本节将从中国农村生态环境存在的问题开始讨论，通过介绍欧美发达国家农村生态环境建设的经验，为中国农村生态环境建设提出建设性对策。

二、我国农村生态环境建设存在的问题

21世纪以来，我国先后开展推进了生态农业发展、循环农业、测土配方施肥、农药减量化和无害化技术、面源污染综合防治、土地整治、农村工业污染控制、新农村人居环境建设等重大战略，并取得了巨大成效。然而，在经济快速发展的同时，人们对农村生态环境资源的无序索取严重超出其容量极限，导致农村土地利用和生态环境出现了种种不协调的现象，如植被破坏、水体污染等乡村生态功能退化问题和固体废弃物堆放、养殖业污染等人居环境质量降低的问题。同时，在农业集约化发展和新农村建设过程中，由于缺乏相关理论和方法的指导，导致乡土景观风貌严重受损，出现“景观污染”或“千村一面”现象，破坏了村落、农田、道路、河流水系、树林等景观要素之间的景观和功能联系。

（一）全国农村生态环境现状

为了解我国农村生态环境存在的主要问题，我们在全国范围内以问卷的形式开展了乡村景观现状的随机抽样调查，内容涉及乡村聚落空间布局和基础设施、自然和人文景观、建筑和环境、存在问题和意愿等方面，共回收有效问卷255份。被调查乡村涉及30个省、自治区和直辖市，以秦岭—淮河为界，南、北方村庄分别占调查总数的42%与58%。

1. 生态环境问题普遍存在

1）村内缺乏环卫设施

被调查的村庄中，60.7%（图3-9）的垃圾为农户自家处理，极易因处理不当造成环境污染；63.6%的被调查村庄无公共厕所，乡村公共服务设施有待完善。虽然规划过的村庄垃圾集中处理和村内公厕设置状况均好于未规划村庄，但仍有45.8%的村庄未建设垃圾集中收集处理设施，51.0%的村庄未设公共厕所，这表明我国乡村规划虽然考虑到了环卫问题，但仍显不足。

2）污水随意排放现象普遍

被调查乡村的污水处理主要方式为随意排放（图3-10），其次为自家处理和明

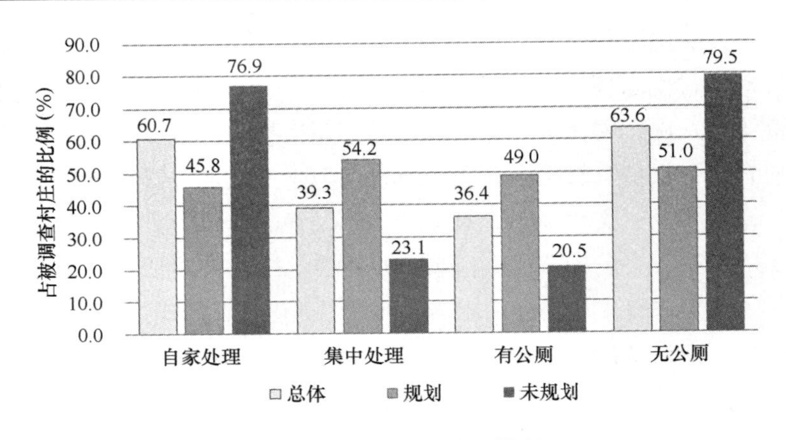

图 3－9　村庄环卫设施情况

沟排放，其中集中处理仅占 13.4%。被调查的南方村落采用随意排放污水的比例达 47.7%，高于北方的 29.3%。生活和生产污水的随意排放不仅给土壤带来极大的危害，且这些浮水一旦进入自然水体，必然导致污染，同时影响到人畜饮水安全。

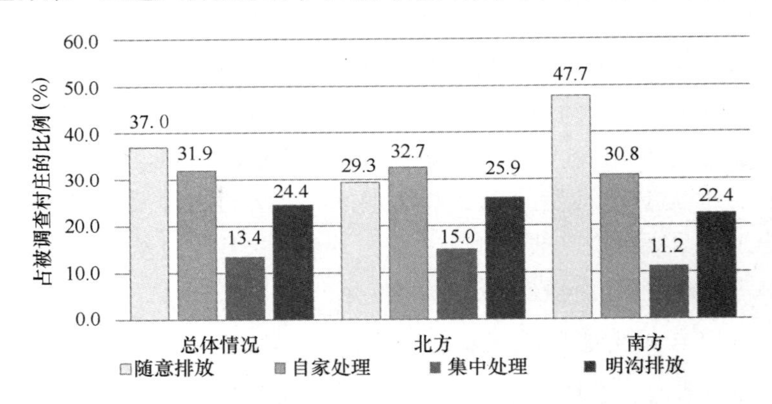

图 3－10　村庄排水设施情况

3）村庄内外绿化不完善

绿化对村庄的整洁美观和防风护田具有重要作用，然而我国乡村庭院、道路和田间林网绿化的残缺状况普遍存在（图 3－11）。在被调查的村庄中，此三者绿化严重缺失的比例分别高达 29.2%、34.9% 和 34.8%，且田间林网相对残缺最为严重，成为农村生态环境建设的一个重要方面。

2. 农民改善环境意愿强烈

1）公共环境卫生受到了普遍关注

农村生活和生态环境改善意愿的调查结果表明，与日常生活空间密切相关、且直接影响村容村貌的环境卫生和基础设施是农民最希望改善的方面（表 3－1），70.1% 的村庄都选择了这一项，包括排水设施、垃圾处理、公厕实施等。其中，亟须改造比例最高的几个问题包括废弃物处理、排水设施、公共活动、道路建设和绿

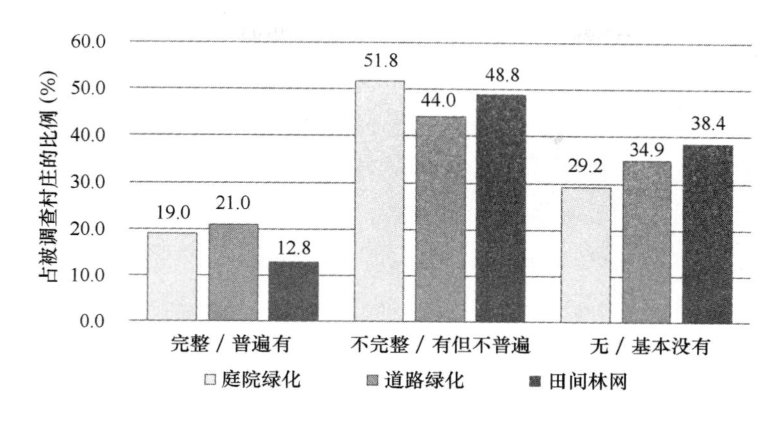

图 3－11　村庄内外绿化状况

化及供水设施。

表 3－1　乡村人居环境需要改善情况（%）

建设意愿	废弃地治理	庭院改进	道路建设	道路绿化	供水设施	排水设施	照明设施	公共活动	废弃物处理	建筑保护	文化保护
亟须改造	26. 7	26. 3	44. 0	39. 2	43. 4	49. 4	14. 7	49. 2	57. 8	26. 3	31. 4
需要但不迫切	48. 2	58. 7	32. 8	50. 8	30. 3	41. 0	36. 1	40. 0	35. 7	45. 0	42. 7
已经很好，不需要	25. 1	15. 0	23. 2	10. 0	26. 3	9. 6	49. 2	10. 8	6. 4	29. 2	25. 9

2）缺乏管护是乡村面临的一大挑战

乡村居住环境存在问题的调查结果显示，乡村生态环境缺乏管理问题最普遍，认为严重、一般、不存在的比例分别为 25. 8%、50. 4% 和 23. 8%。调查中发现，即使一些村庄规划得很好，绿化网络完善、环卫设施齐全，但是由于长期缺乏管护，导致设施废弃，绿化破坏等问题。污水与垃圾管理、公共卫生维护、能源利用、道路养护、村庄绿化、文化保护等都是乡村景观管理需要重点关注的方面。居住环境的变化发展与管理问题密切相关，缺乏管理是农户对环境问题、公共空间和民俗文化发展趋势不满的主要原因。

三、国外乡村生态环境建设实践经验

欧美发达国家很早就开始了乡村生态环境建设工作，经历了若干阶段的发展过程，逐步形成了重视农业/农村生态环境改善、乡村景观保护和建设的发展战略，并在大至国家、小到区县不同尺度上都制定了政策体系框架，并建立工程技术标准以指导实践，其丰富的经验可供我国借鉴。

欧洲农村生态环境制度政策体系包括了自上而下的从欧盟到成员国内部再到地方政府的多级政策，政策的内容也由总体目标、指导思想到实施细则，工程技术指导由概况到细化，同时还贯穿着自下而上的地方“自治”理念。统领欧盟的共同农业政策（Common Agricultural Policy）规定了对农业环境控制、乡村综合发展和生态景观建设的支持，强调了对农村生态环境和景观的建设，包括农业环境污染控制、生物多样性保护、乡村景观保护和提升、退化生态系统修复、传统农场的维护和管理、动物福利等；提出通过鼓励乡村旅游发展和非农活动来促进乡村经济的多样化发展和改善乡村人居环境；规定通过“地方行动小组”来制定和实施自下而上的社区发展战略。欧洲国家广泛开展了乡村景观特征评价工作，评价对象包括山水林田路综合空间格局、聚落形态，以及建筑和庭院风格、街景、文化遗产、土地利用方式、沟路林渠格局、植物群落、栅栏、石墙、灌丛、田埂、坑塘等要素，以及综合形成的生态景观质量和景观感知。欧洲的乡村规划指导在社区建筑保护、植被和水体修复、花园设计、交通和街区设计、能源利用、废弃物和水循环利用方面都有详细的指导，并先后出台了《乡村社区设计导则》、《农场林地设计指南》、《河道设计指南》、《农业缓冲带设计指南》等作为具体的规划导则和技术规程。在农村生态环境建设制度上，欧盟构建了以农户为主体的发展策略。例如，在英国农民可以自主申请参与不同级别的环境管护项目，根据详细的工程技术规程和资金补贴标准，选择项目开展实施并以通过考核来获得相应的补贴。

与欧洲类似，美国的农村生态环境政策具有分层次的政策体系，从国家层面到具体的地方，都有不同级别的规定，同时制定了详细的工程技术体系，并对每项措施的具体实施方法制定了导则，以指导地方政府或组织和农民的实施工作。国家层面，美国的农村生态系统建设主要通过《农业法》及与之相关的土地保护项目（Conservation Reserve Program）体现，其目的包括了自然资源保护、生态环境保护、水土污染控制、生物多样性保护、乡村景观建设和休闲旅游等。地方层面，各州县成立了田间技术咨询处负责提供技术指导，内容包括农村社区内的建筑保护、屋顶径流控制、排水、绿篱建设等，以及农田保护性耕作、生境建设、灌木林地和防护林管理、沟渠和河道管理、生物多样性保护等 60 多个项目，内容非常广泛和翔实。在遵循国家政策指南的前提下，每个州、每个地区都针对自身的地理环境条件在上级工程措施的基础上为当地量身定做了更为详细的措施，每项措施集合在包括了标准和规范、工作表、工作说明、文件和认证 4 个部分的参考手册中。图 3－12 表示了河流缓冲带建设工程标准中对措施实施后的效果影响情况的网络图。

四、我国农村生态环境的建设对策

（一）拓宽农业/农村生态环境建设内容和方法，加强乡村生态景观规划

基于我国目前新农村建设中存在的问题和发达国家所提供的经验和借鉴，农业/农村生态环境规划和建设应加强以下几个方面的应用和研究：①进一步加强乡村生态环境规划和建设，包括生态化建筑、土地/生态环境、社区可持续景观设计、能

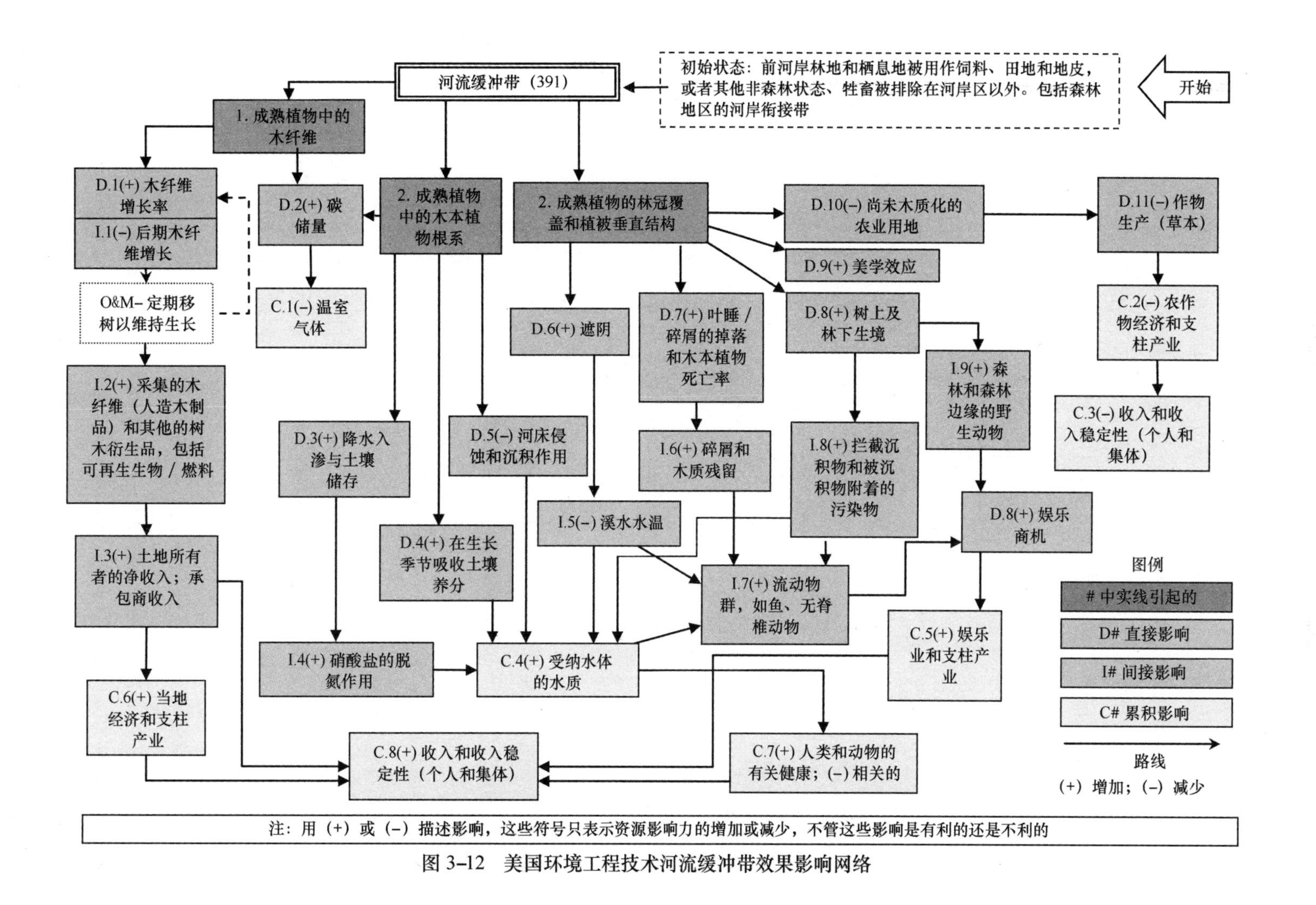

图 3–12　美国环境工程技术河流缓冲带效果影响网络

源、水和卫生、废弃物及循环、交通、社区管理和经济发展；②维持和提升地域生态景观特征，挖掘乡村景观美学和文化价值；③按照城乡一体化要求，开展集景观特征提升、历史遗产保护、生物多样性保护、水土安全、防灾避险和游憩于一体的城乡一体化绿色基础设施规划和建设；④大力开展生物生境修复，推进沟路林渠和各类绿色基础设施的生态景观化技术应用，保护生物多样性，提高生态景观服务功能；⑤拓宽和提升我国农业/农村的多功能性，例如，恢复农业景观生态服务功能、保护农业景观生物多样性、加强灾害适宜性管理及提高水土安全、加强乡村生态景观建设。

（二）开展景观特征评价，加强绿色基础设施建设

山水格局、田林路网、街道社区等地域生态景观特征是当地人们适应和改造自然的历史记录，使生活在相同景观特征区域的人们彼此之间能够产生归属感和认同感，因此，详细深入地认识乡村景观特征是建设美丽乡村必不可少的环节。在景观特征评价工作开展的基础上，针对地域特点开展绿色基础设施建设，包括农村社区规划和沟路林渠能农田人工设施。绿色基础设施建设过程中，对于村落植被、排水系统设计时应充分考虑与自然植被和水系的联系，维护当地特色的生态景观特征；对于沟路林渠等人工设施，应大力开展植被恢复建设，避免过度硬化现象，推进生态护岸措施，建立缓冲带等各类生态景观化技术应用，保护生物多样性，提高生态景观服务功能，构建具有较高生态系统服务功能的乡村绿色基础设施体系。

（三）提升生态环境工程技术精细化程度，提高生态景观服务功能

我国在推进生态农业、循环农业发展建设，开展从源头控制污染的过程中，对景观层次上物质、能量和物种流动考虑不够；在新农村建设过程中，对乡村生态景观特征和生态景观化工程技术重视不够。由于受部门条块分割限制，总体上还没有形成一个完整的能够涵盖水利、土地整治、生态环境保护、生态系统修复、景观建设、生物多样性保护等系统全面的工程技术体系和标准，难以适应未来以农户为主体的生态环境管护制度实施；也没有形成工程标准、技术规程、施工记录和维护、验收的全过程生态景观化质量控制体系，难以实现项目实施过程的精细化管理和全程控制。因此，需要借鉴美国自然资源保护工程技术（图 3－12），提升农村生态环境工程技术的精细化程度，指导乡村生态环境建设并控制工程质量，切实提供生态景观服务功能。

（四）加强部门协同机制和技术集成的研究和示范

我国在农村生态环境建设和管理中，条块分割严重，技术集成度低而分散，缺乏农户和村集体可以应用且容易获得、具有高度集成化的技术体系。打破部门、学科界限，建立协同和联动机制，有效整合国家投入，提高资金使用效率和实施效果长期性；我国农业/农村生态环境战略目标要求，亟须丰富和发展农村生态环境和景观建设和管护集成技术体系，在原有水利、土地整理、生态环境整治工程技术基础

上，增加生物生境修复、水源涵养、缓冲带建设、景观提升、乡村绿色基础设施建设、退化生态系统修复、植物景观营造、乡土景观建设等工程技术，并构建不同区域特征的生态景观工程技术体系，推进农业/农村生态环境综合整治和管护；在项目规划设计和施工中，应建立工程技术标准、工程设计要求和程序、施工记录，从技术控制和过程控制来保证工程质量。

（五）大力推进以农户或村集体为主体的生态环境管护制度

当前农村项目主要的实施方式是“自上而下”的政府主导制，而参与方法与此相反，是一种自下而上的方法，是对前者决策的补充和修正。农村生态环境建设涉及当地居民、政府部门、公司等多方面的参与者，对于当地居民，农村生态环境的改善与其日常生活息息相关，在项目的开展过程中充分尊重和考虑他们的建议，对于项目实施效果的提升具有重要作用。公众参与应当是从项目的策划、规划设计、实施、后期监测的全过程都要考虑的，只有这样才更能突出公众的作用。针对我国当前的情况，以农户自愿或村集体代表全村开展公众参与试点较为合适，并考虑通过资金补贴的形式让农户成为农村生态环境的受益者和维护者。

参考文献

[1] Baldock D, Dwyer J, Vinas J. Environmental integration and the CAP. A report to the European Commission, DG Agriculture. Institute for European Environmental Policy, Brussels. 2002.

[2] Gislev M. Biodiversity Conservation Strategies in European Union Kunming; “Colorful Yunnan” International Forum on Biodiversity Conservation, 2007.

[3] Nassauer J I, Wascher D M. The globalized landscape: Rural landscape change and policy in the United States and European Union. Political Economies of Landscape Change: places of integrative power, 2008: 169 – 194.

[4] Natural England. Look after your land with Environmental Stewardship. UK: Natural England, 2009.

[5] Natural England. National Character Area profile: 28. 2012. http: //www. naturalengland. gov. uk/publications/nca/vale_ of_ york. aspx

[6] 段美春，刘云慧，张鑫，等．以病虫害控制为中心的农业生态景观建设．中国生态农业学报，2012，20（7）：825 – 831.

[7] 刘云慧，张鑫，张旭珠，等．生态农业景观与生物多样性保护及生态服务维持．中国生态农业学报，2012，20（7）：819 – 824.

[8] 王世群．美国农业环境保护政策及其借鉴．环境保护，2010（17）：64 – 65.

[9] 宇振荣，张茜，肖禾，等．我国农业/农村生态景观管护对策探讨．中国生态农业学报，2012，20（7）：813 – 818.

[10] 宇振荣，郑渝，张晓彤，等．乡村生态景观建设：理论和方法．北京：中国林业出版社，2011：27 – 30.

[11] 张玉环．美国农业资源和环境保护项目分析及其启示．中国农村经济，2010（1）：83 – 91.

[12] 曾秋莲，曹秀云．我国农村生态环境恶化的原因分析．科技传播，2012，12：81，99.
[13] 邹世享，胡历芳，等．我国农村生态环境调查与科学发展对策探讨．安徽农业科学，2011，39（23）：14 481－14 483.

第四节　我国中北部农区树种结构变化及其生态影响初探

摘　要：针对我国中北部农区松柏增多、榆树类树木减少这一现象，分析了产生的原因，从生态角度阐述了这一现象对淡水资源、生物多样性等多个方面的深远影响，并提出了遏制这一现象的政策建议。

我国是世界上受自然灾害影响最严重的国家之一，以水旱灾害为代表的自然灾害对我国经济的影响最直接、最迅速、最显著地反映在粮食产量增速减缓或出现负增长，同时引发畜、禽及相关制品产量的减少，农副产品收购量减少，农业产值降低，人民生活水平和生活质量的下降。

在电影《一九四二》和《周恩来的四个昼夜》中，灾民吃光了树叶，啃光了树皮。在部分农村，灾民靠这些树叶、树皮和极少量的红薯干等粮食度过了艰难时期。四川汶川地震、甘肃岷西地震暴露出了农民不存“隔夜粮”的问题。我国粮食产量总的变化趋势是不断增加的，但农业生产还没有摆脱“靠天吃饭”的落后局面，粮食生产具有明显的波动性的特征，因此有学者提出了藏粮于民、藏粮于土的问题。

将树叶树皮与农民不存隔夜粮的问题综合起来考虑，越发感到，在我们这样一个人口众多、自然灾害频发和经济发展不均衡的国家，保有一定数量的榆树类树木，在非常时期可以成为人民群众的“救命粮”，具有十分重要的生态价值，需要专家和政府广泛关注。

一、松柏增多榆树减少现象突出

松柏等树种在城市绿化、公路铁路两侧绿化和部分退耕还林中，栽植比例越来越大，而榆树、柳树和洋槐等树木越来越少。在甘肃、内蒙古等省份的机场高速边、铁路边和公路边，栽种的是清一色的松柏。在河北、河南的部分农村，水桶粗的榆树几乎绝迹。

《百年榆树与百年建筑同等珍贵》的文章中介绍到，哈尔滨市马路旁、街巷里郁郁葱葱的大榆树构成了哈尔滨一道独特的风景，“榆都”、“丁香城”曾经是对哈

本节由王洪波，赵玉领，程锋编写。

作者简介：王洪波，研究员，博士后，从事土地评价、农用地分等定级与估价领域的研究。

＊本文系国家自然科学基金重点项目（40930740）阶段研究成果。

尔滨的美誉，而上树采摘榆树钱，也是很多哈尔滨人至今难以忘却的回忆。但是随着城市建设的发展，路宽了、楼高了，城市里的大榆树也越来越少。2011 年，黑龙江省著名文保人士曾一智上书哈尔滨市政府，建议在改造过程中加强对花园街历史文化街区内百余株古榆树的保护。经过曾一智一个月的艰苦调查，发现哈尔滨市花园街历史文化街区内共有榆树 450 余株，胸径 50 cm 以上的百年古榆有 290 余株，树龄为 80 ~ 100 年的榆树有 80 余株。她的建议得到哈尔滨市政府有关领导的重视。

二、松柏增多榆树减少的原因

（一）松柏等树木增多的主要原因

专家研究表明，同一区域内城市越发达，城市规模越大，建城历史越悠久，城市绿化树种数量越多，如银川和格尔木同属于温带干旱地区，银川市常用绿化树种达 40 多种，而格尔木却不足 20 种，银川市引进树种 20 多种，而格尔木常用的城市绿化树种中引进树种不足 10 种。

2008 年奥运会，北京城市绿化所用苗木几乎都是大规格的。到 2010 年之后，北京、上海、青岛的城市绿化将成为全国中小城市模仿的榜样，包括小城镇建设也迅速发展起来，全国将掀起更大范围，更大规模、更大规格的城镇绿化高潮。专家分析认为，目前和今后一段时间，大规格苗木将成为苗木市场上的“抢手货”。由于“东苗西调”，西安等西部城市目前已经出现很多棕榈科植物，松柏类植物品种也十分丰富，华山松、油松、白皮松等在西部的应用已经较为普遍。松柏等树种在我国北方农区广泛种植有多种原因。首先是受政绩工程和形象工程驱动，在我国中北部荒凉寒冷的冬季，松科和柏科的常绿树种容易被人关注；其次是地方政府富裕了不缺钱，不怕花钱购买价格昂贵的松柏等苗木；最后是城市中的松柏生长缓慢，枯枝落叶少，不易生虫，景观性好，便于管理。总的来看，松柏增多同国家相关部门的管理理念和资金投入有密切关系，主要是一种有意识的集体行为。

（二）榆树类树木减少的主要原因

相关专家根据调查结果和西北地区的气候特点提出，在西北地区长期生长并表现良好的乡土树种有：国槐、臭椿、杨属、柳属、榆属、油松、华山松、云衫属、苦楝、白蜡、红叶李、月季、丰花月季、牡丹、海棠类、雪松、银杏、水衫、刺槐、梧桐等 20 多种。西安市绿化树种有 400 多种，常用城市绿化树种有 80 种，蜀桧、白皮松、华山松、油松、桧柏、刺柏等乡土树种已利用，而榆树等乡土树种却利用很少。

榆树类树木减少的重要原因，首先是老榆树因为可以做家具，榆木家具价格较贵等因素，老榆树基本上已经被人们变成了现金。而榆木作为房梁的功能逐渐被钢筋水泥替代，因此人们不再新栽榆树，在部分新农村榆树几乎是被各种常绿树种、彩色树种替代，几乎绝迹。其次是被速生杨等经济价值高的树种代替。再次是榆树类树木作为食物（榆钱饼、槐叶花包子、含榆树皮粉的饸饹）的功能日益丧失。最后是榆树类树木爱生虫，受美国白蛾等危害较重。

总的来看，榆树类树木减少，主要是农民的一种自发的无意识的个人行为。

三、松柏增多榆树减少的生态影响

（一）造成半干旱地区淡水资源浪费

在我国中北部地区，松柏在移植后的两年内，需要不断地进行淡水灌溉才能保证成活率；而榆树等耐寒耐涝，非常容易成活。在冬天，各种常绿树种与榆树等落叶树木相比，会通过根系吸收蒸腾掉更多的水分。

（二）导致土壤和区域生物多样性降低

与榆树等比较，松针的叶表面积小，净化空气能力差；每年生长量小，固定空气中的二氧化碳较少；枯枝落叶少，归还土壤的有机物少。松柏的落叶不易分解，蛋白质和糖的含量低，会降低土壤中微生物和昆虫的多样性。松柏不易生虫，而榆树等爱生虫、适口性好。因此，榆树多的地方往往虫多，虫多了自然就会鸟多；适口的树叶多，野兔就会多，相应的就会狐狸多；一个区域鸟多了、兔子多了，狐狸多了，鹰和狐狸等处于食物链顶端的动物就会多，反之亦然。

在我国西北干旱和半干旱地区的沟谷里和缓坡上，栽植榆树类树木，也有利于农民扩大牛、羊等养殖业，保护兔子、狐狸和狍子等野生动物。

树叶含有较高的蛋白质、核酸、脂类和矿物质元素等营养物质，是一种有前景的饲料资源。优良饲草的主要指标粗蛋白和灰分的含量分别为10%～20%和5%～10%，大部分树叶包括粗蛋白和灰分在内的营养物质含量均可达到优良饲草的标准。树叶饲料的开发利用能够解决植物蛋白饲料短缺问题，还为建立低耗、高效和节粮型畜牧业创造条件。专家们研究杨树叶、槐树叶、桑树叶和构树叶的饲料价值，但是没有人研究松柏枝叶的饲料价值。

（三）产生降温增湿等不良的环境效应

根据相关专家观测数据，常绿行道树种在冬季仍能较为明显地降低气温，减弱光照，增加湿度。在萧条的冬季，常绿行道树确能增加城市的生气，增加色彩的变化，其景观效果显而易见，但落叶行道树种明显能提供较为舒适的生存环境。近年来园林界有一味强调常绿行道树种冬季的景观效果而忽视落叶行道树种有较强改善生存能力的倾向，这应引起有关各方的关注。对于北方地区的城市而言，冬季的最主要问题是如何增加光照，提高气温，抵御寒冷，而落叶树种能比常绿树种更好地满足人们的需要，冬季较强的光照还对人们的身体健康有良好作用。因此，在冬季寒冷的地区，落叶树种比常绿树种更适于作行道树。

（四）损害民族在非常时期的生存能力

如果任由目前的现象发展，当发生重大战争和自然灾害时，一个发轫于农耕文明，追求人地和谐的民族可能会发现，祖先的生存之道被我们彻底遗忘了，我们连救命的树叶、树皮都没有了。

从长远看，松柏增多，榆树类树木减少，是一个重大的战略问题，事关国家和民族在战争和自然灾害中的生存能力；是一个重要的生态问题，体现在区域碳循环、土壤碳库和生物多样性等多个方面；是一个国家财政资金和淡水资源浪费的问题。遏制该现象，人可以发挥主导作用。在社会经济发展中，有意识的集体行为必须要遵从科学发展观指导，适时调整和克服无意识的个人行为可能带来的潜在危害。

四、扭转松柏增多榆树减少的政策建议

（一）国家出台相关规划和指导意见

不同地区在城市绿化和退耕还林中关于适宜树种的指导意见，对纯景观树种、不爱生虫的树种等提出限制性政策。

在中北部农区退耕还林和铁路、公路沿线的绿化中，要考虑栽种一定比例的榆树类树木。在中北部生态脆弱地区要因地制宜地广泛种植榆树类树木，恢复和保持生态系统。在南方人口稠密的地区，要有规划地保有一定数量的野生甘蔗林和香蕉林，控制桉树等树种的种植规模。

（二）城市绿化中要考虑树种搭配

城市绿化树种具有美化城市，有效改善道路周边空气环境，吸收有害气体、滞尘、隔声降噪、降温增湿等改善城市物质代谢和能量循环的作用。城市绿化树种的选择首先要符合当地的气候、土壤和降水等自然地理条件，城市绿化要以生态理论做指导，针对废气、噪声等各种环境污染，合理选择和配置植物物种，保证一定数量的榆树类树木的种植，可以最大限度地改善城市生态环境。在城市生态公园、郊野公园和路边绿地中栽种一定面积比例的榆树类树种。建议将榆树类树木作为幸运树种植，并号召广大市民认养和保护。

（三）鼓励农民多种植榆树类树木

我国投资千亿元实施6年的“退耕还林”工程，已为西部山河重披绿装。吃了国家的粮，花了国家的钱，染绿大地不容易，要留住绿色更难。绿化问题不能单纯依靠国家的投入，要鼓励中北部农区的人们在房前屋后广泛种植榆树、刺槐、香椿等可以食叶食花的树木。在学生和群众中进行危机意识教育，并号召每个家庭都要为子孙后代留几棵这样的救命树。

（四）土地整治中加强乡土植物的保护

相关专家通过对全国255个村庄人居环境调查及典型案例研究显示，约有60%的村庄乡村景观风光一般或差，生态化驳岸缺失，林网植物群落结构和树种单一，缺乏乔灌草搭配和季相变化。

土地整治应重视乡村景观特征研究，维系并提高乡村景观文化和美学价值；要加强土地多功能性研究，在大尺度上重视生态网络和绿色基础设施建设，在小尺度

上应提高生境质量和景观多样性，增加榆树类乡土树种的利用和保护水平，提高土地整生态景观服务能力和碳汇能力。

参考文献

[1] 封志明，李香莲．耕地与粮食安全战略：藏粮于土，提高中国土地资源的综合生产能力．地理学与国土研究，2000，03：1－5.

[2] 傅声雷．土壤生物多样性的研究概况与发展趋势．生物多样性，2007，02：109－115.

[3] 高秀琴．城市绿化的作用及绿化树种的选择．畜牧与饲料科学，2009，03：184.

[4] 康博文，侯琳，王得祥，等．几种主要绿化树种苗木耗水特性的研究．西北林学院学报，2005，01：29－33.

[5] 刘书云，刘铮．千亿巨资染绿西部山河．瞭望新闻周刊，2005，42：40－41.

[6] 齐志高，李堑．论影响我国粮食储备安全的因素．粮食储藏，2006，01：3－9.

[7] 史素珍．西北地区园林绿化树种的调查分析．西北农林科技大学，2004.

[8] 王亚锋．绿化树种成摇钱树．大众商务，2004，06：8－11.

[9] 徐乃璋，白婉如．水旱灾害对我国农业及社会经济发展的影响．灾害学，2002，01：92－97.

[10] 杨邦杰，郧文聚，汤怀志．中国山区土地资源保护、开发与利用．中国发展，2009，04：58－61.

[11] 杨晔．百年榆树与百年建筑同等珍贵．黑龙江日报，2011－12－05.

[12] 郧文聚，宇振荣．生态文明：土地整治的新目标．中国土地，2011，09：20－21.

[13] 郧文聚，宇振荣．中国农村土地整治生态景观建设策略．农业工程学报，2011，04：1－6.

第四章　良田工程的质量调查与监测

第一节　高标准基本农田网格化监管平台建设构想

摘　要：高标准基本农田建设和管理是改造传统农业和发展现代农业的关键。为了科学规范高效推进基本农田信息管理工作，本节以网格化管理为手段，提出了由数据层、网格层、管理层构成的高标准基本农田网格化监管平台的建设思路，并从分析尺度、层次体系、分析框架3个方面介绍了高标准基本农田网格化建设和管理的理论体系，探索了高标准基本农田网格化监管的运行模式，并进一步对网格化监管平台的必要性和可行性进行了阐述。

一、引言

当前耕地保护工作主要存在以下问题：一是许多城市用地规模“摊大饼”式无序扩张，农村乱占耕地无序建房，造成大量的优质耕地被占用；二是我国耕地总体质量不高[1]，根据2009年国土资源部开展的全国耕地质量等级调查成果，全国耕地有1.2×10^8 hm^2，平均质量等级为9.8等（分1～15等），等别总体偏低；优、高（1～8等）产田约占全国耕地评定总面积的32.65%，仅占耕地总量的1/3，其余均为中低产田[2]；三是耕地生产空间布局不合理，细碎化问题突出，生产效率跟不上，农业规模化生产难以真正落到实处；四是农业基础设施薄弱，与建立规模化、集约化和机械化现代农业生产体系的要求还存在差距。

只有改造农业基础，才能发展现代农业。通过有计划地改造中低等耕地、基本农田，消除耕作田块奇零不整，保障农业配套的基础设施规模，才能真正解决耕地保护中出现的问题。当前，开展土地综合整治、大规模建设旱涝保收高标准基本农田是我国重要的战略举措，对保障粮食安全、提高耕地综合生产能力、改善农业生产条件、发展现代农业具有重要意义[3-5]。随着2012年全国高标准基本农田500个示范县建设的全面启动，着力提高耕地质量，改善农业生产条件，建设一大批集中

本节由桑玲玲，朱德海，陈彦清编写。

作者简介：桑玲玲（1983—），女（汉族），山西长治人，中国农业大学资源与环境学院博士后。主要研究方向为土地利用与信息技术研究。

连片、设施配套、高产稳产、生态良好、抗灾能力强，与现代农业生产和经营方式相适应的优质良田[3]，为发展现代农业提供重要支撑。高标准基本农田建设作为“十二五”时期土地整治工作的主要任务，是促进现代农业发展、保障国家粮食安全的重大举措。同时《全国土地整治规划（2011—2015 年）》[5]中提出，大力开展以田、水、路、林、村综合整治为主要内容的农村土地整治，加大土地复垦力度，加快推进高标准基本农田建设，力争“十二五”期间建成 4 亿亩高标准基本农田。

落实 4 亿亩高标准基本农田的建设任务，其管理方式的创新也须提上日程，才能真正使最严格的耕地保护制度落到实处，信息化保障制度是关键。通过农村土地整治监管系统实施上图入库、集中统一、全面全程监管，切实做到底数清、情况明、数据准、现实性强。此外，实现过程管理，建立动态监测体系，对高标准基本农田的空间布局变化、质量等级变化、利用效率变化等进行监测，定期通报监测情况，为持续加强后期管理、长期发挥工程效益提供科学依据。同时，探索利用视频监测、无人机、遥感“一张图”等技术，逐步做到对高标准基本农田的无值守监管。最终实现“三统一”，即：统一命名、统一永久性保护标识、统一网格化监管。

二、从基本农田保护到高标准基本农田建设

基本农田是耕地中的精华，加强基本农田保护，是提高粮食综合生产能力的重要前提，对国家粮食安全有着积极的保障作用。从 20 世纪 50 年代到现在，管理工作从基本农田、永久基本农田再到现如今的高标准基本农田的提出，从最开始的数量保护、数量质量并重、一直到现在提出的数量、质量、生态、格局并重的要求，基本农田保护的工作越来越受到重视，且成效显著。

随着社会和经济的发展，国家对基本农田保护工作提出了更新更高要求，提出“划定永久基本农田，建立保护补偿机制，确保基本农田总量不减少、用途不改变、质量有提高、格局有改善”。在 2011 年、2012 年再次审查通过的《基本农田划定技术规程》（TD/T 1032—2011）、《高标准基本农田建设标准》（TD/T 1033—2012），也充分说明了以往的基本农田保护和管理工作依然存在着不足，需要进一步改善和加强。

高标准基本农田是实施严格、精细化管理的重点区域，对具体区域实施严格的数量、质量、生态并重管理，做到稳布局、提等级、强管护、促利用。高标准基本农田的提出，要求对农田进行高标准建设、高标准管理和高标准利用[5,6]，保证高标准基本农田数量不减少、质量有提升、格局有改善。国务院批准实施的《全国土地整治规划》，明确提出要建设 116 个国家级基本农田保护示范区、500 个高标准基本农田建设示范县，“十二五”期间，建成 5 000 个万亩连片的高标准基本农田示范区，在这些地方率先加强农业物质基础建设，消除障碍因素，促进现代农业快速发展。

三、从粗放式管理到网格化管理

在基本农田保护工作中，各地区通过编制基本农田保护规划，划定基本农田保护区，规划更加强调自上而下的指标控制，即：将上级下达的控制指标严格地落实到规划图上。现有研究主要采用质量排序法，再按照基本农田保护率等约束指标确定基本农田。往往片面追求优质耕地，对划入基本农田的耕地质量只是做了定性规定，只要达到质量要求的耕地都划为基本农田，再将基本农田的面积累加起来达到政策的数量要求，即完成基本农田划定。实际工作的具体实施，直接导致基本农田管理出现问题，表现在："数、库、图、实"不相符。在国家层面，我国基本农田稳定在 15.6 亿亩，这个数字，在数据库中得以体现，但在图上却找不到，因而无法落地，在实地定不了位，说明以往并没有真正实现基本农田管理[7]。之所以出现这种现状，原因在于：第一，我国法律法规明确规定，基本农田保护规划作为土地总体规划的子规划，基本农田保护区边界，随着土地利用总体规划修编而发生调整和变化，根本无法保住边界线；第二，国家层面和地方政府掌握的基本农田信息不对称，国家层面无法把具体的微观管理和宏观的政策制定联系起来，根本无法实现监管。相比现代信息化技术，基本农田管理技术明显滞后，基本农田管理中出现的问题，究其原因主要是由于基本农田管理的科学技术支撑不行。

网格化管理作为一项新的管理模式，其理念的应用实践逐步拓展到城市建设、人口管理、工商管理、城市规划、劳动保障等方面[8]。计算机领域中网格技术中的网格，是利用互联网上的计算机处理能力来解决大型的计算问题是一种将分布在不同位置、不同类型的各类资源通过高速网络连接起来，实现资源共享和协同利用的技术体系，是无形的网格；另一种网格是地理意义上的网格，也有学者称为空间信息网格或土地资源信息网格[9]等，是基于空间位置进行分析，是有形的网格。根据 Foster 和 Kesselman 的定义[10]，网格是构筑在互联网上的一种新兴技术，它将高速互联网、高性能计算机、大型数据库、传感器、远程设备等融为一体，为科技人员和普通百姓提供更多的资源、功能和交互性，实现计算资源、存储资源、通信资源、软件资源、信息资源、知识资源的全面共享。从网格技术的应用来看，网格有着共同的特征是在前台以服务对象的需求和监管需要为导向，建立快速响应机制，提供"一体化"服务；在后台通过资源共享、工作协同，支持前台的"一体化"服务。在一定意义上，网格化管理模式是一种依托在物理网格基础上的，与虚拟网格相结合的综合性管理模式，如图 4－1 所示。

网格化管理是借用计算机网格管理的思想，将管理对象按照一定的标准划分成若干个网格单元，利用现代信息技术和各网格单元间的协调机制，在网格单元之间实现有效的信息交流，透明地共享组织资源，最终达到整合组织资源、提高管理效率的现代化管理之目的[8-11]。其本质是一种作业方式的优化和完善，是在一体化信息平台的支撑下，运用现代信息技术的支撑，构筑资源共享与工作协同的运作模式，使管理者突破传统方式和手段的局限，实现流程顺畅，提高综合管理和服务的效能。“网格化”城市管理、“网格化”治理、“网格化”社区管理、“网格化”市场监管、“网格化”巡逻防控等在网格思想的启示下得以实现。

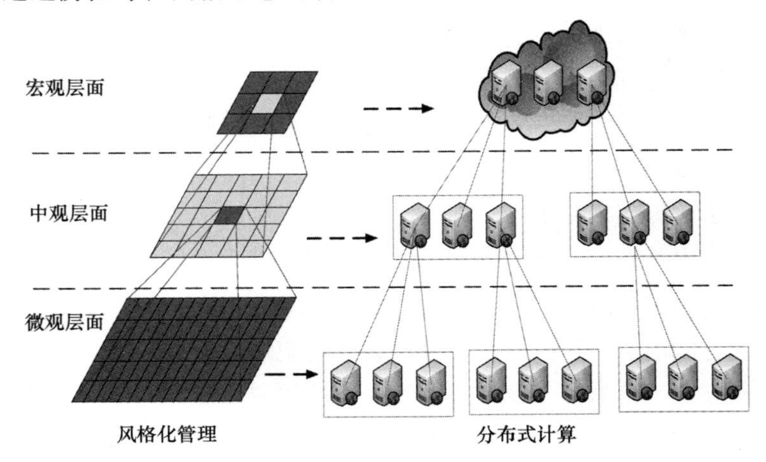

图 4－1　物理网格与虚拟网格相结合

四、高标准基本农田网格化管理的思考

高标准基本农田网格化管理是以网格为基本管理单元，通过对网格进行处理，实现对全国、各省市、各区县、各乡镇的无缝精细化管理，提供人性化农田管理与服务，如图 4－2 所示。首先，单元网格的划分尺度确定是研究的基础，确定网格层次，各级网格大小以及不同地域网格粗细程度的划分原则等，实现对管理空间分层、分级、分区域管理的方法；其次，网格单元用以描述网格内部农田的空间分布特征、空间形态特征以及农田之间的空间关系等，作为高标准基本农田网格化管理中重要的管理内容，网格属性包括空间属性、自然属性、社会属性、经济属性、文化属性等多种空间、事态等属性特征；此外，运用地理编码技术，将这些属性按照地理坐标定位到单元网格地图上，通过网格化管理信息平台对其进行评价、分类管理的方法，将土地管理内容具体化、数字化，并使基础设置有序且精确定位。

（1）质量等级持续提升。通过开展土地平整工程、灌溉与排水、田间道路、农田防护与水土保持工程，推进中低产田改造，加快建设高产稳产基本农田，增加耕地有效面积，稳步提升耕地质量等级。

（2）优化空间布局，实现耕地规模化经营。加快土地整治进程，实施农田综合整治、居民点归并、基础设施配套和产业布局优化调整，科学引导耕地空间布局，不仅可以实现耕地和基本农田集中成片分布，推进耕地适度规模经营，而且可以优化用地结构和布局。

（3）定位定量变化监测。实行“农田落地到户、监控到位”。充分运用农用地分等定级和土壤质量（多目标区域地球化学）调查成果和方法，逐步建立健全高标

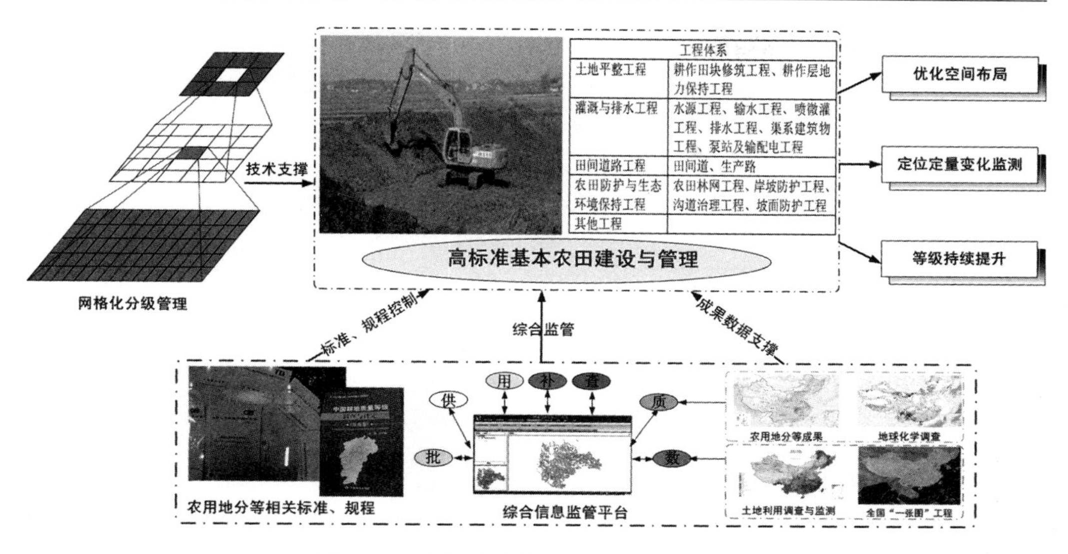

图 4－2　高标准基本农田网格化监管平台

准基本农田质量等级监测网络，及时掌握耕地质量等级动态变化情况，科学评定区域耕地生产能力变化。

五、高标准基本农田网格化管理的分析框架

（一）分析尺度

高标准基本农田网格化管理主要从宏观、中观、微观 3 个层面进行分析。宏观分析尺度为国家级层面。研究全国范围内高标准基本农田保护与建设的数量、质量、空间定位和整治方向等。现有研究通常是以行政区为配置和统计边界，重点支持现有 116 个基本农田保护示范区改造，加强 500 个高标准基本农田示范县建设。因此，针对国家宏观层次分析，网格可依据县级范围进行划分约束；中观分析尺度为省市级，该层的网格可依据乡镇级范围进行划分约束；微观分析尺度为区县级，该层的网格可依据村级范围进行划分约束。微观分析尺度为区县级层面，主要依据村级范围进行网格化分尺度约束。

（二）层次体系

高标准基本农田网格化监管平台的构建是一个多尺度、复杂和综合的研究体系，可以在宏观上划分为数据层、网格层、管理层；行政管理分为国家、省（直辖市、自治区）、县（地级市、区）3 级。在每一个行政管理层次，都可以具有相应的数据服务、网格服务和管理应用，如图 4－3 所示。

这种层次关系决定了在设计高标准基本农田网格监管平台时，一方面既要做到本级的事务尽量在本级本地区的网格环境内调用本地资源完成，尽量减少信息传递环节，降低网络传输的压力；另一方面，经过适当的授权和认证，又可以实现层与层之间、地区与地区之间、跨层次之间的资源共享，协同作业，从而增加系统的可

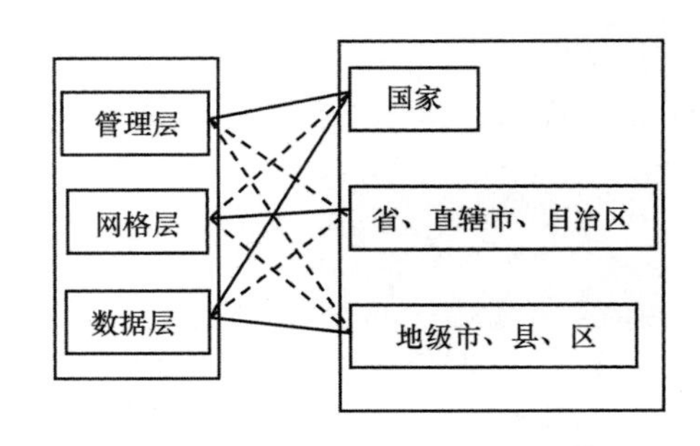

图 4－3　网格与行政管理之间的层次体系结构

用性和服务质量，提供在 Web 环境下难以实现的跨层次协同作业和全局服务。

（三）分析框架

高标准基本农田网格化监管平台的管理层主要服务于高标准建设、高标准管理和高标准利用。数据层以高标准基本农田相关数据为基础，如土地利用现状数据、规划数据、耕地质量等级数据、土地整治项目数据等，建立高标准基本农田网格化建设和管理数据库，依托成熟的数据库管理系统和 GIS 平台，为监管平台及其他应用提供基础地理数据、网格化管理数据的支撑。如图 4－4 所示。

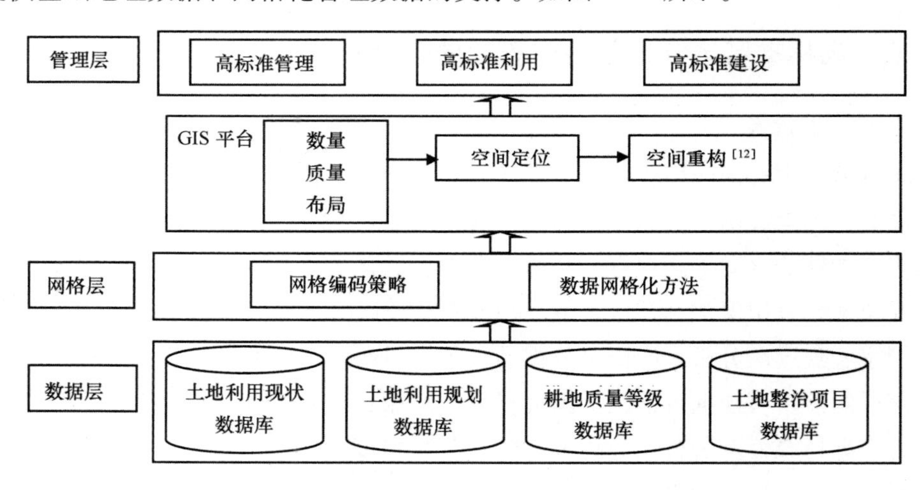

图 4－4　高标准农田网格化建设与管理分析框架

六、结论与讨论

网格化管理手段的引入，首先可以避免行政干预，具有独立性，可以更客观地解决问题；其次，可以解决基本农田不稳定的问题，可以通过建立进入和退出机制得以解决；再次，方便监管，科学、高效、定位准确；最后，有利于进行多源空间数据集成、整合，便于地理综合分析。该手段不仅可以解决以往农田保护中“农田难以落地、无法监管”等问题，实现科学引导耕地空间格局、提高空间利用效率，而且利于“数量不减少、质量有提高、格局有改善、管理有依据”目标的实现。

将高标准基本农田建设和管理纳入“一张图”和综合监管平台，在线实时监管，科学构建高标准基本农田网格化监管平台，对于规范、高效地管理基本农田信息，贯彻落实中央精神有其特殊意义。高标准基本农田网格化管理思路的提出，为国家“十二五”期间高标准基本农田建设与管理目标进行了理论和技术的前期探索。

参考文献

[1] 李少帅，郧文聚．高标准基本农田建设存在的问题及对策．资源与产业，2012，14（3）：189－193.

[2] 胡存智，廖永林，吴海洋，等．中国耕地质量等级调查与评定（全国卷）．北京：中国大地出版社，2009.

[3] 国土资源部．高标准基本农田建设标准（TD/T 1033—2012）．北京：中国标准出版社，2012.

[4] 国土资源部．基本农田划定技术规程（TD/T 1032—2011）．北京：中国标准出版社，2011.

[5] 国函（2012）23 号．全国土地整治规划（2011—2015 年）．北京，2012.

[6] 刘新卫，李景瑜，赵崔莉．建设 4 亿亩高标准基本农田的思考与建议．中国人口资源与环境，2012，22（3）：1－5.

[7] 吴克宁，韩春建，吕巧灵，等．基于“3S”技术的县级基本农田信息化建设．农业工程学报，2008，24，1：70－72.

[8] 李德仁，宾洪超．国土资源网格管理平台的框架设计与实现．测绘科学，2008，33（1）：7－9，28.

[9] 李德仁，宾洪超，邵振峰．国土资源网格化管理与服务系统的设计与实现．武汉大学学报（信息科学版），2008，33（1）：471－475.

[10] Foster I，Lman C，Tuecke S. The Anatomy of the Grid：Enabling Scalable Virtual Organizations. International Journal Supercomputer Applications，2001，15（3）：200－222.

[11] 李德仁，彭明军，邵振峰．基于空间数据库的城市网格化管理与服务系统的设计与实现．武汉大学学报（信息科学版），2006，31（6）：471－475.

第二节　耕地质量监测布样方法研究进展

摘　要：耕地质量监测一般采取抽样调查的方法，其中合理选择和分配监测样点尤为重要。本节介绍了抽样技术的研究进展以及耕地质量监测布样方面的国内外研究现状。由于空间样本间的不独立性，经典抽样模型存在效率低、精度不高的缺点，而专家指定监测点会带来主观上的判断偏误。采用空间抽样技术进行耕地质量监测布样，可以保证在某一置信水平上达到一定的精度要求，具有科学性。本节针对县域耕地质量监测的特点，基于空间抽样技术，提出了县域耕地质量监测样点布设及优化调整技术，考虑耕地质量的空间结构特征、异常点、潜在变化因素及其影响范围，监测点数目合理，自动化程度高，能够满足县域耕地质量监测的需求。此外，本节对耕地质量监测布样研究进行了展望。

一、引言

耕地是粮食生产的基础，是最宝贵的农业生产资料，是农业持续发展的重要保障。截至 2011 年，中国人均耕地面积仅为 1.38 亩，只有世界平均水平的 40%，经济的快速发展和工业化、城镇化进程的加快，加剧了中国耕地保护的压力。目前，对耕地数量的监测方法已较为成熟，国土资源部构建了完善的土地利用变更调查体系。除了耕地数量的变化，不合理的耕种以及土地整理、开发、复垦等还会影响到耕地质量，造成生产力的改变。因此，保护耕地资源，数量和质量的监控同样重要。

对耕地质量的监测，国土资源部从 1999 年到 2009 年在全国范围内组织完成了全国耕地质量等级调查与评定工作。这项工作从统一技术方法、分省组织实施，到全国汇总工作的完成，历时 10 年。2003 年正式颁布了《农用地分等规程》、《农用地定级规程》和《农用地估价规程》；2008 年年底省级工作全面完成，建立了全国统一可比的 1∶50 万耕地质量等级数据库。在此基础上，编制形成了全国成果报告、图件、数据库、数据表册、影像资料和标准样地实物等一系列成果。全国共调查 1 000 多万个单元，村级调查样点 600 多万个，涵盖 2 608 个县级单位，省级汇总单元 30 多万个，建立标准样地 5 万多块。全国农用地等级的调查与评定，第一次全面摸清了我国耕地等别及其分布状况，第一次实现了全国等别的统一可比，为落实占用耕地补偿制度，实现区域耕地占补平衡目标，科学核算农用地生产潜力提供依据[1]，对加强土地资源的规划、管理、保护、合理利用，对我国的粮食安全，对保障国民经济的可持续发展具有深远意义。时任国务院总理温家宝同志察看耕地分等成果时说：“这是我们的家底，保护好农用地，关系到子孙后代。”

现阶段正在开展全国耕地质量动态监测试点等土地评价和应用示范项目，以现有土地资源调查和农用地分等定级成果为基础，监测土地条件的变化以及由于土地条件变化引发的耕地质量变化，主要是为基本农田的划定、调整、建设和保护服务。该项目将在全国范围内抽取部分县级行政区作为监测县，运用抽样技术在监测县内

本节由陈彦清，汤赛，杨建宇，朱德海，陈彦清，杨永侠，张超编写。

作者简介：汤赛（1990—），女，硕士生，主要从事土地信息化建设方面的研究。

杨建宇（1974—），男，副教授，博士，主要从事“3S”技术及其土地应用的研究。

布设采样点，以此实现对耕地质量变化高效、全面的监控。因此，采用何种抽样技术进行样点布设至关重要。

二、抽样技术的研究进展

抽样是从研究对象的总体中抽取一部分元素作为样本，通过对所抽取的样本进行调查从而统计推断出总体目标量的信息。目前，抽样技术已运用在生态环境监测、自然灾害预报、国土监测、农业生产及社会经济调查等方方面面的领域中，并充分显示出其巨大的经济效益。

抽样主要解决的4个问题[2]包括：①确定样本量大小：样本容量，也就是要抽取的样本个数；②布样：样本如何分布，也就是采用怎样的方式将样本从总体中选取出来；③抽样估计：通过样本数据对抽样总体进行估计，例如均值、总值等；④不确定性衡量：衡量抽样估计的不确定性，例如方差。

目前的监测网设计广泛采用经典抽样模型。经典抽样模型按抽样框来划分主要包括简单随机抽样、分层抽样、系统抽样和整群抽样[3]，各方法的特点和适用情况详见表4－1。经典抽样模型不考虑对象的空间关联性，认为样本间相互独立。简单随机抽样是最基本的抽样模型，也是其他抽样模型的基础；分层、系统和整群抽样在抽样框的设计方面对简单随机抽样进行了改进。目前大多数抽样设计都是基于经典抽样模型的。

表4－1 经典抽样方法的对比

方法	特点	适用情况
简单随机抽样	在总体范围内随机等概率抽取样点，是最基本最简单的抽样方法	各样点之间相互独立；适合对象属性分布较随机、属性值变动不大、方差较小的情况。一般与其他方法结合使用
分层抽样	将总体划分为互不重叠的层，每层赋予权重，各层加权估算总体的值	当层内变差小而层间差异大时精度较高
系统抽样	首先随机抽取第一点，之后每间隔一定距离进行抽样；或作格网在格网内按格网边距及随机方法抽样	当样本之间波动较大，或是存在空间关联的自然总体时，精度比简单随机和分层方法高[4]
整群抽样	抽样单元是包括一个以上的总体元素，总体由若干子总体构成，各子总体分别抽样	适合总体构成复杂，组成总体元素组间差别较大时，便于大范围的抽样调查

在对空间分布对象进行调查时，由于空间样本之间通常存在不独立性，传统抽样方法效率较低、精度不高，经典抽样模型不适用于包括资源环境和社会经济调查等空间采样问题已成定论[5]。自20世纪70年代以来，随着地理空间事物普遍存在空间相似性概念的提出，以及大批学者对空间相关性与变异性的研究，基于样本不独立的空间抽样技术得到了迅速发展。

由 Ignacio 在 1974 年提出的时空降雨网络模型[6]，针对降雨的特性，采用了连续函数的空间关联函数（指数退化关联函数和协方差函数）。由 Hanining 于 1988 年设计的 MVN 最大似然法估计模型[3]，考虑空间关联结构，其估计目标是样点的估计均值，其抽样框类似系统抽样法，将二维平面连续区域网格化，通过空间关联矩阵计算均值和变差。以 Kriging 地统计理论为基础的优化抽样模型，通过拟合出连续变异函数从而实现对不连续地物的优化抽样。王劲峰等提出的三明治空间抽样模型[7]，由报告层、知识层和样本层三层结构组成，并能有效完成三层间信息和误差的传递，在实验中取得了较好的结果[4]。王劲峰、Haining 等提出的 MSN 模型[8,9]，是针对非均质表面空间均值的无偏最优估计模型，将空间分层抽样的无偏性和 Kriging 估计的最优化技术在空间异质表面条件下相结合。李连发、王劲峰等在利用遥感信息进行国土资源调查时，提出空间抽样优化决策模型[10]，该模型经探索分析后采用多种可能组合方法获取精度变化图，多次实验回归模型，采用离散化的决策函数计算比较得到抽样优化决策方案。

组合样点的选择问题属于“NP 完全问题”（Non - deterministic Polynomial），是世界七大数学难题之一，目前没有能针对大规模样本达到完全最优的行之有效的解决办法[11]。有许多学者对这类问题进行了研究和探索，目前组合样点的选择方法包括：随机选择法——每次从所有未抽样点随机选取样点，与前面抽取的样点组成样本，若精度达到要求或新增加的样点不能显著提高精度，则抽样停止，这类方法没有考虑抽样总体的空间结构规律，效率最低，且最优样本是随机生成的。枚举法——将总体样本点集的所有可能组合全部枚举出来，然后选择出优化准则下的最优样本，只适合总体规模较小的情况。序贯法（贪婪法）——利用已抽取的样点得到未抽样点的权重，选取权重最大的点，重复操作至精度达到要求或新增加的样点不能显著提升精度时停止。模拟退火法——首先随机选择一组样本作为初始的最优样本，随机扰动生成新样本，在优化准则下对比扰动前后的两个样本，如果新样本更优，则新样本替换为最优样本，否则以一定概率拒绝替换，以此重复多次，至连续拒绝的次数达到指定阈值，该方法是目前国外研究的热点。空间平衡布样方法——通过样本空间从二维到一维的映射和阶层随机化使样本在空间上均衡分布，降低了样本的空间自相关系数，通过包含概率栅格的过滤运算，解决了无返回样本的情况发生。适应性抽样法——针对具有聚类特征的总体，抽样临近单元具有较高的同一性可能，在抽样时已被抽取的单元周围就不再抽样。电荷排斥模拟法[12]——通过模拟理想同种点电荷排斥运动的方法实现 N 个采样点均匀分布在给定带有限制区的不规则多边形采样区域内，该方法运行效率较高。

随着地理空间事物普遍存在自相似性及其理论的深入研究，样点选择已由专家知识主观指定发展到通过优化决策模型自动选择。采用空间抽样技术进行耕地质量监测布样，可以保证在某一置信水平上达到一定的精度要求，能有效避免由于主观判断选择样点引起的偏误。

三、耕地质量监测布样方法研究现状

（一）国外研究现状

美国自 1977 年开始以立法的形式正式确定了每 5 年进行一次国家资源清查 NRI（National Resources Inventory）[13]，对全美国领土约 75% 非联邦土地上的土地利用、自然资源条件和趋势进行统计调查。其监测样点分为核心采样点和轮流采样点[14]，核心点每年都进行采样，轮流点每隔几年进行一次采样。样点布设采用了网格均匀布点法，主要原因是美国耕地在地形上以平原和高原为主，农业生产规模大且具有显著的地带性分布特征，并且美国的州际行政界线比较平直，有利于采用网格法布点，符合美国国情。其监测点的选择是从统计学角度出发，依据均匀分布原则确定的。

加拿大于 20 世纪 80 年代后期开始建立土壤质量监测体系，并依据七条指导监测点选择的标准在 1992 年确定了 23 个监测样点[15]，这些监测点能够代表加拿大主要的农业生态区域的主要景观。其监测目的是为了评价土地生产力、检验生产力与土壤退化模型、农业系统的适宜性评价等。

荷兰从 20 世纪 80 年代后期开始，针对环境污染和自然空间的变异性，建立了环境质量监测体系[16]。在国家尺度上，选取了 10 个具有代表性的地区，每个地区选取 4 个样本位置，其面积约为 20 m×20 m，每个位置在两个深度上各取 4 个样本（0～10 cm 和 30～50 cm），共计 320 个子样本点。省级尺度上采用的方法与国家级基本一致，且根据地方差异在环境污染的敏感区域进行了适当调整。

澳大利亚从 1997 年开始进行国家土地与水资源清查，涉及土壤质量、肥力等方面的调查，但尚没有以耕地质量动态监测为核心的调查[17]。

欧盟于 2006—2008 年开展了土壤环境评价监测项目（The Environmental Assessment of Soil for Monitoring Project），该项目覆盖全部欧盟成员国，制定了土壤监测程序和相关规定。监测点位置选择方面，主要采用网格方法，在网络节点上设置监测点，确保在每个土壤制图单元和每个土地利用类型上都布设有监测点。采用两级监测网络体系，第二级的监测网络包含第一级监测点的子监测点，使得整个监测活动更加广泛密集。一级监测网的最小空间密度为每 300 km^2 布设 1 个监测点，即在边长 16 km 至 17 km 长的网格节点处布设监测点，这一采样的空间密度可保证监测点涵盖所有的土壤类型和土地利用类型。

纵观国外相关监测工作的开展情况，发达国家的监测工作已发展得较为成熟和系统，其布样特点包括：①监测样点的布设大都采用网格均匀布点法，样点选择从统计学角度出发，依据均匀分布原则确定；②研究区域范围涵盖了不同土地利用类型、气候带及土壤类型；③选择代表性地区进行监测；④整体上达到了系统化的水平。

（二）国内研究现状

我国耕地变化研究经历了早期调查、动态监测以及土地利用和耕地变化综合研究三个发展阶段，目前研究还存在综合性与系统性不够、缺少定量指标和综合模型、研究尺度不全面、机理研究不够深入和服务目标不明确等方面的问题。

早期的耕地质量变化研究主要以静态评价为主，从第一次土壤普查（1958 年）、二次土壤普查（1979 年）到土地资源详查（1984—1996 年）和第二次土地调查，从农用地分等（2001 年）到耕地质量等级变化监测，缺乏连续系统的长时间序列观测数据。

我国 1985 年开始的耕地土壤监测工作，采用了分层监测的方法，将测点分为国家级、省级和县级，至 1997 年连续 5 年以上的国家级监测点为 153 个，分布在 17 个省（自治区、直辖市）的 95 个县 16 个主要土类上，省县级监测点有 2 000 多个。国家级监测点根据耕地基础地力高低，选择有代表性的地块作为监测点，设不施肥（空白区）和施肥（农民习惯施肥和田间管理）分别处理；县级监测点多采用农业部统一规范的网格布点方法[18]。

郝宏生、侯东民在全国耕地抽样监测系统方案研究中[19]，采用分层多级区域概率与规模成比例（PPS）抽样方法，根据精度要求和实施的可行性考虑，提出全国样本可共抽选 250 个县级单位，每县平均抽取 50 个样本点。王洪波等设计耕地产能检测体系时构建了点状监测与面状监测相结合、定位监测与随机监测相结合、传统监测与遥感监测相结合的方法，提出每个县设置 30 ~ 100 个监测样点，3 ~ 5 个监测样区，随机抽样数量为监测样点的 2 倍[20]。伍育鹏等认为农用地分等成果中的标准样地能代表其所在小区域耕地质量的特征，对标准样地进行监测可以掌握该范围内耕地质量的变化情况，于是给出了基于标准样地的耕地质量动态监测与预警体系的初步框架[14]。吴克宁、焦雪瑾等以黑龙江、吉林等 9 个省为研究区域，将标准样地国家级汇总成果与耕地质量动态监测相结合，分析了 9 省国家级标准样地在不同级别及二级区上的分布情况，对耕地质量监测点的选取须遵循的原则进行了探讨并提出了几点建议[21]。彭茹燕、张晓沛提出耕地质量监测点必须有广泛的区域土地质量代表性，且便于管理和监测，具体做法是在县级范围内，就每一个等别耕地，选择能较全面代表区域内该等别耕地质量状况的、有一定面积、交通方便的基本农田作为监测点，此外，新增或新开发整理的耕地作为特殊监测点随时增加[22]。胡晓涛[23]、王倩[24]等引入变异函数理论，通过球状模型对耕地自然质量等指数进行拟合，根据变异半径确定布样格网的尺寸。

四、县域耕地质量监测样点布设及优化调整技术

监测样点是反映耕地质量变化最基础的数据，样点布设的质量直接影响县域耕地监测乃至全国动态监测结果的质量与精度。由于受到人力、物力和资源的限制，监测样点布设必须兼顾抽样精度与抽样成本，使其达到一定平衡。因此，布样时要

重点考虑的问题是：①样点数量的合理性，即满足耕地质量监测精度要求的最小监测点数量问题；②样点位置的代表性，即通过监测点数据能否有效推测未采样耕地的质量情况问题。

针对以上两个关键问题和现有方法的不足，提出县域耕地质量监测样点布设及优化调整技术（图4－5），包括如下步骤。

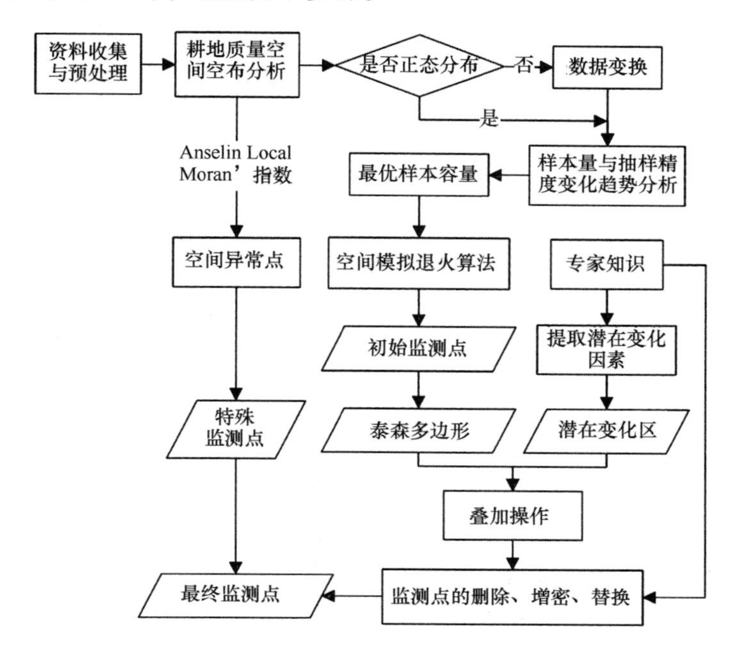

图4－5　县域耕地质量监测样点布设及优化调整技术路线

（1）收集监测县内的耕地分等成果图、土地利用现状图、土地利用规划图、行政区划图和统计年鉴，对耕地质量的空间分布特征（聚集性、变异性、趋势性）进行分析。

（2）采用 Anselin Local Moran's I 指数提取监测县内的耕地质量异常点，在异常点位置设立特殊监测样点。

（3）根据样点数量和抽样精度的幂指数函数关系，通过设定抽样精度的误差变化率阈值，确定监测区的最优样点数量。

（4）依据专家知识，从影响耕地质量变化的主导因素中提取出可借助人的主观活动加以影响的因素以及影响耕地潜在生产能力有效发挥的，直接作用于耕地利用、管理有关的要素构成的外在因素，在县域内划分出各潜在变化因素的影响范围作为对应的潜在变化区。

（5）基于空间模拟退火算法，将平均 Kriging 预测标准差作为优化准则，布设全局监测样点，其中样点数为步骤（3）确定的最优样点数。

（6）由步骤（5）所得样点构建泰森多边形，基于泰森多边形和步骤（4）所得潜在变化区双重约束，并与定性知识规则相结合，对步骤（5）得到的全局监测样点进行优化调整。定性知识规则包括：考虑县域耕地等级变化的取得因素、土地利用条件的改变、有无标准样地等。

五、研究展望

总结当前国内外抽样技术的最新进展，结合我国耕地质量监测的特点和实际需要，耕地质量监测布样研究应从以下几个方面开展：①从县级到国家级，不同尺度上监测样点的增减和转换；②耕地质量的潜在变化因素及其影响范围的时间变化趋势研究；③对现有的组合样点自动选取方法的改进。

参考文献

[1] 国土资源部．农用地分等规程（TD/T1004－2003）．北京：中国标准出版社，2003.

[2] Delmelle E. Optimization of second－phase spatial sampling using auxiliary information：[Department of Geography，State University of New York at Buffalo，2005.

[3] 王劲峰，等．空间分析．第一版．北京：科学出版社，2006.

[4] 王劲峰，姜成晟，李连发，等．空间抽样与统计推断．第一版．北京：科学出版社，2009.

[5] 王劲峰，李连发，葛咏，等．地理信息空间分析的理论体系探讨．地理学报，2000，55（1）：92－103.

[6] Ignacio R I，Jose M M. The design of rainfall networks in time and space. Water Resources Research，1974，10（4）：713－728.

[7] Wang J，Liu J，Zhuan D，et al. Spatial sampling design for monitoring the area of cultivated land. International Journal of Remote Sensing，2002，23（2）：263－284.

[8] Hu M，Wang J. A spatial sampling optimization package using MSN theory. Environmental Modelling & Software，2011，26（4）：546－548.

[9] Wang J，Haining R，Cao Z. A spatial sampling optimization package using MSN theory. International Journal of Geographical Information Science，2010，24（4）：523－543.

[10] 李连发，王劲峰，刘纪远．国土遥感调查的空间抽样优化决策．中国科学（D 辑：地球科学），2004，34（10）：975－982.

[11] 姜成晟，王劲峰，曹志冬．地理空间抽样理论研究综述．地理学报，2009，64（3）：368－380.

[12] 陈柏松，潘瑜春，王纪华，等．基于电荷排斥模拟法的均匀采样布局．农业机械学报，2011，42（9）：181－185.

[13] http：//www. nrcs. usda. gov/wps/portal/nrcs/main/national/technical/nra/nri.

[14] 伍育鹏，郧文聚，李武艳．用标准样地进行耕地质量动态监测与预警探讨．中国土地科学，2006，20（4）：40－45.

[15] 陈百明．加拿大耕地质量监测概述．自然资源，1996（2）：77－80.

[16] Mol G，Vriend S P，van Gaans P F M. Future trends，detectable by soil monitoring networks? Journal of Geochemical Exploration，1998，62（1－3）：61－66.

[17] 伍育鹏．基于农用地分等成果的耕地质量动态监测体系研究设计．国土资源导刊，2004

(2): 14 - 16.
[18] 颜国强，杨洋. 耕地质量动态监测初探. 国土资源情报，2005 (3).
[19] 郝宏生，侯东民. 全国耕地抽样监测系统方案要点研究. 中国土地科学，1998，12 (1): 42 - 44.
[20] 王洪波，郧文聚，吴次芳，等. 基于农用地分等的耕地产能监测体系研究. 农业工程学报，2008 (04): 122 - 126.
[21] 吴克宁，焦雪瑾，梁思源，等. 基于标准样地国家级汇总的耕地质量动态监测点构架研究. 农业工程学报，2008，24 (10): 74 - 79.
[22] 彭茹燕，张晓沛. 基于农用地分等成果的国家耕地质量动态监测体系设计. 资源与产业，2008，10 (5): 96 - 98.
[23] 胡晓涛，吴克宁，马建辉，等. 北京市大兴区耕地质量等级监测控制点布设. 资源科学，2012 (10): 1891 - 1897.
[24] 王倩，尚月敏，冯锐，等. 基于变异函数的耕地质量等别监测点布设分析——以四川省中江县和北京市大兴区为例. 中国土地科学，2012 (8): 80 - 86.

第三节　耕地质量等级监测信息管理系统研发与应用

摘　要：耕地质量等级监测信息管理系统是为了更好地辅助耕地质量等级监测工作而研发的，将很大程度上提高耕地质量等级监测工作的效率，本系统从基础数据和野外调查数据的管理，到耕地质量监测数据的评价，再到最后结果的汇总与分析，将整项监测工作做了系统化设计与实现，本节介绍了该系统的总体框架和功能设计，根据功能设计对各模块进行逐一实现，并结合北京市大兴区2010年完成的耕地质量分等数据和大兴区监测样点数据做了系统实例应用。耕地质量等级监测信息管理系统不仅达到了监测工作系统化实现的目的，同时作为农用地质量信息化建设的重要组成部分，在今后的工作中也具有极大的实用价值。

耕地质量等级监测工作主要是在土地资源可持续利用管理的理论框架下，进行区域内农用地资源的生产能力及其稳定性、农用地利用的安全性、经济可行性和社会可接受性的长期监测与评价，并对一定时间内区域农用地资源管理提出安全预警，为国家或地方政府制定农用地开发、利用和保护政策提供数据支撑。现阶段的耕地质量监测工作仍处于选择监测试点县进行监测的初始阶段，目前全国分东、中、西三部各选择5个县作为监测试点县进行前期的技术方法探索，今后将在全国布设监

本节由陈彦清，杨建宇，杨永侠，向其权，朱德海编写。
作者简介：陈彦清（1986—），女，博士生，主要从事土地信息化建设方面的研究。
杨建宇（1974—），男，副教授，博士，主要从事“3S”技术及其土地应用的研究。

测网络，每年将有上百个县进行耕地质量等级监测工作，针对这种时间频率高、涉及范围广的工作，仅仅依赖人工完成各阶段的数据处理、统计和分析工作，将会耗费巨大的人力和物力。所以，针对该项工作的需求，设计和研发一套自动化实现耕地质量等级监测工作的系统是非常有必要的。

一、系统总体结构与功能设计

根据耕地质量等级监测工作的流程，以县级为单位展开，首先在县内布设监测样点，对监测样点监测发生变化的数据，这些数据可从野外观测、统计分析、遥感影像解析等多方面获取，在经过初步处理后与未发生变化的数据一起完成耕地质量等级的监测评价，并根据监测样点的等别估测其他耕地的等别，同时，根据《农用地质量分等规程》[1]，等级评价过程中还涉及的众多基础参数，如光温生产潜力、产量比系数等，均需要在系统中管理，最后将县级监测评价的成果数据汇总成省级成果，并对各县成果进行分析和统计，至此，完成整项耕地质量等级监测工作。

（一）系统总体结构设计

根据当点耕地质量等级监测工作的任务需求，系统设计目标在于设计可独立运行亦可作为组件使用的应用程序，同时遵循实用性、可扩展性、兼容性、可操作性和应用性的原则，为使用者提供简单易用的监测系统。

本系统选择C#开发语言，在.NET和ArcGIS Object开发环境下以Microsoft Visual Studio 2008开发工具进行开发，选择Access（2007）数据库，为保证系统应用是的稳定性和可靠性，对系统进行层次结构设计，主要分为系统及系统软件层，数据层，逻辑层和用户层（界面层）。

（1）系统及系统软件层：该系统主要在Windows操作环境中开发，必备软件为Microsoft Office 2007或以上版本。

（2）数据层：根据耕地质量等级监测工作的数据要求，本系统的基本操作数据为shapefile数据，由于数据库仅保存与分等相关的基础数据和系统必备的标准数据，数据量较小，统一选用Access 2007数据库。

（3）逻辑层：除了.NET框架和ArcGIS Object提供的基本功能外，基于业务需求，本层主要涉及耕地质量监测基础数据管理、监测等级评定、结果汇总和统计分析等各项大的业务功能。

（4）用户层：根据工作的特殊性，耕地质量等级监测工作主要涉及国家级、省级和县级三级土地整治机构，所以用户层定义为三级用户群，根据级别不同，分配不同权限。

（二）系统功能设计

根据“数据－评价－分析”的主线，将系统功能主要分为三大模块：基础数据的管理、耕地质量监测与评价和监测结果汇总分析，如图4－6所示。

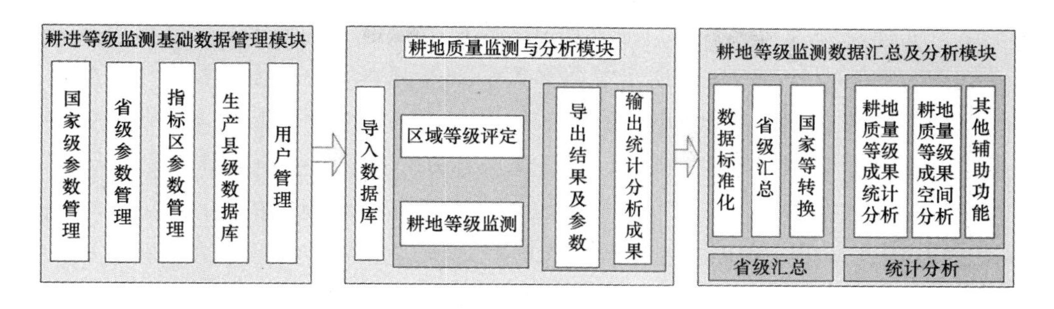

图4－6　系统功能模块

基础数据的管理主要是参照《农用地质量分等规程》，管理在计算农用地等别时所需的基础数据，按照参数的设置权限，将参数分为国家级参数、省级参数和指标区参数，国家级参数由国家级用户修改和管理，省级参数和指标区参数由省级用户制定和管理，最后按照县为单位生成各县基础参数库，该数据库主要为下一个等级评定模块服务。

耕地质量监测与评价模块主要功能在于完成监测样点的等级评价与利用监测样点进行区域估测，为更具有实用性，系统将区域的耕地等级评定也考虑进来，在监测样点的等级评价中，设计如野外采集端生成的数据、历史数据等外部数据的接口，通过该模块实现数据的交互，在样点评价后实现点到面的估测，通过监测样点获取区域耕地质量等级，该模块同时提供统计分析功能，可对评价后的数据做相应的统计和分析。

通过监测评价，县级获得了最新的耕地质量等级数据，根据县－省－国家的三级农用地分等数据体系，需利用县级最新数据更新省级数据，即完成省级汇总，省级汇总后根据省级成果与国家级成果的转换规则，将省级成果转换成国家级成果，最后对各级成果进行统计和分析，本系统除了传统的属性数据的统计分析外，还设计了耕地质量等级的空间分布分析，利用该系统可以分析不同行政区内耕地质量等级的分布情况，为相关研究提供帮助。除此之外，该模块加入了地图查询、属性查询和专题图渲染等辅助功能，有助于统计分析。

三大模块之间紧密相连，第一模块为第二模块提供分等基础参数数据库，第二模块经过评价获取县级耕地质量等级成果，将该成果导入第三模块进行汇总分析，最终得到耕地质量等级分析成果。

二、系统研发与应用

根据以上系统总体结构和功能设计，建立耕地质量等级监测系统数据库，分模块对系统进行研发，并以北京市大兴区耕地质量分等数据为实例进行系统应用。

（一）数据格式

依据农用地分等流程各工作步骤中的数据需求，归纳出耕地等级监测系统所必需的数据实体：分等基础参数，耕地质量监测样点数据、县级分等单元数据、省级汇总底图数据、野外调查系统所需参数数据、野外调查所得数据，根据不同数据实体，规定不同数据格式：分等基础参数数据以 Access 2007 格式保存，根据基础参数的特点，在数据库中为各分等参数设计表结构，分表存放；耕地质量监测样点数据、县级分等单元数据和省级汇总底图数据为空间数据，系统规定的空间数据为 shapefile 格式数据，并在分等基础参数数据库中规定各属性字段的标准命名和格式；野外调查系统所需参数数据是由该系统生成的数据，为野外调查系统提供必备的参数，规定为 XML 格式数据；野外调查所得数据为野外调查系统反馈给监测系统的数据，定义数据格式为 Excel 格式数据。

（二）耕地质量监测基础数据管理模块实现与应用

根据《农用地质量分等规程》，很多分等参数是由国家级和省级制定并下发到县级，县级根据这些参数进行分等，通过系统设置参数的优点在于不仅规范化了分等参数，易于查询管理，而且避免了各县应用一些不符合规则的参数而造成分等成果不可信的现象。根据功能设计，该模块主要包括国家级参数管理、省级参数管理、指标区参数管理和生成县级基础参数数据库四个子模块。

国家级参数管理模块主要负责管理国家层面上的分等参数，包括标准耕作制度、光温/气候生气潜力、二级区区划、推荐因素和数据标准字段（图 4 -7）。仅有国家级用户具有数据修改和增删的权限，其他用户仅能查看该部分数据。省级参数管理模块主要负责省级层面的分等参数管理（图 4 -8），包括省级基础参数：各指数计算方法、地方等分等间隔、指定作物信息、国家等转换参数和国家等分等间隔等。省级用户具有制定这些参数的权限，其他级用户仅能进行查看。

指标区参数管理子模块为该模块的核心，主要负责省级统一三级指标区的划分和三级指标区的分等参数设置。由省级用户制定和管理，主要功能有添加\ 删除三级指标区、三级指标区行政范围划分管理、三级指标区参数设置。其中三级指标区需设置的参数有耕作制度信息、指定作物信息、分等因素信息。分等因素信息包括分等因素的选择，分等因素的权重设置，分等因素的打分规则设置，因素是否需要野外调查设置等。通过系统完成指标区参数配置，并保存到数据库中。如图 4 -9 所示。

所有参数设置完毕后即可为第二模块（耕地质量等级评价模块）分县导出指定县的分等参数数据库。

（三）耕地质量等级监测与评价模块实现与应用

耕地质量等级评价模块主要是根据下发的县级分等参数数据库，参照农用地分等规程，完成耕地等级的评定和监测。该模块又可细分为县级参数数据库导入、区域耕地等级评定、监测样点等级评定 3 个子模块，同时该模块为野外数据采集系统提供数据接口，为汇总与分析模块提供成果数据。

分等参数数据库导入功能主要获取分等基础参数信息、相关数据标准信息和国

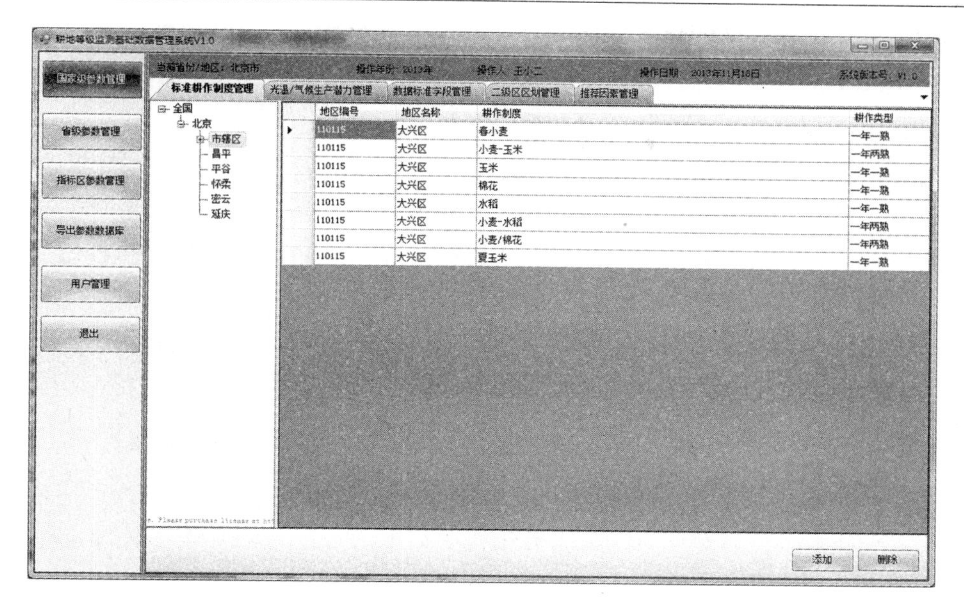

图 4－7　国家级参数管理

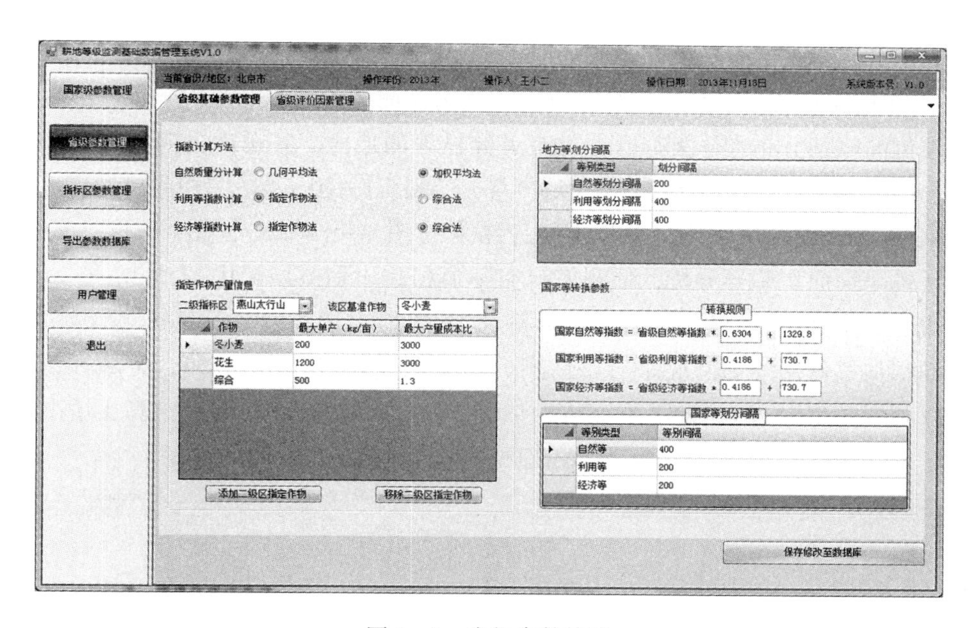

图 4－8　省级参数管理

家等别转换参数信息，用于等级评定，区域耕地等级评定主要实现对耕地单元的评价，而监测样点等级评定是针对点数据的评价，两者在评价流程上一致，但监测样点评定是为了预测区域内所有耕地单元的等别，由于利用样点估测区域耕地质量等别的研究方法还不成熟，系统利用样点生成泰森多边形，并将监测控制区与泰森多边形叠加获取各样点代表的区域，并对样点代表区域内耕地单元赋该样点的等别属性值，从而预测整个区域内耕地单元等别值，在监测样点估测区域耕地等别成熟的情况下，系统可增加成熟的估测方法来提高估测精度。

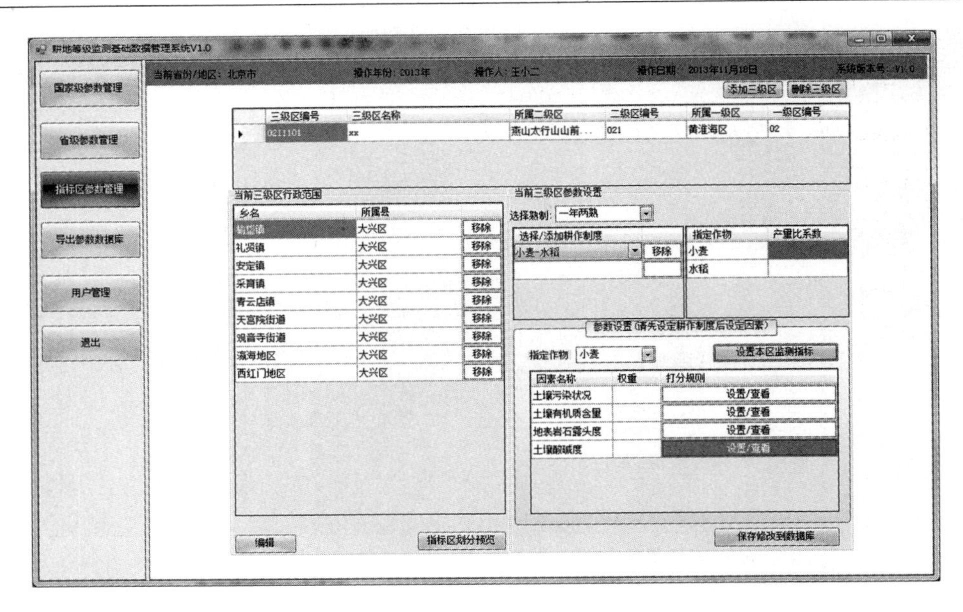

图4－9　指标区参数管理

利用监测样点估测出的利用等如图4－10（a）所示，区域耕地分单元评价结果如图4－10（b）所示，从空间分布来看，利用监测样点估测的等别分布与区域内耕地全评价的等别分布大体类似，但也有差异显著的地区，如东南方向的耕地，估测后一部分区域耕地利用等为20等（地方等），而图4－10（b）中相同位置仅有零星的20等分布在此区域。通过分地类统计结果（图4－11（a），图4－11（b））对比，从各等别面积差异分析，估测值与实际值相比，估测结果中的18等和20等所占面积要大于其区域评价情况，而17等和19等所占面积要小于其区域评价情况。但从面积加权后的等别情况来看，估测的面积加权利用等为18.55，区域评价的面积加权利用等为18.33，说明系统所用估测方法虽然在细节上对反映真实情况有所偏差，但总体的估测情况还是没有偏离区域评价的结果。

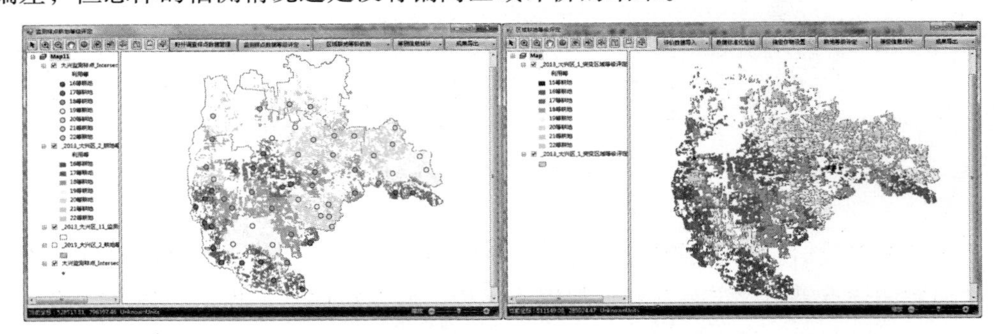

（a）估测区域耕地质量等别结果　（b）区域耕地等别评价结果

图4－10　系统估测方法

除此之外，该模块还提供了与外部数据源的接口，外部数据可以以Excel表格或者txt格式数据与系统内耕地质量评价单元或监测样点关联，从而达到对野外调查

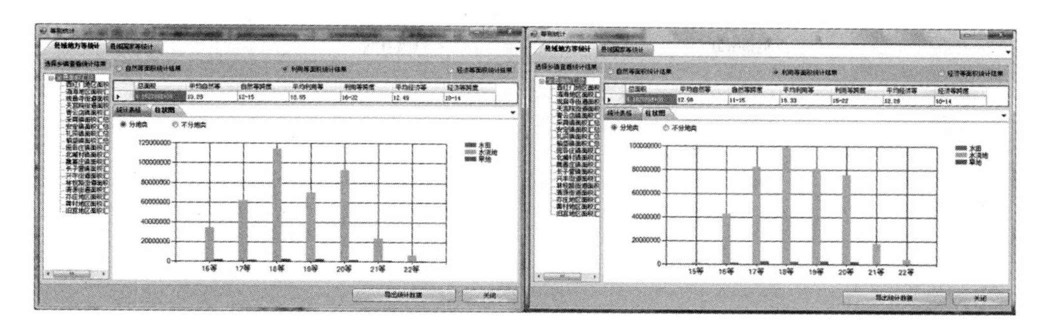

（a）估测区域耕地质量等别分地类统计结果　（b）区域耕地等别分地类统计结果

图 4－11　统计结果

数据、历史数据、统计数据等多源数据的综合应用；同时，通过该模块可以将分等的基础数据生成 XML 数据，XML 数据量小，结构简单，对于野外常用的终端调查设备是非常实用的。

（四）耕地质量等级汇总与分析模块实现与应用

省级汇总与分析子模块主要有汇总和分析两大功能。省级汇总利用县级分等成果数据，通过省级汇总方法，完成省级汇总，得到自然等、利用等和经济等省县对应关系表。分析功能主要从耕地等别数量的统计和耕地等别空间的分布两方面做了分析。

省级汇总以追溯法为主导方法，在遵循“权属－地类－等别”汇总原则的基础上力求汇总前后省县耕地质量的空间分布最吻合[2]。系统通过多属性的空间最邻近连接方法，通过分层处理完成省级汇总，大兴区省级汇总后结果如图 4－12（a）所示，其省县对应关系如图 4－12（b）所示。

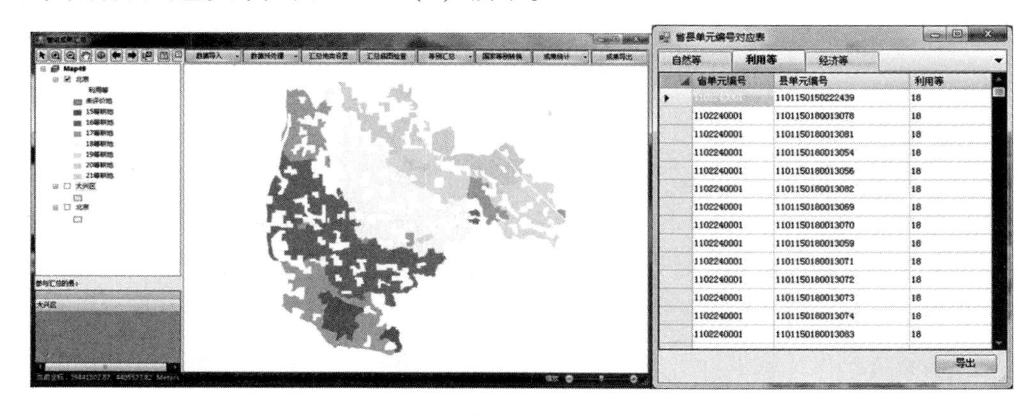

（a）省级汇总模块　（b）省县对应关系

图 4－12　汇总与分析

耕地质量监测成果分析主要是从耕地等别结构、耕地空间布局和耕地质量空间分布规律三个角度出发进行设计和研发该模块[3]。耕地数量结构分析是对区域内各种耕地类型的数量组合关系的分析，主要包括各种等别类型组合的多样化分析、集中程度分析、区位意义分析等，根据不同应用分析选择计算何种指标（图 4－13）。

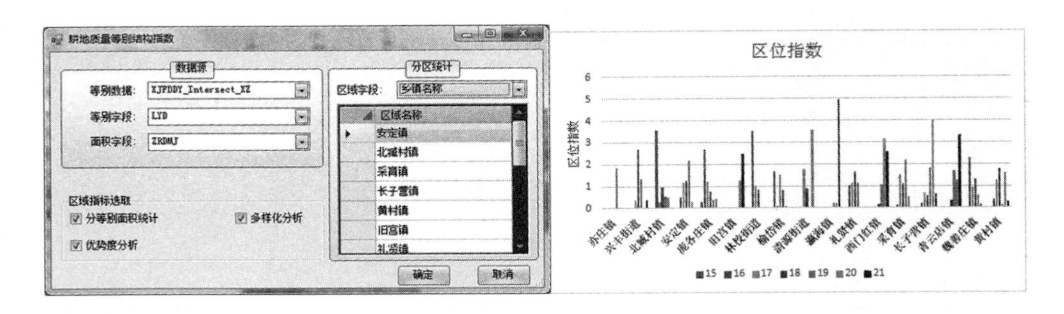

图 4－13　耕地质量等别结构分析

耕地空间格局主要指针对耕地斑块之间的空间形态和空间关系特征表达，即耕地组成单元的多样性和空间配置耕地空间格局与景观格局相比，侧重于农业规模化生产。该部分描述指标众多，如地块个数、平均邻近距离、破碎度、平均规则度等指标[4]（图 4－14）。

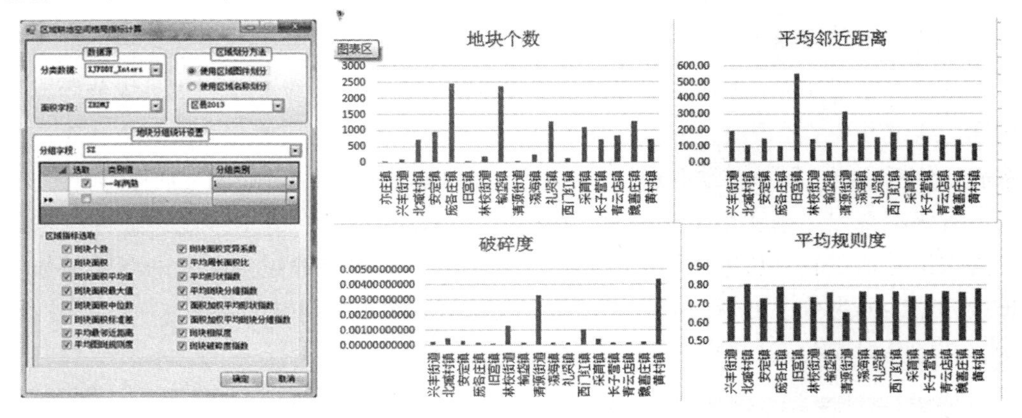

图 4－14　耕地质量等别空间布局分析

耕地质量空间分布特征是分析不同质量的耕地图斑在空间上的分布趋势和分布关系，与耕地的空间布局不同，它主要是反映不同质量指数的耕地图斑在空间上的分布趋势、分布模式和集聚特性等，为农用地整治项目选址、农用地整治规划、基本农田保护区划定等提供技术基础。主要通过各等别分布中心、标准差椭圆、标准差距离、各等别聚集程度等进行分析（图 4－15、图 4－16）。

三、结论

在全国第一次开展耕地质量等级调查与评定工作很多负责评价的机构为了提高工作效率而开发了农用地分等系统，但其功能仅仅局限于分等上，而耕地质量等级监测信息管理系统的研发，分等仅仅是其一小部分的功能。该系统根据数据的管理、监测成果的获取、监测结果的汇总分析将系统划分成三大模块，不仅解决了数据规范化的问题和自动监测评价问题，而且对监测成果做了大量的后期统计分析，为相

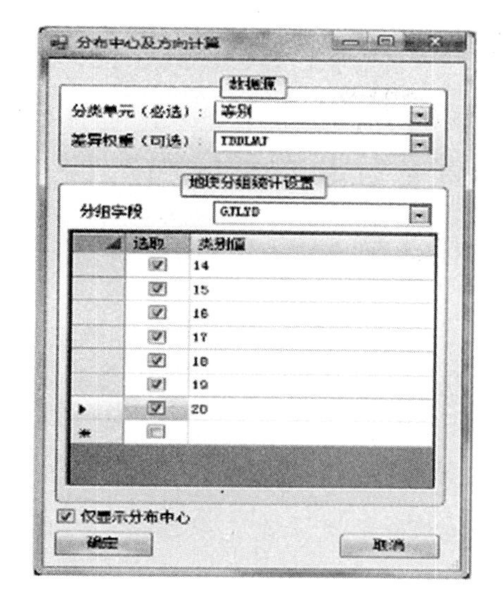

图 4－15　耕地质量各等别分布中心分析

图 4－16　耕地质量聚集区与离散区分析

关学术研究、决策分析等提供了数据支持。

同时，对一些方法的研究还不成熟，如通过监测样点如何估测区域耕地质量的方法，到目前为止没有更好的解决方案，在今后方法成熟后可将新方法进行系统实现。另外，由于数据和研究方法的约束，时间序列的耕地质量变化与预测系统暂时未有考虑，这也是未来在有条件的情况下，系统功能扩展的一个方向。

参考文献

[1]　GB/T 28407—2012. 农用地质量分等规程.

[2]　陈彦清. 基于县级耕地分等成果的省级汇总方法研究——以北京市为例. 北京：中国农业大学，2012.

[3]　王海蛟. 耕地质量监测成果分析系统设计与实现. 北京：中国农业大学，2013.

[4] 桑玲玲．基于网格的高标准基本农田空间定位与重构研究．北京：中国农业大学，2012.

第四节 耕地质量野外调查系统开发和应用

——以达拉特旗为例

摘 要： 耕地质量野外调查系统是耕地质量监测体系中的重要组成部分，快速和准确获取野外监测指标的信息，能够极大地提高耕地质量监测的效率与精度，对于及时、精确掌握和监测耕地质量具有重大意义。本节基于耕地质量监测指标数据获取的一般流程，借助于移动GIS技术、空间定位技术以及移动计算等相关技术，开发了耕地质量野外采集系统，并以内蒙古自治区达拉特旗为例，进行了监测指标野外调查，完成了该区域耕地质量监测指标信息的采集工作。开发的系统具有通用性强、界面友好、操作方便等特点，用户可以根据系统定义的XML结构，完成不同类型耕地质量监测指标信息的采集工作，具有很强的灵活性。

一、引言

耕地质量指的是构成耕地的各种自然因素和环境条件状况的总和[1,2]，是包括自然、社会、经济等众多方面的综合体。耕地质量监测的目标是及时准确地掌握耕地质量变化，耕地质量概念的综合性决定着耕地质量监测指标的复杂性，使得监测指标不仅包括自然指标，还包括灌溉条件、投入状况等社会经济指标；既包括量化指标，也包括描述性指标[3]。在耕地质量监测过程中，野外监测指标数据的采集是对农用地质量进行监测和管理的重要依据，是耕地质量监测体系的基础[4]。但是，采用传统人工记录的方式在保证耕地质量监测指标数据获取的全面性、准确性和及时性方面存在着严重的不足，不仅耗费大量的人力、物力，而且工作效率低下，同时获取的数据也不便于存储和评价计算[5]。

近年来，移动计算技术，特别是移动GIS技术、空间定位技术以及移动终端设备等的快速发展，为耕地质量监测指标野外采集提供了新的方法和思路[6]。基于智能终端设备的移动GIS技术可以实现基础数据的可视化功能，实现空间数据的采集、编辑等功能；利用空间定位技术能够完成野外GPS定位和导航功能，同

本节由姚晓闯，叶思菁，方帅，李林编写。

作者简介：姚晓闯，在读博士生，主要从事GIS开发与应用研究；叶思菁，在读博士生，主要从事农业信息化研究；方帅，在读硕士生，主要从事计算机应用研究；李林，副教授，博士，主要从事软件自动化和高性能计算方面研究。

基金项目：国土资源部公益性行业科研专项——耕地等级监测信息快速识别和整合技术研究（201011006－4）。

时也可以实现对工作人员的有效监管，能够大大提高工作效率，节省劳动力。本节基于耕地质量监测指标信息获取的一般流程，借助于移动 GIS 技术、空间定位技术以及移动计算等相关技术，开发了耕地质量野外采集系统，并以内蒙古自治区达拉特旗为例，进行了野外实地数据的调查，完成了该区域耕地质量监测指标信息的采集工作。

二、系统总体设计和功能

（一）系统框架设计

耕地质量监测指标野外采集系统框架采用分层体系结构搭建，如图 4－17 所示，分为数据层、中间层和应用层三层。其中，数据层主要用于存储耕地质量监测指标信息采集相关的空间数据与属性数据，采用文件形式和构建对象——关系型数据库两种方式来管理；中间层是客户端与数据库之间的桥梁，包括支持系统功能的各类组件，如数据库接口、Mobile GIS 组件等；应用层主要实现了耕地质量监测指标野外采集工作的各类功能需求，如信息录入、评价计算、地图操作等人机交互接口。

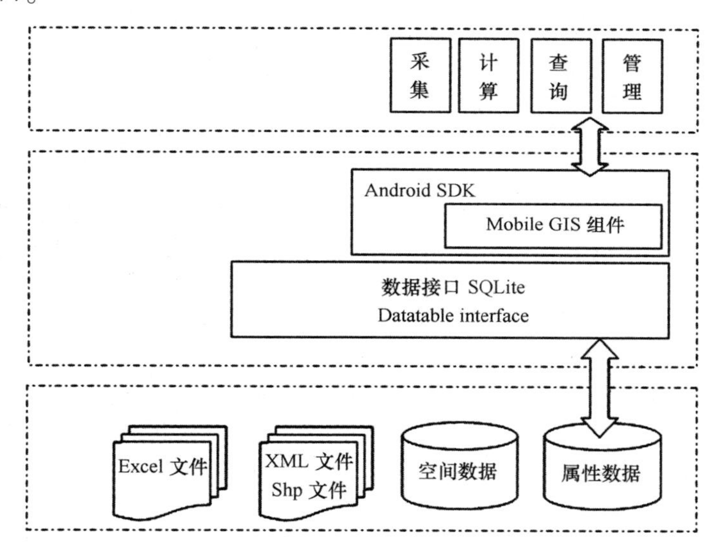

图 4－17　系统框架设计

（二）系统业务流程设计

1. 自然质量状况调查

农用地自然质量状况调查是补充调查和检验农用地自然质量分等计算所需资料。调查范围主要是指被列入农用地分等工作范围，但现有资料不能满足分等工作要求的区域和需要对资料进行准确性校核的区域。调查对象是指因素法中所称的农用地分等因素，或样地法中所称的农用地分等属性。调查点的布设是在选定的路线上，随机设置调查样点，在因素特征变异明显的地带应加密布点。对缺乏土壤资料的补充调查点，应补充土壤剖面，以便准确诊断分等因素；同一分等单元内设置若干调查点，实测分等因素值，取其平均数。具体业务调查流程如图4－18（a）所示。

2. 利用与经营状况调查

农用地利用与经营状况调查是以村为基本调查单位，以某一块样地为采样点。在初步划分的土地利用系数等值区、土地经济系数等值区内，采取分层抽样方式均匀布点，按土地条件，从优到劣分为3～7个层次，每个层次设置30～50个采样点，共计90～350个样点，并采用实测、评估和历史资料分析相结合的方法进行调查。具体业务调查流程如图4－18（b）所示。

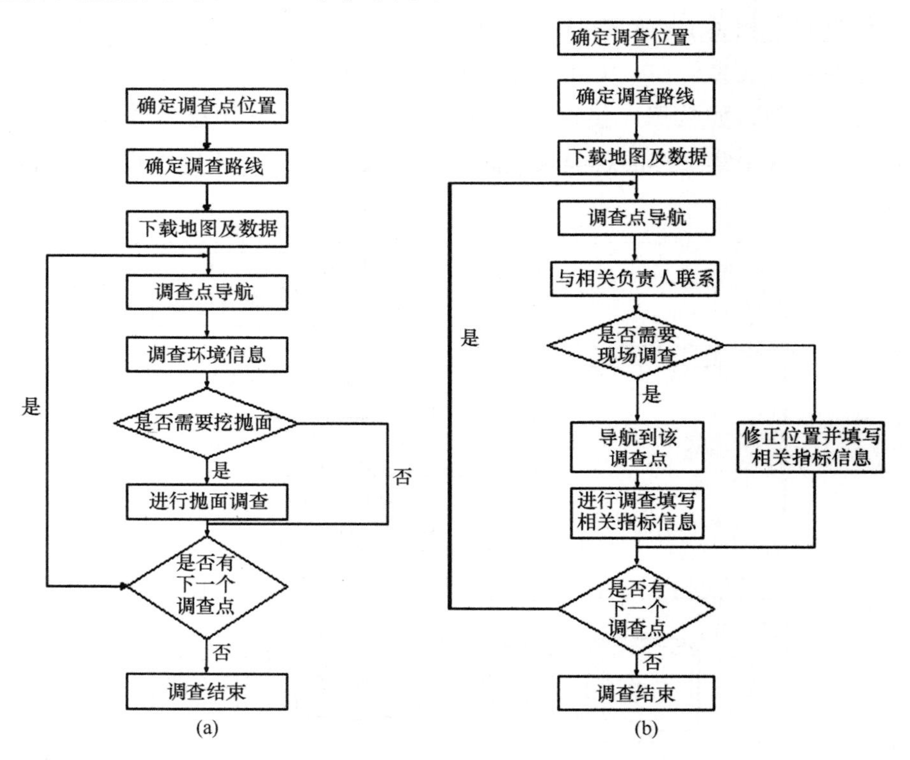

图4－18　业务流程设计

（三）系统功能

根据系统的应用需求以及系统的业务流程的描述，将系统功能分为自然质量状况调查模块、利用与经营状况调查模块、地图服务模块、数据交互模块、系统管理模块5个功能模块，如图4－19和图4－20所示，图4－19为系统整体功能结构图，图4－20为系统界面图。

1. 自然质量状况调查模块

农用地自然质量状况调查模块主要完成每一块农用地指标因素信息的采集工作，

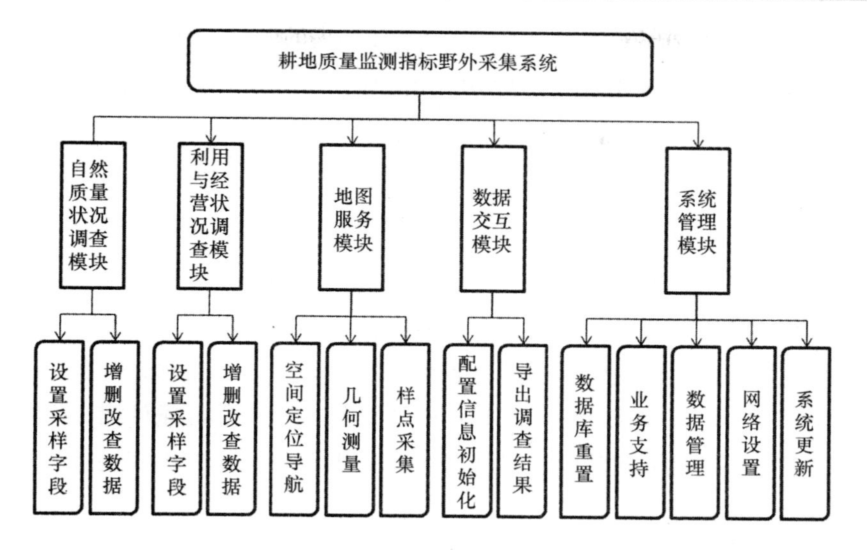

图 4－19　系统功能结构

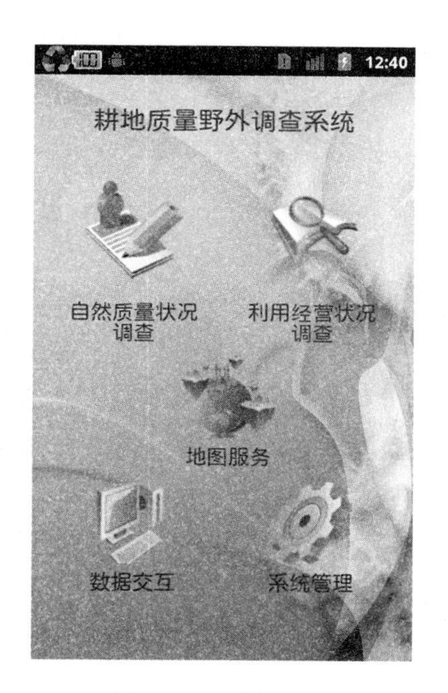

图 4－20　系统界面

实现数据的增、删、改、查等功能。

在野外调查系统中，因为每一个样地其调查的数据字段均不相同，从调查计划导入 XML 时需要根据 XML 在手机端建立数据库，当导航到相应地块时，根据地块判断出需要添加的数据表，与之对应的代码表，历史记录，同时要保证手机界面的简洁性、外业人员录入的方便性。完成该模块功能准备工作如下。

（1）利用地图服务模块中的调查点和调查路线功能确定调查点，制定调查路线。

（2）确定好调查的因素（主要针对每一地块需要调查的指标）。

（3）利用地图服务模块中的基础地图功能导入基础地图到采集设备，包括县域行政区图、土地利用现状图。

（4）利用数据同步模块中的数据下载功能导入调查点数据到采集设备，包括调查点位置信息（区域分等信息）、调查点需要调查字段信息、最近的历史数据。

2. 利用与经营状况调查模块

农用地利用状况只考虑产出，而农用地经营状况同时考虑投入和产出，所以农用地经营状况调查内容完全包含农用地利用状况调查内容。在制订调查方案和确定样点时，应同时考虑农用地利用状况与经营状况的用途，尽可能使用完全相同的样点来反映准确的农用地利用状况与经营状况，减少调查成本，提高调查效率。完成该模块功能准备工作如下。

（1）确定调查样点位置（以村为基本调查单位，一个村内设若干调查样点），根据调查样点地理位置确定调查路线，并导入到采集设备。

（2）利用地图服务模块中的基础地图功能导入基础地图到采集设备，包括行政区图、土地利用现状图。

（3）利用数据同步模块中的数据下载功能导入调查样点历史数据到采集设备（如果没有，则省去此步骤）。

3. 地图服务模块

地图服务功能主要为野外采集人员提供调查点和调查路线、基础地图、地图浏览、GPS 功能、地图定位和几何测量等功能。调查点和调查路线功能包括查询和导航，主要为采集人员的调查准备工作服务；基础地图功能包括基础地图、样点参照图、样点分布图，让采集人员对调查点有更多的了解；地图浏览功能包括漫游、放大与缩写，实现任意位置的属性查询；GPS 功能让采集人员可以获取采样点的经度、纬度、海拔等数据；地图定位功能让采集人员可以获得当前点的相关属性信息；几何测量主要用于测量线的长度和面的周长与面积。

4. 数据交互模块

为了加强外业采集人员更快速、便捷地与管理系统进行交互，该采集软件需要具备数据交互功能，实现与耕地等级变化监测信息管理系统间的数据传输。该部分功能主要包括系统配置信息初始化、系统配置信息升级以及调查结果导出功能。其中系统的配置信息包括指标信息、参数信息、结构表、代码表以及等级计算公式等信息，系统根据导入的配置信息自动完成系统的初始化工作。

另外随着野外采集业务的系统的配置信息可能会有一定的变化，此时需要通过系统配置信息升级的方式更新相应的配置内容。在野外调查系统中，将采样结果以及位置信息进行 XML 或 XLS（Excel 格式）编码，并以文件形式存储到手机端的相应位置，供采集人员进行文件传输。

5. 系统管理模块

为了维护该采集系统，帮助用户更好地使用本软件完成耕地质量信息调查工作，需要为系统提供一定的系统管理功能，其中包括系统升级、数据管理、数据库重置、GPS 网络设置、业务支持功能等。在这些管理功能的基础之上可以更好地进行系统升级、数据库重置操作；或在网络出现问题时，可以更便捷地设置网络环境。

三、系统应用

系统运行移动终端包括基于 android 系统的 PDA、智能手机或高精度 GPS 接收机，系统在测试过程中分别对不同的移动设备进行测试，测试结果表明：不同的移动终端均可达到耕地质量野外监测的精度要求，可以满足工作需要。用户可以根据不同的工作需要选择合适的移动终端。

为了进一步对该系统的功能和性能进行验证和评估，我们将系统应用于北京市大兴区、内蒙古自治区达拉特旗等区域的耕地质量监测指标野外采集工作，以下为系统在内蒙古自治区达拉特旗的应用案例。

（一）数据导入

如图 4－21 所示，为系统导入 XML 文件数据界面，用户通过点击“数据导入”按钮，在弹出的对话框中选择相应的 XML 数据，点击“确认”按钮，便可以完成数据的导入工作。

（二）耕地质量调查

数据导入后，系统会自动解析 XML 数据，生成相应的界面，如图 4－22 和图 4－23 所示。其中，图 4－22 为系统根据导入的数据生成的自然质量状况调查相关操作界面；图 4－23 为系统生成的利用与经营状况调查相关操作界面。

（三）地图服务

用户在野外调查过程中，可点击界面中的“地图服务”按钮，便可启动该功能模块，同时会将目前所调查的对象在地图上进行渲染显示，如图 4－24 所示。用户还可以通过空间定位功能确定当前所在位置，通过几何测量功能对线状或面状地物进行测量工作，辅助用户完成耕地质量监测指标野外调查工作。

（四）结果导出

如图 4－25 所示，当用户完成耕地质量野外调查工作之后，点击“数据导出”按钮，进入数据导出界面，用户录入文件名称，点击“确认”按钮，可以以“EXCEL”格式导出数据采集结果。

四、结论

利用移动 GIS 技术和空间定位技术等相关技术，基于耕地质量检测指标野外调查的一般流程，开发了耕地质量野外调查系统，并以内蒙古自治区达拉特旗为例，

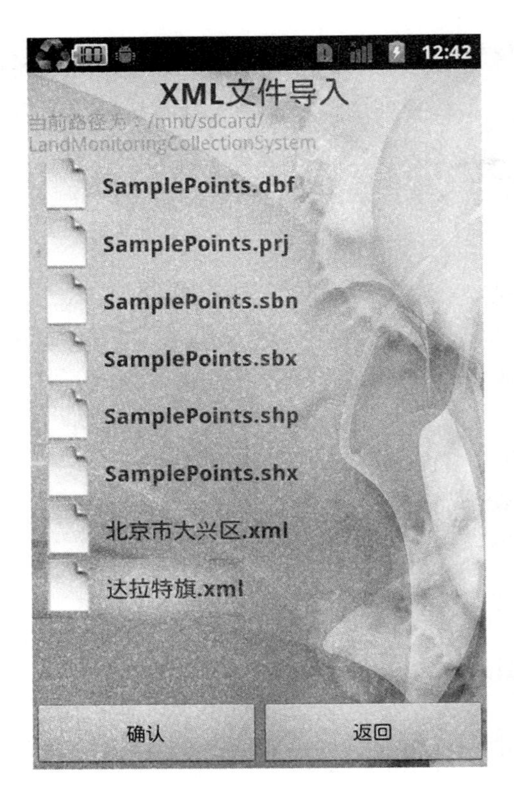

图 4－21　数据导入界面

指标区名称	黄土丘陵区
采样点	自然质量评级
0	3
1	未调查
2	未调查
3	未调查
4	未调查
5	未调查
6	未调查

上一页　下一页　地图服务

县/区　达拉特旗
指标区　黄土丘陵区　ID　0641501
样点ID　1
调查日期　2013-08-22 00:41
东经　37366473.08　北纬　4431805.41
作物体系　春玉米
春玉米生产潜力类型　无
表层土壤质地　粘土
障碍层埋深(0-9999厘米)　40
地形坡度(0-90度)　7
土壤有机质含量(0-100%)　0.0
保存数据　标准说明

图 4－22　自然质量状况调查界面

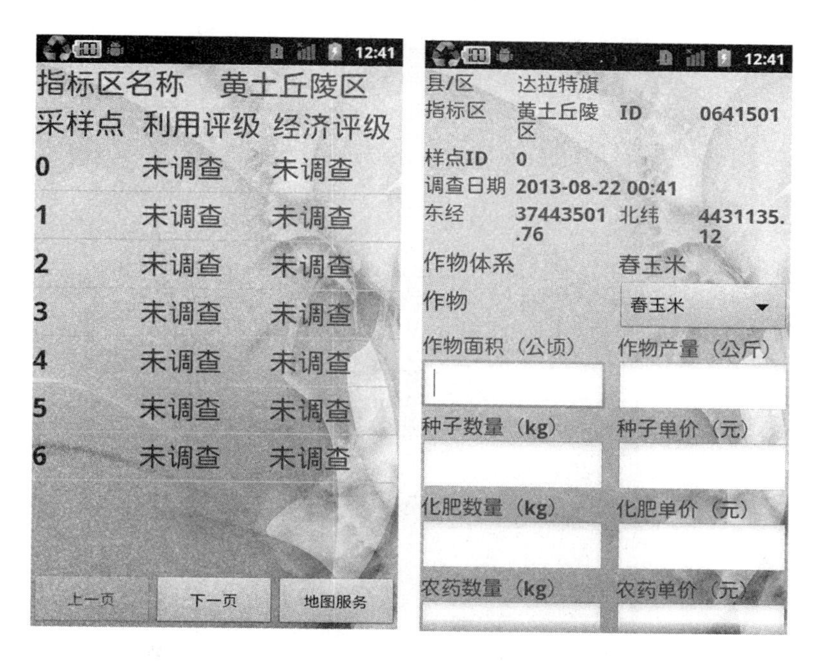

图 4－23　利用与经营状况调查界面

图 4－24　地图服务界面

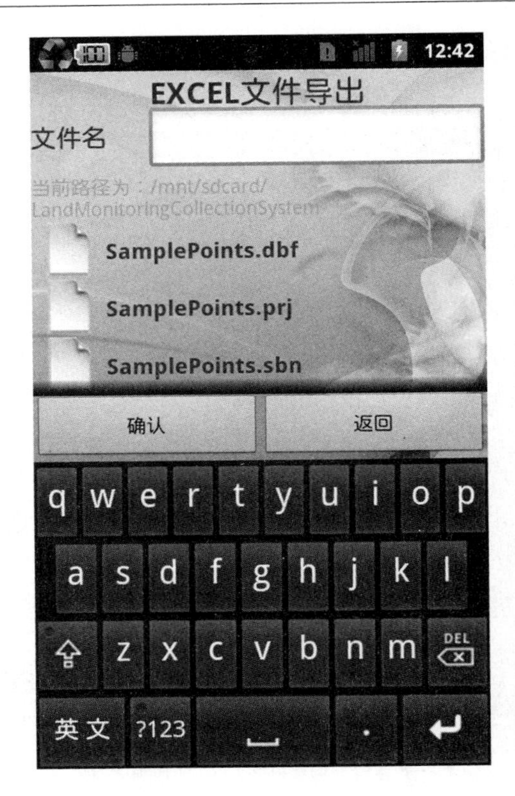

图4－25　数据导出界面

进行了监测指标野外调查，完成了该区域耕地质量监测指标信息的采集工作。

（1）开发的系统实现了自然质量状况调查、利用与经营状况调查、地图服务（空间定位、导航、地图放大、地图缩小、要素采集和几何测量等）、数据交互（系统配置信息初始化、调查结果导出和系统配置信息升级等功能）与系统管理（数据库重置、业务支持、系统升级等功能）五大功能。

（2）系统具有通用性强、界面友好、操作方便、灵活性强等特点，不仅实现了数据采集的标准化，数据录入的实时性、准确性，存储格式的通用性，而且也提高了工作效率，节省了劳动成本。

（3）利用该系统，完成了内蒙古自治区达拉特旗耕地质量监测指标信息的调查工作，验证了系统的可靠性和健壮性。

参考文献

[1]　刘友兆，马欣，徐茂．耕地质量预警．中国土地科学，2003，17（6）：9－12.

[2]　颜国强，杨洋．耕地质量动态监测初探．国土资源情报，2005，3：41－44.

[3]　赵春雨，朱永恒．耕地质量指标体系的构建．资源开发与市场，2006，22（3）：224－227.

[4]　梁思源，吴克宁，郧文聚，等．农用地质量动态监测系统设计与应用．国土资源科技管理，2009，26（2）：69－73.

[5]　戴文举，林和明，肖北生，等．关于耕地质量等级监测技术与方法的探讨．2013，40（8）：189－193．
[6]　田艳，孙婷婷，马军成，等．基于“3S”技术的耕地质量动态监测初探．畜牧与饲料科学，2009，30（6）17－19．

第五节　耕地质量等级监测网络构建初探

摘　要：耕地质量等级监测的核心内容在于如何利用科学的手段和方法实现对耕地质量快速、准确的监测与评价，本节从监测县选取、县内布点、样点监测数据获取等多个角度进行分析，提出全国耕地质量等级监测网络的构建思路，并对相关问题进行了探讨。

我国耕地管理正从数量管理向数量管控、质量管理和生态管护方向转变。耕地质量等级监测的目的在于提升耕地资源质量管理水平，构建耕地质量等级监测体系，掌握因各种因素造成的耕地质量等级变化情况，使全社会关心耕地质量问题，实现耕地保护共同责任机制。中发〔2012〕1号文件[1]指出，“继续搞好农用地质量调查与检测工作”；国土资发〔2012〕108号文件[2]明确指出，“持续加强监测评价，及时掌握耕地质量动态变化”，要求健全耕地质量等级更新评价制度，建立耕地质量等级监测机制。国土资厅函〔2012〕60号文件[3]将耕地质量等级分为定期全面评价、年度更新评价和监测评价，定期全面更新是依据《农用地质量分等规程》[4]中的技术方法每隔6～10年进行一次全面的评价，年度变更评价是为保证耕地质量等级的现势性，依据年度变更调查，对每年耕地现状变化和耕地质量建设等突变性引起的耕地质量等别变化进行重新评价，而监测评价是针对大量的耕地质量渐变区域进行抽样监测评价，监测评价不仅能够掌握年度的耕地质量渐变情况，而且能够从中寻找各影响因素的变化规律，不断修正相关分等参数，对于计算更加符合客观实际的耕地质量等别意义重大。由此可见，耕地质量等级监测是掌握我国耕地质量变化的关键性工作，也是我国土地资源监管的重要方面。

一、全国耕地质量等级监测网络构建

耕地质量等级监测，是运用农用地分等工作形成的技术方法和成果，通过先进的技术方法和手段，及时掌握耕地质量等级动态变化情况，不断提高监测点数据上报的真实性、准确性和及时性，科学评定区域耕地生产能力变化，最终对耕地实行定位、定量的监测和管护。耕地质量等级监测是一项基础性工作，也是一项开创性

本节由 陈彦清，杨建宇，朱德海，张超编写。
作者简介：陈彦清（1986—），女，博士生，主要从事土地信息化建设方面的研究。
杨建宇（1974—），男，副教授，博士，主要从事“3S”技术及其土地应用的研究。

工作，需要边研究探索、边实践运用，试点研究成熟后向我国的粮食主产区和全国开展，从而构建一个全国的监测网络。

结合现有技术、方法和设备，设计构建全国监测网络，如图 4 - 26 所示。整个监测网络由分级布点、监测样点信息获取与实时评定、遥感监测、监测中心分析评价与审核和数据发布与展示五大部分组成。分级布点的主要思路是，首先在全国范围内进行监测县的布控，由各省负责组织省内监测县的工作；然后在监测县内进行监测点布控，对监测县内的样点进行实地监测；样点信息采集与评定主要利用相关传感器、便携式终端采集系统等对监测样点信息进行采集并进行实时指标计算、耕地等级评定与历史状况分析；遥感监测主要对监测区进行面状监测，提取相关指标信息；监测中心负责耕地质量等级相关数据管理、汇总分析、审核验证；数据发布与展示则负责对监测中心审核验证相关信息进行网络展示与发布。监测网络各部分利用分布式技术、云端技术与无线传输技术（GPRS \ 3G \ WIFI）进行整个监测系统数据传输汇总与分布式计算。

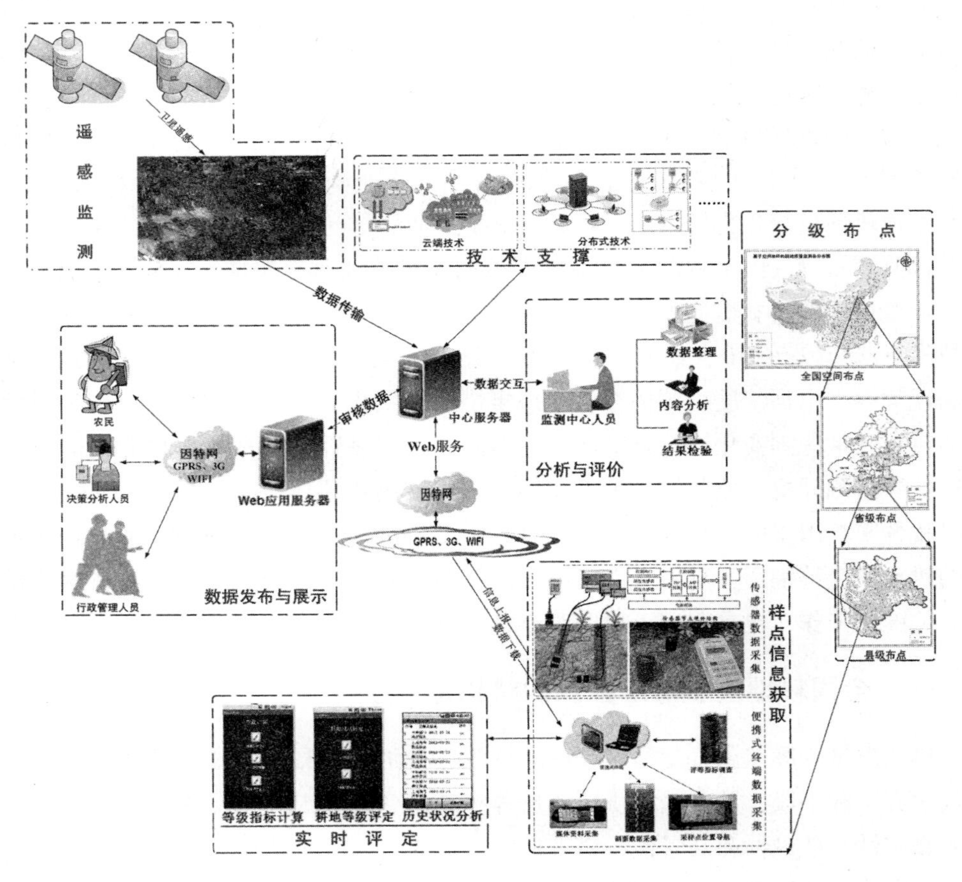

图 4 - 26　全国监测网络构建

二、监测县布控

由于我国幅员辽阔，有耕地的县达到 2 700 多个，若对所有的县都进行监测，第一是需要大量的人力和资金；第二是涉及面太广，难以确保监测成果的质量，故抽样监测是最好的方法。合理布控所要监测的县是构建全国监测网络的核心步骤，决定了全国耕地质量监测成果的准确性。同时合理布设监测县也可以科学地采集和分析所需数据，达到以部分区域代表全国耕地等级质量变化的目的。监测布点采用分级布点的策略，首先在全国内选择监测县，以省为单位组织监测县内布点，对样点进行数据采集；然后将采集的数据通过网络上传至国家级。

监测县的布设可以分为固定监测县和流动监测县两部分进行。固定监测县是指需长期进行监测的县；流动监测县是指间隔固定年份循环监测的县。由于固定监测县的固定性，使监测范围和精度受到限制，若想实现对全国范围内更精确的监测必须大范围布点，但通常因受人力、物力的限制，难以达到大范围布点的要求，所以采用流动监测县增大样点数量，扩大监测范围，增强监测精度，并对固定监测县的监测成果起到检验的作用。

根据国土资发〔2006〕270 号文件[5]，经严格评审，116 个县（市、区）被正式确定为国家基本农田保护示范区。这 116 个示范区分布 31 个省（区、市），覆盖了我国主要农作物种植区，有 70 个示范区在粮食主产省区，其他示范区也都是所在省（区、市）重要农业生产基地。故把这些示范区所在的县作为固定监测县是合理的，同时也有利于示范区的建设，但这些县是否能够满足全国的耕地质量变化情况还需进行深入研究。

流动监测县是在除了固定监测县中选择，由于全面更新的周期为 6～10 年，所以为所有县在监测周期内能够被至少监测到一次，每年选择的流动监测县数量可根据以下公式敲定：

$$f = (M - N) / p \tag{4-1}$$

其中，f 表示每年至少设置的流动监测县的数量；M 表示全国有耕地的县的数量，N 表示固定监测县的数量；p 表示全面更新的周期。流动监测县的布设相当于增密全国监测网络的过程，其目的有二：一是为了检验固定监测县所监测成果的正确性；二是为了增加全国监测成果的可靠性。流动监测县布设的一般原则是要围绕着固定监测县进行布控，并在一个监测周期内，完成对全国包含耕地县的监测。

三、监测样点布设

在监测县内，通过布设监测样点对该县耕地质量实施监测。近两年内，随着国土资源部对于耕地质量监测工作的重视，国内很多学者[6-10]也开展了对耕地质量监测布点的研究，王洪波等[6]主要依托农用地分等，通过对样点样区监测和区域社会经济监测构建耕地产能的监测体系，给出了耕地产能监测的技术和工作思路；胡晓涛，吴克宁等[7]通过寻找耕地质量等级的变异半径初步布设样点，并结合土地利用规划、土壤、等别面积比例等因素加密样点，针对大兴区布点也达到了较高的监测精度；庄雅婷，陈训争等[8]通过比较不同插值方法的插值精度，得出 Kriging 插值精度最高，并基于 Kriging 插值对建瓯市布设了 67 个样点；孙亚彬，吴克宁等[9]在划分监测控制区的基础上，根据影响耕地质量的主要土壤特征，建立“自然等别－主导因素”理论模型，并用所建模型对控制区进行细分，在此基础上进行监测样点的布设，但该种方法的不足在于，其中“主导因素”的属性值均为现状值，是否适用于以监测未来变化为目的的布点还有待探讨；杨建宇，汤赛等[10]提出基于 Kriging 估计误差的布样方法，通过分析样本量与抽样精度的变化趋势确定最优样本容量，在泰森多边形限制下对监测网优化增密，并选用部分标准样地作为监测点，对大兴区布设了 48 个样点，并得到了高精度的预测效果。

以上学者从不同的出发点研究了耕地质量监测中如何布点，并经过验证均取得了较高的预测精度。但总体来说，以上研究方法均从耕地质量等级现状数据出发，利用现状的监测样点等别值估测现状的耕地质量等别情况，这种思路只能证明监测样点能够代表现状的耕地质量等别的分布，对于未来耕地质量等别的变化是否能够代表均没有给出说明。监测样点布设的目的在于反映耕地质量的变化情况，以耕地质量等别现有数据为背景场，将背景场与监测所得的变化情况相结合获取每年的耕地质量等别，以此思路考虑，监测样点的布设应该从寻找区域耕地质量等别变化的驱动因素出发，而不是寻找耕地质量等别的主导因素，因为大部分主导因素是非易变因素，对于长期不变的因素实施监测是没有意义的。通过国土资厅函〔2012〕60 号文件[3]可知，耕地质量监测评价的主要任务在于对渐变区域进行监测评价，所以在监测点布设时，应主要针对耕地质量等别的渐变区域进行，对于因各种土地整治项目引起的耕地质量等别突变区域不予考虑。

四、监测样点信息获取

各种信息技术的不断发展，为监测样点信息的获取提供了多种科学的手段，使得数据的获取更准确、更快速，充分利用便携式设备、物联网及遥感技术获取监测样点信息。

（一）便携式设备采集样点信息

便携式设备一般具有体积小、重量轻、便于携带等特点，可实现对数据的实时采集、自动储存、及时显示等功能，为现场数据的真实性、有效性、实时性和可用性提供了保证。近些年随着便携式设备在各行各业的迅猛发展，针对便携式设备的开发平台也迅速发展，如 Android 平台、IOS 平台等。将便携式设备应用于监测样点数据的获取，在便携式设备装入样点采集所需的软件，便携式设备便可将采集的数据以要求的格式存储在设备中，并通过无线网络技术将数据实时上报至中心服务器。使用便携式设备也正是当前耕地质量监测中获取野外监测样点数据的重要手段之一。

（二）物联网技术在信息采集中的应用

利用物联网技术改造传统农业、装备农业已成为推动信息化与农业现代化融合的重要切入点。它通过信息传感设备，按照约定的协议，实时地采集所监控、连接或互动的物体的各种需要信息，并与互联网结合，以实现对物品的识别、定位、跟踪、监控等智能化管理。自从物联网提升到国家战略层面，相关物联网企业在农业应用领域发展迅速，农业物联网发展的巨大潜力得到迅速的开发。基于物联网的以上特点，将物联网技术应用于监测样点野外数据获取中是非常合适的。物联网中一般利用传感器实现对“物”或环境状态的识别，对于监测样点数据的获取，可将现场的数据采集控制装置通过传感器信号电缆连接各种传感器来收集数据，如土壤水分传感器、土壤温度传感器、空气温湿度传感器等，实现对相关数据的实时动态监测，并通过各种移动通信网络实时传输至远程中心服务器，中心服务器接收存储数据，结合对应的诊断知识模型对数据解析处理，以达到对耕地质量等级监测样点分布式监测、集中式管理的目的。

（三）遥感技术辅助样点信息获取

针对农用地分等定级所采用的地面调查技术方法存在周期长、投入大的问题，突破可遥感监测指标的变化信息快速提取算法，研究耕地等级变化监测指标地面快速调查技术，解决耕地等级变化监测多源数据整合问题，为耕地等级变化监测的实施，提供快速、大范围的指标变化信息。对于土地整治工程区域，利用全国“一张图”工程的遥感数据，结合区域土地利用年度变更调查成果，利用面向对象变化检测技术，充分利用影像的纹理等空间信息，对新增耕地进行快速识别；采用面向对象技术，利用整治前后的高分辨遥感影像，充分利用地物的形状特征，对新增田间道路、灌溉渠、排水渠和农田林网等耕地基础设施信息进行快速获取。

对于耕地质量等级监测过程中的数据问题，最终要求实现数据上报的及时性与准确性。为实现调查数据上报的及时性，数据采集终端与中心服务器采用无线网络技术将数据实时上传至管理中心，通过云端技术、分布式技术、多源数据管理等技术共同支撑，实现数据采集终端与中心服务器的数据同步更新。管理中心人员对上传数据进行审核，确保数据的准确性，并进行处理和分析，形成耕地等级变化监测成果，将分析成果上传至中心服务器。Web 应用服务器与中心服务器端进行数据交互，将中心服务器端数据通过互联网、GPRS、3G、WIFI 等网络技术将成果展示给用户，完成整个监测网络的成果展示。

五、结论与建议

全国耕地质量等级监测网络的构建是在耕地等级监测工作的基础上提出的，监测网络将国家级、省市级、县级和县内监测点以网络节点形式组织在一起，各级节点层次分明，权限控制分配合理，以这种网络组织结构指导耕地质量监测工作的实施，能够快速准确地实施耕地质量的监测工作，对今后相关工作的开展也具有科学价值和指导意义。

参考文献

[1] 中发〔2012〕1号文件. 中共中央国务院关于加快推进农业科技创新持续增强农产品供给保障能力的若干意见.

[2] 国土资发〔2012〕108号. 关于提升耕地保护水平全面加强耕地质量建设与管理的通知.

[3] 国土资厅函〔2012〕60号. 国土资源部办公厅关于印发《耕地质量等别调查评定与监测工作方案》的通知.

[4] GB/T 28407—2012 农用地质量分等规程.

[5] 国土资发〔2006〕270号文件. 关于正式确定国家基本农田保护示范区的通知.

[6] 王洪波, 郧文聚, 吴次芳, 等. 基于农用地分等的耕地产能监测体系研究. 农业工程学报, 2008, 24 (4): 122－126.

[7] 胡晓涛, 吴克宁, 马建辉, 等. 北京市大兴区耕地质量等级监测控制点布设. 资源科学, 2012, 34 (10): 1891－1897.

[8] 庄雅婷, 陈训争, 范胜龙, 等. 基于 Kriging 插值的高效耕地质量监测点布设方式研究——以建瓯市为例. 亚热带水土保持, 2013, 25 (2): 17－22.

[9] 孙亚彬, 吴克宁, 胡晓涛, 等. 基于潜力指数组合的耕地质量等级监测布点方法. 农业工程学报, 2013, 29 (4): 245－254.

[10] 杨建宇, 汤赛, 郧文聚, 等. 基于 Kriging 估计误差的县域耕地等级监测布样方法. 农业工程学报, 2013, 29 (9): 223－230.

第六节　基于面向对象方法的线状农田基础设施提取

一、背景及意义

耕地是我国重要的后备资源，随着工业化、城镇化和农业现代化的同步加快，我国人多地少的基本国情依然没有改变，而耕地保护和节约用地任务则更加艰巨。2010年，我国人均耕地面积约为0.1 hm^2（1.37亩），不到世界平均水平的40%，耕地总体质量不高，受生态环境制约，宜耕后备土地资源匮乏，补充耕地能力有限。耕地细碎化问题突出，全国现有耕地中，田坎、沟渠、田间道路占了13%，农业基础设施薄弱，有灌溉条件的耕地占45%。为落实好国家关于耕地数量管控、质量管理和生态保护的相关部署和要求，各级政府每年都会投入大量的资金开展土地整治工作，通过田、水、路、林、村综合整治，补充耕地数量，提高耕地质量。其中，

本节由顾振伟，乔贤哲，张超，杨建宇，朱德海编写。

作者简介：顾振伟（1989—），男，硕士生，主要从事遥感技术及其土地应用的研究。

张超（1972—），男，教授，博士，主要从事“3S”技术及其土地应用的研究。

农田基础设施建设就是其中一项重要举措，线状农田基础设施是农田基础设施的重要组成部分。在《全国土地整治规划（2011—2015）》中提出，“十二五”期间要大力加强农田基础设施建设，合理确定田块规模，优化田间道路布局，加强农田灌排沟渠工程建设等 。由此可见，及时、全面地了解线状农田基础设施建设情况，对耕地质量的评定以及土地整治工程的实施都有重要的意义和作用。

线状农田基础设施主要包括农田水利基础设施、田间道路和生产道路。农田水利基础设施包括灌溉、排涝、抗旱设施，具体的包括灌溉用的渠道及其田间建筑物，排涝用的排水沟道、农田桥、涵、排水闸、排水站及抗旱用的水源设施等。

近些年来，伴随着科技的进步，国家在进行大规模耕地调查和土地整治时，也在不断尝试采用新的科学技术手段，但有时还是会受到现有方法的限制，要实现全面而准确地监测土地利用现状和土地整治后的变化情况这一目标，依然存在一定的距离，所以还会存在数据错报、虚报和瞒报的现象。

遥感技术具有宏观、动态、快速、准确、实时和经济的特点，在大面积土地资源调查和土地利用动态变化监测上已开展了大量的工作，并取得了很好的研究成果。目前，随着高分辨率遥感影像的出现，遥感技术对土地监测范围变得更加广泛，对于实际宽度较窄或小目标地物监测已成为现实。将高分辨率遥感技术引入到线状农田基础设施建设情况监测中，可以实时、准确获取地面线状农田基础设施信息，从而为了解线状农田基础设施建设情况提供更加科学、合理、直观的支持手段和工具。本节根据实际情况，结合土地利用现状图与高分辨率遥感影像，提取研究区主要线状农田基础设施（田间道路、灌排沟渠）数据，并利用提取结果，建立评价体系对研究区线状农田基础设施情况进行综合评定。进而，为耕地质量评价和土地整治工作的继续开展，提供一定科学合理的依据。

二、研究区域

本节研究区域选择北京市大兴区礼贤镇。礼贤镇位于大兴区南部，其东部与南部均与河北省廊坊市相邻，西靠榆垡镇，北接庞各庄镇、魏善庄镇（图 4－27）。镇域面积约为 92.06 km^2，总人口为 3.45 万人，全境属永定河冲积平原，地势自西向东南缓倾，大部分地区处于 14～52 m 之间，属暖温带湿润大陆季风气候。区域四季分明，年平均气温 11.6℃，年平均降水量 556 mm。礼贤镇现有耕地面积为 57.33 km^2，占辖区总面积比例为 63%。

大兴区内耕地质量以中等为主，质量较优的耕地数量略高于较差的耕地数量，等别由东北部向西南部呈斜向条带状逐渐降低的分布趋势。大兴区土地资源总量较充足，可以开发利用的条件相对优越，但总体耕地资源质量不高，根据北京市国土局 2004 年对大兴区全区土地利用现状进行的调查显示，大兴区全区内土地资源主要是耕地、建设用地、交通用地等。大兴区的土地利用现状主要表现在土地开发利用条件较优越，土地资源总量相对充足，但人均耕地面积较少；耕地质量不高，沙化

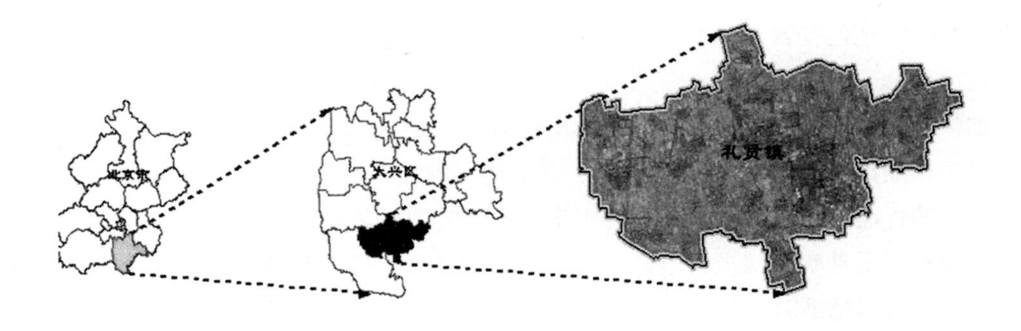

图4-27　礼贤镇地理位置

现象严重，用地结构具有典型的大城市郊区用地特点，规模化经营方式管理农用地仍然处于开始阶段。

2006—2010年期间，大兴区以生态环境建设为重点，以工程为载体，全面推进农业基础设施建设，农业生态服务作用显著增强。通过实施农田培肥、农田水利、田园清洁、沟路林渠配套等都市型现代农业基础设施工程，农业生产条件明显改善。相继开展了季节性裸露农田治理、风沙源治理、保护性耕作技术的推广应用等工程，更好地发挥了农田的生态服务作用。随着农业基础设施的完善，农业生态环境的改进，农业结构的调整，大兴区的农业发展不断提高，农业经济快速增长。近些年来在不断发展中，大兴区逐渐成为了北京市重要的农副产品生产供应基地。

三、遥感影像数据预处理

遥感影像数据预处理是利用计算机影像处理系统对遥感图像中的像素进行系列操作的过程。遥感影像中包含了很多信息。传统的模拟图像受到媒介大小的限制无法完全表述这些信息，也很难进行信息的进一步处理，只有数字化后才能有效地进行信息分析和处理。同时，数字图像处理极大地提高了图像处理的精度和信息提取的效率。

遥感影像预处理（见图4-28）的主要内容有以下两个方面。

（1）图像校正：也称为图像恢复、图像复原，主要是对传感器或环境造成的退化图像进行模糊消除、噪声滤除、几何失真或非线性校正。在进行信息提取前，必须对遥感图像进行校正处理，以使图像信息能够正确地反映实际地物信息或物理过程。

（2）图像增强：使用多种方法，例如灰度拉伸、平滑、锐化、彩色合成、主成分（K-L）变换、K-T变换、代数运算、图像融合等压抑或去除噪声，增强整体图像或突出图像中特定的地物信息，使图像容易理解、解释和判读。

四、影像信息提取和分割分类

影像的信息提取通常采用的方法都是图像分类技术。传统的图像分类技术主要是在像素基础上，依据像素的光谱信息、纹理信息等简单特征之间的相似性对像素

图4－28　预处理后影像对比

进行聚类分析从而完成图像分类的过程。这种方法虽然在一些图像分类中能够取得较好的分类效果，但存在很多局限性。Baatz 和 Schape 在 1999 年提出了面向对象的遥感影像分类方法。这一方法突破了传统分类方法，是一种智能化的影像分析方法。利用此方法分类后的对象不再是单个的像元，而是具有相似光谱、纹理等信息的像元组合，它的大小由影像的分割尺度决定。面向对象分类方法不仅利用了影像像素的光谱特征，还考虑了对象的空间特征，例如对象的大小、形状和几何结构等丰富的信息；通过影像分割，影像噪声区域将与周边的像元一起分割合并到特定的影像对象中去，有效地去除了噪声的干扰；对于影像的局部异质性，面向对象的分类方法充分考虑了像元与邻近像元的相互关系，从而有效克服了“椒盐现象”，并减少了异物同谱和同物异谱的影响；面向对象分类方法增加了对象间的语义关系，例如码头必然与水域邻近，绿地可分为林地、田地等；此外，面向对象方法能够自动提取出真正现实世界中的地物目标，而且能够输出带有属性表的多边形，解决了 GIS 及时更新数据源的问题，为 RS 和 GIS 的进一步集成研究和发展搭建了一座桥梁。因此，面向对象分类方法的提出真正超越了传统的分类方法，有效地提高了影像分类精度。

五、影像分割概念

影像分割是指将整个影像区域分割成若干个互不交叠的非空子区域的过程，每个子区域的内部是连通的，且同一区域内部具有相同或相似的特性，例如灰度、纹理等。影像分割的目的在于把一幅影像分割成与地面实际地物相对应的不同区域，一个影像对象就代表一个划分出来的真实地物实体。因此，影像分割是面向对象分类方法中最为基础和关键的一步，影像分割结果的好坏，直接影响到影像的分类结果。分割结束后，要选择合适的对象特征对田间道路和农田水利设施进行分类提取。

本节在线状农田基础设施提取部分是基于 eCognition（developer8.0）软件和其他遥感处理软件完成的。eCognition 软件是由德国 Definiens imaging 公司开发的智能化影像分析软件。

eCognition 软件采用决策专家系统支持的模糊分类算法，突破了传统遥感软件单纯基于光谱信息进行影像分类的局限性，提出了革命性的分类技术——面向对象的分类方法，极大地提高了高空间分辨率数据的自动识别精度。此外，eCognition 还提供了一个理想的遥感与 GIS 集成的平台，GIS 数据可以作为分类的基础图像来使用，也可以将它作为专题层加入，在影像分析过程中，可以生成有意义的多边形，有利于与 GIS 配合。总之，eCognition 软件是一款基于面向对象分类方法技术最为成熟、功能较强的专业化软件。

影像多尺度分割结束后，影像被分割成若干个由同质像元组成的多边形对象，之后的地物信息提取都在影像对象基础上完成。每个影像对象都可以计算其内部所包含的像素光谱特征以及影像对象的形状、位置、纹理等信息以及相邻对象之间的拓扑关系信息。分类规则的建立要根据研究区地物特点，将目标地物的各类信息进行搭配组合，以达到获取地物类型的目的。不同层次可以建立基于本层次地物的分类规则，而且不同层次之间可以传递这种规则。规则结构的建立并不一定必须包含多个层次，如果仅用一个层次就能很好地对地物类型进行判定，那么一个层次也可以形成分类的规则结构。此外，所选特征不是越多分类精度就会越高，原因在于特征数量过多，会加大数据运算量，降低数据时效性，还有对于特定地物类型，只有采用最为明显的特征才可以有效地与其他类别区分开，若加入其他特征，反而会降低分类结果精度。从理论上讲遥感影像对象特征可以分为三类：一是内在特征即影像对象本身特征，主要包括各波段对象像素值、影像对象形状特征、对象纹理特征等；二是拓扑关系，描述对象之间的空间、几何等关系，例如上下、前后等；三是对象间的相关特征，主要是对象之间父对象和子对象之间的关系，例如子对象可以继承父对象的特征。

六、线状农田基础设施提取

现有的线状地物提取算法中，根据算法运行过程中有无人机交互，即是否由人通过计算机界面提供某些额外信息来完成相应的线状地物提取工作，可以将现有的线状地物提取算法分类为半自动化提取算法和自动化提取算法两类。目前，在半自动提取方面已经取得了令人较为满意的成果，并且有些成熟运用于某种特定区域的半自动化提取算法已经实现了商业化应用，但总体来说其自动化程度依然不高；自动提取方面是目前信息提取技术的研究热点，也是未来信息提取技术发展的必然结果。虽然自动提取线状地物信息方面也取得了一些很有启发意义的成果，但由于受人工智能模式识别发展水平的限制仍然面临着很多困难，对于地类较为复杂的情况依然不能达到理想的提取效果。

本节采用高空间分辨率遥感影像，影像中地物分辨率较高，使实际宽度较窄的线状农田基础设施提取成为了可能。现有土地利用现状图比例尺为 1:2 000，其中对研究区线状农田基础设施上图并不完全。本研究将多光谱影像与全色影像融合后，影像分辨率提高至 0.5 m，因此能够从影像中识别出土地利用现状图中未上图的线状农田基础设施。基于此，本研究在现有土地利用现状图基础上，利用面向对象分类的方法对土地利用现状图中未上图线状农田基础设施进行补充提取（图4－29和图4－30）。

图4－29　田间道路提取效果

图4－30　农田水利设施提取效果

七、关于线状基础设施评价研究

当前国内外对线状农田基础设施综合评价方面的研究工作开展较少，研究方法主要是生态景观学，研究对象较为单一，并且主要集中于道路，特别是城市道路的研究。在生态景观学中，线状基础设施属于廊道这一景观单元，对廊道的研究主要有以下两个方面。

（1）定量的理论研究，着重于廊道的分类和效应研究，特别是分析廊道的结构特征对周围不同土地利用类型的景观格局影响。

（2）定性的论述，主要将廊道与生态保护和环境保护相结合进行定性分析。

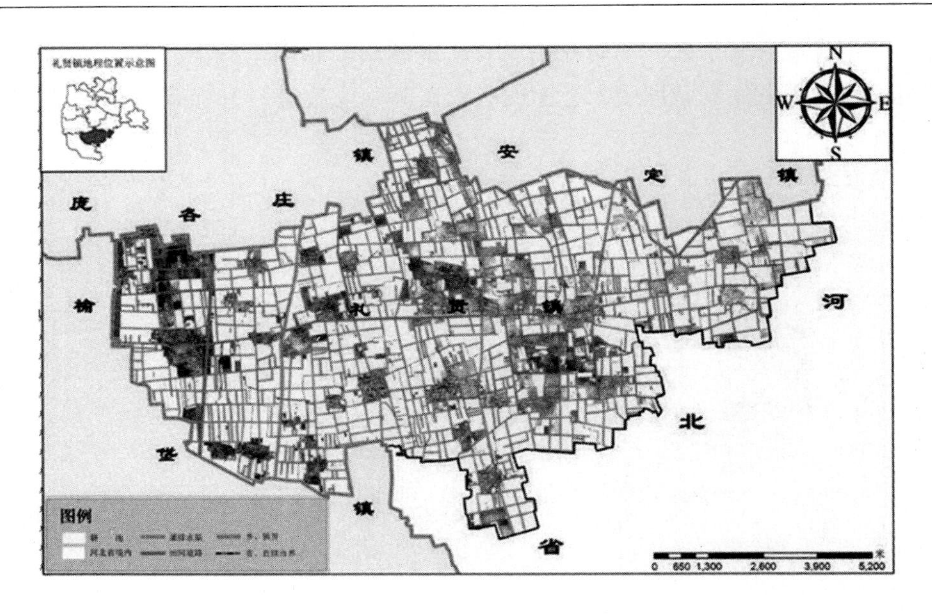

图 4 - 31　线状农田设施提取专题

八、小结

线状农田基础设施是直接服务于农民生产、生活的农业基础设施，犹如支撑区域经济发展的毛细血管网，把握着农业生产水平的命脉，曾有研究表明：坡改梯工程不修建田间道路，仍采用人工运输的方式，劳动生产率仅能提高 5.6%，而如果修建田间道路，采用架子车或四轮拖拉机运输，劳动生产率可分别提高 45.20% 和 88.5%，这一数据具体说明了线状农田基础设施对于农业生产的重要性（图 4 - 31）。此外，从生态景观学角度线状农田基础设施属于线状景观单元，是景观格局中的廊道。廊道是不同于两侧基质的狭长地带，是斑块的一种特殊形式，作为景观中的基本要素，影响着景观格局，几乎所有的景观都会被廊道分割，又同时被连接到一起。过去的研究中，人们在廊道景观效应方面较多地把研究点集中于理论研究或将其与生态保护、环境保护相结合进行定性的描述；近年来，又更多地侧重于城市廊道景观效应研究。

高空间分辨率遥感影像清晰的影像信息为线状农田基础设施的准确识别奠定了重要的数据基础，结合土地利用现状图，加入边缘检测图层，利用面向对象的分类方法能够将研究区线状农田基础设施较为完整地提取出来。利用合理地选择评价指标，设置权重，形成评价体系，最终对研究区线状农田基础设施作出合理地评价。

第五章　良田工程的质量与产能提升

第一节　服务于耕地保护的农用地综合生产能力核算研究

摘　要：新形势下耕地保护的最终目的是保持耕地数量质量的平衡，也就是生产能力的平衡。基于农用地分等成果的农用地产能核算，可以为实现国土资源精准化管理、加强耕地保护提供依据。本节根据产能核算思路及成果，重点分析了成果服务于耕地保护的特点。以此为基础，提出了成果在耕地保有量确定、高标准基本农田建设及认定、探索耕地占补平衡新思路、制定区域土地利用政策以及监测耕地质量动态等工作领域，拓宽耕地保护新思路的相关建议。

一、引言

党的十八大报告指出，“严守耕地保护红线”，“完善最严格的耕地保护制度”，“给农业留下更多良田，给子孙后代留下天蓝、地绿、水净的美好家园”。这是党中央对国土资源管理工作的要求，更是对耕地保护的重视。1996 年，原国家土地管理局提出了保持耕地总量动态平衡的思路，坚守 18 亿亩耕地红线，保护耕地的基本国策已经越来越深入人心。在最严格的耕地保护制度下，近年来我国土地管理工作取得了很大的成绩，耕地数量得到了有效保护。

温家宝同志在国土资源部建部初期指出：“发达国家管理保护土地资源，已经跨过了数量管护、质量管护两个阶段，正向生态环境管护的更高层次发展，而我国耕地数量管护还处在初级阶段。”应该看到，我国耕地保护的形势依然十分严峻，近几年，耕地数量减少趋势得到遏制，但每年因经济建设占用耕地的数量仍达 300 万亩左右，耕地面积减少不可避免。而且我国耕地存在总体质量不高、耕地分布细碎、耕地后备资源日益趋紧的现状，这种国情使耕地保护从数量管护转向数量质量并重管护成为必然。耕地总量动态平衡的最终目的是保持耕地数量质量的平衡，也就是生产能力的平衡，最终目的是保证粮食安全。

本节由张蕾娜编写。

作者简介：张蕾娜，博士。国土资源部土地整治中心研究员。

本文系国土资源部公益性行业科研专项经费项目（项目编号 201011006）阶段性研究成果。

二、农用地生产能力核算研究概况

农用地生产能力核算是农用地分等工作的深化与延续。自1999年起开展的农用地分等对全国农用地质量等级进行了全面系统的调查评定，填补了全国农用地质量本底调查的空白。其分等成果揭示的是农用地资源质量的相对差异，是用等级指数表示的，是一个相对值，具体每个等级的绝对值水平并没有考虑。农用地综合生产能力可以反映每个等级的绝对水平，主要是通过一定数量的典型调查，建立农用地等级指数与现实生产能力的对应关系，将农用地质量相对差异与农用地生产能力相挂钩。

国土资源部在农用地分等成果的基础上，经过基础研究、开展试行到全面推开的全部过程，最终形成了基于农用地分等成果的产能核算思路，并将其纳入国土资源大调查“十一五”规划，分2007年、2008年、2009年三个年度以省为单位部署开展全国农用地产能核算，重在摸清我国农用地尤其是耕地的综合生产能力的区域差异。目前，各省工作已基本完成。

关于农用地综合生产能力的定义，目前国内并没有确切定义，但大多数人认为粮食综合生产能力即为农用地产能。本研究结合农用地分等的含义，将农用地产能定义为，农用地产能是指在一定地域、一定时期和一定的经济、社会、技术条件下所形成的农用地生产能力，分为农用地理论产能、可实现产能和实际产能3个层次。

三、农用地生产能力核算成果特点分析

（一）以调查为手段的农用地产能成果

进行农用地产能核算，可以采取全面调查实际单产、依据土地利用类型分层抽样统计、依据农业统计数据、依据遥感手段和依据农用地分等成果5种途径获取基础数据。农用地产能核算依据农用地分等成果的自然等指数及利用等指数获取基础数据，抽样选取分等单元，调查分等单元的理论单产及可实现单产，分别建立与抽样单元的自然等指数及利用等指数的关系模型，最终推算到每个单元的理论产能及可实现产能。

（二）分层次的农用地产能成果

从以上分析可以确定，通过产能核算，可形成不同区域农用地理论产能、可实现产能及实际产能3个不同层次的产能成果，从而可以反映由不同农用地质量、科技水平以及投入水平等决定的生产能力差异。理论产能是农用地自然质量等别差异的主要表现特征，各级农业科研部门的农业实验田环境条件和生产条件可以达到最优状态，其最优状态下的最高产量可作为理论产能核算的样点理论单产。可实现产能的样本产量是环境条件和生产条件处于正常状态下所实现的最高产量。因此，在区域生产条件、农耕知识和技能水平、劳动态度等条件都处于正常状态下农民所达到的最高产量可以作为可实现产能核算的样点调查产量。农用地实际产能是某年农

作物已经达到的平均产量。由此可以看出，一般情况下，农用地理论产能大于可实现产能，可实现产能大于实际产能。

（三）高精度的农用地产能成果

以往各科研部门开展的产能研究都是以区域产能为基础，而基于分等成果的农用地产能核算以县级分等单元为核算单元，调查样点为县级分等单元，所形成的产能图比例尺与分等单元图比例尺一致，一般为1∶10 000～1∶100 000，有的县（市、区）也会达到1∶5 000，高精度的产能核算结果可以精确反映农用地产能的空间分布，这是实现产能动态监测的重要保障，同时使实现土地的精准管理成为可能。

（四）标准粮反映了农用地产能成果

产能不同于产量，但产量是产能的外在表现，农用地产能核算结果通过年标准粮产量来表达。标准粮产量是农用地分等确定的以国家指定的基准作物产量为基准，其他指定作物的产量用标准粮换算系数换算得到的产量。标准粮换算系数是以国家指定的基准作物为基础，基准作物单位面积实际产量与当地各种指定作物单位面积实际产量的比值。举例来说，某地区标准耕作制度为小麦、玉米，小麦为基准作物，标准粮换算系数为小麦单位面积实际产量与玉米单位面积实际产量的比值，每个调查单元的玉米调查产量折算为标准粮即小麦单产与标准粮换算系数的乘积，其核算结果为小麦单产与玉米标准粮的和。

（五）农用地分等揭示每个等别的产能成果

农用地分等揭示了农用地资源质量的相对差异，全同耕地质量评定为30个等别左右，同一等别所反映的影响等别的主导因素基本一致。产能核算的最小单元为分等单元，在单元产能核算的基础上，可以汇总形成每个等别的生产能力。从而进一步深化分等成果的表达形式，具体揭示每个等别的生产能力水平，为实现产能动态监测样点选择提供支持。

四、拓宽耕地保护新思路的建议

由于全国分省统一开展产能核算工作还是一项基础性的工作，其成果还未应用到具体的土地管理工作中，对农用地产能核算成果应用还缺乏细致的论述。从理论上分析，产能核算成果可以为耕地保护提供全方位的科技支撑，在耕地保护工作中发挥重要的基础作用。

（一）为合理确定耕地保有量提供依据

农用地产能核算成果不仅可以反映耕地质量的优劣，而且不同层次的成果可以反映耕地不同层次的粮食生产潜力。在目前耕地后备资源不断减少难以维系的背景下，探寻新的耕地保护思路也就是加强对生产能力的保护非常重要。因此，在确定区域耕地保有量时，不仅可以从数量上达到耕地保有量的要求，还可以根据区域耕地的产能情况，酌情划定耕地保有量，从而达到耕地的保有量既不能过多而影响了经济的发展，也不能过少而不能保障一定自给率下的产能的目的。

（二）服务于高标准基本农田建设及认定

全国土地整治规划提出“规划期内建设旱涝保收高标准基本农田4亿亩，经整治的基本农田质量平均提高1个等级，补充耕地2 400万亩，确保全国耕地保有量保持在18.18亿亩，粮食亩产能力增加100 kg以上”的目标。在落实各省任务及500个示范县时，农用地分等及产能核算成果发挥了重要作用。目前，全国每年将完成1亿亩的高标准基本农田建设任务，下一步需要制定统一的验收认定标准，开展高标准基本农田的验收认定工作，并合理评估高标准基本农田综合生产能力。

（三）探索耕地占补平衡考核新思路

目前，部分省份耕地后备资源接近枯竭，占补平衡存在实际困难；补充耕地零星分散，难以适应现代化农业需要。为保障国家经济社会发展必要用地，有必要积极探索耕地占补平衡新思路。一是保证本省内耕地生产能力不下降，补充耕地时，可以根据被占用耕地的产能，补充相应生产能力的耕地。通过对占用耕地、补充耕地生产能力的变化，科学评估耕地生产能力以及耕地等级的变化。二是针对国家重大建设工程用地，有必要探索重大建设项目补充耕地国家统筹安排，确保占用与补充耕地产能不降低。

（四）为合理制定区域土地利用政策提供依据

粮食主产区在保证我国粮食安全中占有特别重要的地位，保护和提高了主产区的粮食生产能力，就稳住了全国粮食的大局。通过对粮食主产区产能核算结果的分析，可以全面掌握河南、河北、湖北等13个主产省的生产能力状况，反映每个省作为粮食主产区的主导地位，按照主导地位，参照现有农业基础设施条件，对需要重点扶持的主产区给予重点支持。可以采取改良耕作制度，有计划地开发并保护好有限的宜农荒地资源，建设高标准基本农田等一系列措施，保持主产区耕地资源的可持续发展，稳固和提高本地区的粮食综合生产能力。

粮食主产区集中分布在东部及中部地区，东部地区水、热、土等自然条件优越，耕地的生产能力高，经济发展快，各项建设对土地需求量大，经济发展与耕地保护矛盾突出。目前我国实行的是粮食省长负责制，通过产能核算成果，可以明确不同层次的粮食优势产区，这为统筹区域发展，有效协调粮食主产区，尤其是位于东部地区主产区的经济发展与粮食主产地位之间的矛盾，制定科学合理的土地利用政策提供支撑。

（五）加强耕地质量动态监测中的应用

耕地质量等别调查评价与监测工作方案（国土资厅发〔2012〕60号）提出建立建设占用耕地产能影响评价制度的要求。根据产能核算成果，逐步建立耕地等级变化或产能安全年度报告制度，向社会及时公示区域内占用耕地去向及其造成产能损失，补充耕地增加产能以及耕地质量建设提升产能情况，并做出区域产能安全的综合评价。由此可以反映各行政区域耕地等级提升和产能消长的现状，提出主导措施并分解到所有相关部门落实，实现耕地等级变化和产能建设的共同责任。

五、结语及讨论

（1）保护耕地的最终目的是保持耕地数量质量的平衡，也就是生产能力的平衡，最终保证粮食安全，耕地保护需要拓宽新思路。

（2）农用地产能核算以调查为手段，以标准粮反映核算结果，其成果具有分层次、分等别、高精度等特点，能科学合理地应用于耕地保有量的确定、高标准基本农田建设及认定、探索耕地占补平衡新思路、制定区域土地利用政策以及监测耕地质量动态等国土资源管理工作。

（3）农用地产能核算作为一项基础工作，旨在摸清农用地生产能力的大小、分布状况，由于产能成果是分层次的，可以进一步评价产能的利用状况，即利用不充分还是利用过度等，这是本次产能核算侧重解决的问题。而对于环境污染问题，尽管目前在全国普遍存在，但由于污染数据不易获得，另外如果考虑污染因素，将不可避免地会造成大量高质量农田被流转的局面，这是我国国情所不允许的。但是，随着土地的精准化管理及环保意识、环保能力的增强，不仅要关注耕地能生产多少粮食，还要关注耕地的健康状况，应逐步开展“绿色产能”评价。

参考文献

[1] 郧文聚，王洪波，王国强，等．基于农用地分等与农业统计的产能核算研究．中国土地科学，2007，21（4）：32－37.

[2] 蒋承菘，对保护耕地的再审视——从科学发展观谈耕地生产能力保护．中国土地，2006（3）：14－16.

[3] 张凤荣，重在保持耕地生产能力——对新形势下耕地总量动态平衡的理解．中国土地，2003，(7)：13－15.

[4] 关文荣，李维哲．拓宽保护耕地的思路——农用地综合生产能力调查与评价的任务与思路．中国土地，2006（3）：17－18.

[5] 张蕾娜，郧文聚，苏强，等，基于农用地分等成果的产能核算研究．农业工程党报，2008，24（增刊1）：133－136.

[6] 张晋科，张凤荣，张琳，等．中国耕地的粮食生产能力与粮食产量对比研究．中国农业科学，2006，39（11）：2278－2285.

[7] 张晋科，张凤荣，张迪，等．1996—2004年中国耕地的粮食生产能力变化研究．中国土地科学，2006，20（2）：8－14.

[8] 饶彩霞，吴克宁，许琳，等．基于农用地分等成果的产能核算——以湖南、河南、黑龙江为例．资源开发与市场，2008，24（1）：16－17.

[9] 胡渝清，刘燕红，黄川林，等．基于农用地分等成果的重庆市农用地综合生产能力研究．安徽农业科学，2007，35（19）：5850－5852.

[10] 李强，苏强，赵烨，等．基于土地产能的城郊农用地健康评价体系与方法探讨．地理与地理信息科学，2008，24（1）：70－74.
[11] 李天杰，郧文聚，赵烨，等．土地质量、生产能力与粮食安全相关研究的现状及展望．资源与产业，2006，8（1）：19－23.
[12] 李翠珍，孔祥斌，秦静，等．大都市区农户耕地利用及对粮食生产能力的影响．农业工程学报，2008，24（1）：101－107.
[13] 周健民．加强我国粮食安全保障能力建设的思考．中国科学院院刊，2004，19（1）：40－44.
[14] 陈印军，易小燕，方琳娜，等．中国耕地资源及其粮食生产能力分析．中国农业资源与区划，2012，33（6）：4－10.
[15] 相慧，孔祥斌，武兆坤，等．中国粮食主产区耕地生产能力空间分布特征．农业工程学报，2012，28（24）：235－244.

第二节　高标准基本农田标准研究

摘　要：高标准基本农田建设是保障国家粮食安全、加快转变经济发展方式的重大举措。然而，高标准基本农田建设工作开展的迫切需要与“标准”不成体系的落后局面形成鲜明对比，具有科学性、系统性、可操作性的高标准基本农田标准的缺失成为了有效开展该项工作的瓶颈。本节在分析高标准基本农田特征的基础上，从自然质量、工程建设和耕地利用三个方面提出了评定高标准基本农田的普适性指标，并以黑龙江省富锦市为例进行了实证研究。结果显示，富锦市已达到高标准的基本农田面积为17 819.28 hm^2，仅为总耕地面积的3.07%。其中，国有农场辖区高标准基本农田面积为16 054.83 hm^2，主要分布在七星农场和创业农场；地方政府辖区仅在向阳川镇、二龙山镇、锦山镇、头林镇和大榆树镇零星分布。对于目前未达到标准的基本农田，需要进一步加大建设力度，为打造现代农业提供基础支撑。

一、引言

耕地资源是农业生产不可替代的最基本生产资料，而基本农田是耕地的精华，高标准基本农田则是基本农田的精华，是稳定粮食生产能力的重要保障。《中华人

本节由薛剑，韩娟，张凤荣编写。

项目基金：农业部公益性行业科研项目（200903009）。

作者简介：薛剑（1980—），男，河北平山人，副研究员，博士，主要从事土地评价、土地整治规划研究。

民共和国国民经济和社会发展第十二个五年规划纲要》要求，“加强以农田水利设施为基础的田间工程建设，改造中低产田，大规模建设旱涝保收高标准农田。”《全国土地整治规划（2011—2015 年）》明确指出“十二五”期间要建设旱涝保收高标准基本农田 4 亿亩。2013 年中央一号文件明确提出，落实和完善最严格的耕地保护制度，加大力度推进高标准农田建设，努力夯实现代农业物质基础。高标准基本农田建设是保障国家粮食安全、加快转变经济发展方式的重大举措。

高标准基本农田是指通过农村土地整治形成的集中连片、设施配套、高产稳产、生态良好、抗灾能力强、与现代农业生产和经营方式相适应的基本农田（国土资源部，2012）。高标准基本农田是集耕地自然质量、良好配套基础设施、高级农业技术和先进管理理念的高生产能力系统（贾丽娟，2011）。高标准基本农田的内涵目前尚未形成统一认识，现有研究集中在基本农田选址和具体工程的规划设计层面（周元明等，2008）。高标准基本农田评价是规划和建设的基础，然而，在理论层面尚未形成集“标准—评价规划—建设”为一体的高标准基本农田建设方法体系（邢伟济等，2009；朱斌，2010；沈宏观，2010），尤其是高标准基本农田的表征指标识别和建设标准确定等问题还缺乏系统研究，难以有效支撑当前的高标准基本农田建设实践。在建设实践中，高标准农田建设面临着标准模糊、投资分散、综合效益难以发挥以及与新农村建设协调不够等问题（梁伟峰等，2012；李少帅等，2012）。

长期以来，作物栽培学、土壤学、植物营养学等领域的学者围绕着土层厚度、田面坡度、土壤有机质等因素与作物产量的关系开展了大量研究，为高标准基本农田标准的制定提供了丰富的实验数据。然而这些研究多针对耕地质量的某一方面或者典型区域的某种特殊类型展开，在区域性、系统性集成等方面略显不足。在标准方面，国家质量监督检验检疫总局、国土资源部、农业部、水利部以及地方部门等以国家标准、行业标准或操作规程的形式发布了大量与耕地质量建设有关的指导性标准，为高标准基本农田建设提供了一定的借鉴作用。然而，这些标准发布部门通常立足自身专业领域，导致现行标准存在部门特征明显、针对性强等特点，在一定程度上制约了高标准基本农田这一系统性工程的开展。高标准基本农田建设工作开展的迫切需要与“标准”不成体系的落后局面形成鲜明对比，具有科学性、系统性、可操作性的高标准基本农田标准的缺失成为了有效开展该项工作的瓶颈。

二、高标准基本农田标准研究进展

标准是从事各类建设活动的技术依据和准则，是政府运用技术手段对建设活动进行宏观调控、推动科技进步和提高建设水平的重要途径（张君，2010）。目前，专门针对高标准基本农田标准制定方面的研究甚少，但一些机构和学者在耕地质量建设标准、稳产高产农田建设、高标准农田建设标准等方面做了诸多努力。耕地质量建设、稳产高产农田建设、高标准农田建设、高标准基本农田建设等的最终目的是为了满足农业生产，因此其建设内容、建设标准阈值的设定等都是从农业持续稳定高产的角度出发的，现有相关研究内容为高标准基本农田标准制定提供依据。

近年来，作物栽培学、土壤学、植物营养学等相关领域的学者针对作物生长的影响因素开展了大量研究，为高标准基本农田标准的制定提供了丰富的实验数据。土层厚度对旱地小麦产量尤为重要，在山东旱地上种植小麦，小麦获得高产的土层厚度下限指标应在 160 cm 左右（石岩等，2001）。黑土层厚度与大豆产量呈正相关，当黑土层厚度从 20 cm 增加到 60 cm 时，大豆增产明显，但随黑土层厚度的增加大豆产量的增幅呈减少趋势（匡恩俊等，2012）。熊杰等（2012）采用空间位移法研究土壤质地对玉米产量的影响，结果表明玉米产量由高到低表现为砂质黏壤土、砂质壤土、砂土。畦灌系统性能和作物产量随田面平整状况的改善而明显提高，为达到改进畦田灌水质量、节水增产的目的，田面平整精度值以小于等于 2 cm 最佳；当田面平整精度值大于 3 cm 后，波涌畦灌的灌水质量将明显变差（李益农等，2000；刘群昌等，2003）。土壤有机质含量与作物产量之间具有显著的相关性（Pilusetal，1982；赵克静等，2001），当土壤有机质含量在 80 ~ 90 g/kg 时，春小麦产量最高（赵克静等，2001）。然而多数研究和生产实践均表明环境因素对作物生产力的影响远大于土壤自身有机质对作物产量的影响，因此土壤有机质含量与粮食产量之间的关系有待深入研究（宋春雨等，2008）。冀东南平原的潮土区代表性地块的观测实验表明，在 1 m 深的土体构型中，冬小麦和夏玉米的产量由高到低均表现为均质性、蒙金型、腰砂型、叠加型（赵凤岩，1997），土壤肥力水平由高到低总体呈现出上壤下粘型、通体壤、通体粘、上壤下砂、通体砂型（李梅等，2011）。此外，长期保护性耕作、草田轮作或多年生草地有利于提高表层土壤有机碳含量和结构稳定性，从而改善土壤的供肥供水能力（张国盛等，2008）。

此外，一些学者有针对性地研究了田块规模、灌溉保证率、排水条件、农田林网等对粮食高产稳产的影响（鲍海君等，2002；景卫华等，2009；刘战东等，2012），相关研究成果从理论上支撑高标准基本农田标准的制定。宋海燕（2007）以山东省农田防护林网为研究对象，系统研究高标准农田防护林营建关键技术。郝树荣等（2009）提出了江苏省沿海盐化滩涂区围垦—养殖—复垦、脱盐滩涂区粮棉种植结合低产田改造的开发模式，探索性研究制定了该区域灌溉、排水、灌溉水源水质、盐碱土改良、土地平整和格田建设、农田防护措施等标准，对提高江苏省沿海滩涂区土地开发整理工程建设质量，引导土地开发整理资金合理使用具有指导意义。张超超等（1999）参考《全国耕地类型区、耕地地力等级划分》（NY/T 309—1996）行业标准，并结合丘陵山区的农田综合因素，确定了不同类型丘陵山区高标准农田产量指标和相关条件，为丘陵山区高标准基本农田建设的评价和验收提供参考依据。杨林华等（2005）根据监测、统计和农户调查等资料，从土壤肥力、土壤环境质量、标准化良田环境条件三方面构建了湖北省标准化粮田指标体系与指标阈值，但所选指标偏重于土壤肥力。在集成相关研究成果的基础上，制定了全国不同二级指标区的分等指标体系、分级阈值（农用地质量分等规程（GB/T 28407—2012）），并开展了全国范围的农用地分等定级工作，为高标准基本农田标准制定提供了有力支撑（张千五等，2008）。贾丽娟（2011）参考了重庆市农用地分等定级成果，将重庆市划分为渝西方山丘陵区、渝中平行岭谷低山丘陵区、渝东南低中山区和渝东北中山区4个高标准农田建设类型区，并针对各类型区选择典型区域进行高标准农田评价，进而分析各类型区的农田质量障碍因子和高标准农田建设时序，提出了不同类型区的高标准农田建设标准。

耕地质量建设涵盖耕地田块、土壤肥力、沟、渠、路、林等多方面内容，一直是土地科学领域的研究焦点。国家质量技术监督局、国土资源部、农业部、水利部及部分省份地方部门等以国家标准、行业标准或操作规程等形式，对耕地质量建设工程的规划设计、施工和管理等进行了详细的规定。国土资源部发布的《土地开发整理项目规划设计规范（TD/T1012—2000）》，对土地开发整理项目规划编制与实施、土地开发整理项目初步设计和施工图设计，以及与设计有关的概预算、审批等做了明确的规定。水利部发布的《机井技术规范（SL256—2000）》、《灌溉与排水工程技术管理规程（SL/T246—1999）》、《农田排水工程技术规范（SL/T4—1999）》、《水利水电工程制图标准（SL73—95）》、《渠道防渗工程技术规范（SL/T18）》、《水利建设项目经济评价规范（SL72）》等标准对农田水利工程规划、设计、建设和验收等方面做了相应的规范。农业部发布的《全国中低产田类型划分与改良技术规范（NY/T 310—1996）》中对中低产田类型、障碍程度和改良技术措施进行了规范。以上标准的发布在一定时期内为耕地质量建设提供了依据，但现有标准多立足于本部门的管理范围，针对性强、部门特征明显，一定程度上影响了整体工程建设综合效益的发挥；同时，大多数标准均在2000年甚至之前发布，标准设定的内容及标准阈值难以满足当前经济社会和政策环境对高标准基本农田建设的全新要求。

2012年3月1日，农业部发布了《高标准农田建设标准（NY/T2148—2012）》，提出了适应现代化生产要求的高标准农田概念，并对高标准农田的建设内容、建设区选址和田间工程建设标准等方面的建设内容和水平做了具体规定，同时对良种应用、土壤墒情监测、科学施肥、农机作业等配套技术和设施提出了相应的标准指标，这有利于提高我国农田建设的规范化、科学化、标准化水平。2012年6月20日，国土资源部发布实施了《高标准基本农田建设标准（TD/T1033—2012）》。该标准立足于推进农村土地整治工作，加强高标准基本农田建设，严格耕地保护，提高耕地质量，促进节约集约用地，改善农业生产条件，推动农业现代化和城乡统筹发展，保障国家粮食安全的战略背景，规定了高标准基本农田建设的基本原则、建设目标、建设条件、建设内容与技术标准、建设程序、公众参与、土地权属调整、信息化建设与档案管理、绩效评价等内容，为高标准基本农田建设活动的有效开展提供了科学依据。然而，这两个标准却具有很强的部门特征，通用性不强。

三、高标准基本农田特征与普适性指标

（一）高标准基本农田特征分析

高标准基本农田建设是实现耕地数量质量并重管理，优化土地利用格局，提高土地利用效率的有力抓手，同时也是建立现代化农业生产体系的重要途径，是新农村建设和城乡统筹发展的重要平台。高标准基本农田既要具有现代农业的一般特征，又要充分体现区域的资源禀赋差异。总体上看，作为高标准的基本农田应具有质量良好、设施完备、布局稳定、生态友好，与现代农业生产经营方式相适应的特征。

质量良好，本底条件好是高标准基本农田运行的基础，在建设高标准基本农田过程中要针对区域自然质量特点有针对性地进行相关配套设施建设、管护和利用。

设施完备，就是通过工程措施和生物措施等将耕地建设成为“田成方、林成网、渠相通、路相连、涝能排、旱能灌”的旱涝保收、节水高效的高产稳产田。它不仅仅是一项土地平整、土壤结构改良的田面工程，更是一项对水、路、渠、林等进行改造和配套的田间工程，是一个系统完整地提升耕地持续生产能力的综合性措施。

布局稳定，高标准基本农田首先要求布局稳定，要通过土地利用总体规划，解决好基本农田“划劣不划优、划远不划近、划零不划整”的问题，从战略高度划定集中连片的、等级较高的永久基本农田，逐渐将“小斑块”基本农田归并为“大板块”基本农田，促使基本农田向“优质、集中、连片”的集聚方向发展（2011，郧文聚），防止各类非农建设包围、切割基本农田保护区。

生态友好，农田环境、土壤环境和农业生产过程都要健康，农产品生产的环境安全、投入安全与质量安全。通过管理组织的建立，强化投入品监管，有效保护和合理利用自然资源，发展特色优势产业，不断提高农产品市场竞争力，形成农业可持续发展的能力。

与现代农业生产经营方式相适应，这是建设高标准基本农田的核心要义，按照马克思生产力理论，建设高标准基本农田实际上是改造传统农业、发展现代农业的要求。要解决现代化的装备与技术的可进入性、有效利用问题，首先就要建设高标准基本农田。要实现集约化、规模化经营，解决目前耕地利用中田块的分割问题，也要通过建设高标准基本农田来实现。另外，通过建设高标准基本农田不仅可以提高耕地质量，还可以为先进农机、农艺技术的应用，为农业防灾、减灾起到基础性作用。

然而，高标准是一个相对概念，按照资源禀赋状况、经济社会发展水平和农业生产经营技术水平的要求，高标准应该体现对发展现代农业产业体系的综合支撑能力。其所处区域的光温（气候）资源丰富，土壤肥沃，耕地产出率高，土地利用状况和土地收益状况较好（郧文聚，2010）。由于我国地域广阔、区域资源禀赋和社会经济条件空间差异显著，因此，以高标准基本农田中的“高标准”作为衡量基本

农田建设的量化指标，具有区域性、动态性、相对性等特点。

区域性，农田的利用与建设受地理环境、历史基础、现实生产条件等多因素影响。因此，农田利用及建设条件在地区间存在着天然的地域差异，并在农田的长期利用、管理过程中逐渐形成了明显的区域类型化和不均衡性。

相对性，人类对事物发展演化规律的认识具有相对性，在一个相对认知的基础上高标准基本农田标准也具有相对性；同时，由于区域空间差异显著，很难用统一标准来评价不同地区的高标准基本农田建设水平。依据区域的自然地理背景和经济社会发展水平，考虑评价数据的可获得性（姜涛，2010），建立用于评价具体区域高标准基本农田建设的指标体系，反映的是高标准基本农田建设的相对“高标准”。

动态性，高标准基本农田系统是具有时空变化的复杂系统，某一时刻反映高标准基本农田建设的主要矛盾或矛盾的主要方面，在另一时刻可能会变为次要矛盾或矛盾的次要方面（马仁峰，2009）。随着生产力水平的发展和科技的进步，即使同一地区在不同的发展阶段其评价标准也存在着较大差异。

（二）高标准基本农田普适性指标

高标准基本农田建设是优化土地利用格局，提高土地利用效率的有力抓手，同时也是推进新农村建设和统筹城乡发展的重要平台。高标准基本农田既要具有现代农业的一般特征，又要充分体现区域的资源禀赋差异。

首先，作为高标准基本农田的耕地，应具有较好的自然本底条件，因此要对耕地的自然质量标准做出明确界定。农用地分等成果是现今我国比较成熟的农用地评价体系，本研究借鉴农用地分等因素，选取表层土壤质地、有效土层厚度、剖面构型、盐渍化程度、障碍层距地表深度、地形坡度和地表岩石露头度 7 个指标，对耕地质量标准做出判断。

其次，设施完备是高标准基本农田的基本特征之一，因此要对经过整治后的工程建设条件进行评定。国土资源部出台的标准主要包括土地平整工程、田间道路工程、农田防护林与生态环境保持工程和其他工程。并要求建成后的高标准基本农田达到土地平整、土壤肥沃、集中连片、设施完善、农电配套、高产稳产、生态良好、抗灾能力强，与现代农业生产和经营方式相适应的条件。农业部制定的高标准农田建设标准，规定建设内容主要由田间工程和田间定位监测点构成，田间工程建设内容与《高标准基本农田标准》基本相同，而田间定位监测点建设包括土壤肥力、墒情和虫情定位监测点的配套设施和设备建设，使建成后的高标准基本农田能满足农作物高产栽培、节能、节水、机械化作业等现代化生产要求，达到持续高产稳产、优质高效和安全环保的要求。两个部门对高标准基本农田的建设意图、建设目标和建设途径的规定是基本一致的，参考以上标准选取灌溉保证率、灌溉水源、排水条件、田面平整度、田块面积、连片程度和道路通达度 7 个指标，作为工程建设标准的评定指标。

最后，高标准基本农田建设的根本目的在于满足机械化作业等现代化生产要求，提高农业生产效率和综合生产能力。因此，高标准基本农田，不仅是高标准建设，还应该包括高标准利用。要通过高标准基本农田建设，将自然本底条件改善、基础设施建设和后期农业现代化经营有机结合起来，与现代农艺、现代农机等现代农业技术相配套，促进现代农业产业体系建设。因此本研究选取机耕率、机播率、机收率和综合机械化率作为耕地利用标准的评定指标。

四、富锦市高标准基本农田标准

（一）研究区概况及数据来源

1. 研究区概况

富锦市位于黑龙江省东北部、松花江下游南岸，三江平原腹地。46°45′—47°37′N，131°25′—133°26′E，全境面积 8 224 km^2，总人口 47.6 万人。富锦市地形平缓开阔，以冲积平原为主，平原与山地比为 9∶1。富锦市土壤肥沃，水利和水产资源条件优越，是三江平原在世界上仅有的三块冲积黑土平原之一。

富锦市行政区划设 1 个城关社区、10 个镇，分别为城关社区委员会、长安镇、上街基镇、锦山镇、大榆树镇、向阳川镇、二龙山镇、兴隆岗镇、头林镇、宏胜镇、砚山镇，266 个行政村。1958 年王震将军率领 10 万复转官兵挺进北大荒垦荒种田。经过多年的开发，富锦市现已建成农垦总局建三江分局及所属七星农场、大兴农场、创业农场和青龙山农场、红卫农场、前进农场的部分生产队；境域内还建有黑龙江省农垦总局红兴隆分局所属的二九一农场 15 个生产队，农场总面积达 3 319.98 km^2，占富锦总面积的 40.4%。

根据富锦市 2010 年土地利用现状变更调查数据，富锦市农用地面积为 70.06×10^4 hm^2，耕地面积为 59.68×10^4 hm^2，占农用地面积的 85.19%。

2. 数据来源

数据来源包括：①图件资料：富锦市（含农场）2010 年土地利用变更调查数据库（1∶1 万）、《富锦市土地利用总体规划（2006—2020 年）》、《黑龙江省农垦建三江管理局土地利用总体规划（2006—2020 年）》相关图件、富锦市（含农场）耕地质量等别更新相关图件、富锦市基础地理数据。图件经过数据格式转换、投影转化及坐标校正后，最终统一为 ArcGIS 格式。②社会经济数据：主要包括富锦市国民经济统计年鉴、建三江农垦统计年鉴、富锦市国民经济和社会发展第十二个五年规划纲要等。③文字资料：富锦市志、富锦市土壤志、富锦市高标准基本农田建设方案、富锦市水利发展“十二五”规划、富锦市农业发展“十二五”规划、富锦市林业发展“十二五”规划、富锦市环境保护“十二五”规划、土地整治项目汇总表、典型土地整治项目规划设计方案、寒地水稻高产栽培技术模式研究报告等。④补充调查数据：对无法直接从部门资料中获取的指标数据，采取实地调查、问卷调研、部门座谈等形式搜集。

由于农垦红兴隆分局只有一个农场的部分生产队在富锦市境内，耕地面积所占比重低，因此，本研究选择的区域未包含农垦红兴隆分局。本研究评价单元是以2010年12月31日最新土地利用变更数据库为基础，提取耕地图斑，以耕地图斑为评价单元，重点保留耕地图斑的行政代码、图斑编号、地类代码、坡度、面积等数据。本研究确定评价单元共38 609个。同时，还要提取道路、林网、沟渠等线状地物层。

（二）富锦市高标准基本农田标准设定

1. 高标准基本农田标准指标的选取

高标准基本农田标准普适性指标是确定富锦市高标准基本农田标准体系的首要考虑因素，在实际应用中还要结合富锦市实际情况对指标进行调整。其中：

基于耕地质量特征及其关键指标分析，富锦市地处三江平原腹地，地势平坦，98.92%以上的区域坡度小于2°。可以看出，坡度在富锦市的区域差异不明显，且对高标准基本农田建设基本无限制。本研究没有选取坡度因素作为富锦市高标准基本农田标准的衡量指标。从区域范围看，黑土是富锦市的主要土壤类型之一，是保本的农业土壤，同时黑土层厚度存在较大差异。本研究将土层厚度指标调整为黑土层厚度。

在工程建设标准指标中，田面平整度由于缺乏各地块实测数据而没有选取。通过对农田防护林占地率的分析，富锦市农田防护林占耕地率平均值为0.7%，总体较低，可能会对高标准基本农田建设构成限制。因此，本研究将农田防护林占地率从备选指标中选取为富锦市高标准基本农田标准的衡量指标。

富锦市是农业部确定的全国农业机械化示范区，也是黑龙江省农机装备水平较高的市之一。根据富锦市农业局提供的农业基本情况，全市农机田间综合机械化水平达到92%；其中，水稻机械插秧率、机械收割率分别达到90%、95%以上；玉米、大豆的机播率均达到100%；玉米、大豆的机收率分别达到80%和100%。可以看出，富锦市农业机械化作业水平总体较高，不对高标准基本农田建设构成限制。因此，本研究没有将机耕率、机播率和机收率作为高标准基本农田标准的衡量指标。

2. 高标准基本农田标准阈值的设定

富锦市属于东北区的平原低地类型区。该区域包括黑龙江、吉林、辽宁三省以及内蒙古东部地区，地形以平原和山地为主，年降水500～700 mm，土壤以土层深厚、自然肥力高的黑土、黑钙土和草甸土为主；水土组合条件较好，具备大规模机械化耕作的自然资源环境，重要的商品粮基地。全区耕地面积2 151 × 10^4 hm^2，占全国的16.06%，人均0.21 hm^2，旱地比例接近80%，有灌溉条件的耕地仅20%。基本农田建设的主要障碍因素为农田水利基础设施薄弱、土壤肥力偏低、田间管理和耕作栽培技术落后。富锦市高标准基本农田标准阈值的确定，需依据以上特征制定各指标阈值（表5－1）。

表 5－1　富锦市高标准基本农田遴选标准

<table>
<tr><th>指标层</th><th>因素层</th><th>建设标准</th></tr>
<tr><td rowspan="3">自然质量条件</td><td>黑土层厚度</td><td>>15 cm</td></tr>
<tr><td>有机质含量</td><td>>40 g/kg</td></tr>
<tr><td>土壤质地</td><td>壤土</td></tr>
<tr><td rowspan="5">工程建设条件</td><td>集中连片规模</td><td>≥333.33 hm²</td></tr>
<tr><td>田块面积</td><td>旱地 >20 hm²
水田、水浇地 >5 hm²</td></tr>
<tr><td>排水条件</td><td>五年一遇；旱田区 1～3 天暴雨，1～3 天排出；水田区 1～3 天暴雨，3～5 天排出；田间排水沟系及建筑物配套完好率大于 95%</td></tr>
<tr><td>道路通达性</td><td>田块直接临路</td></tr>
<tr><td>农田防护林占耕地率</td><td>>0.5%</td></tr>
</table>

需要说明的是，《高标准农田建设标准》对东北平原低地类型区高标准农田土壤形状的要求为，土体深厚，黑土层厚度大于 15 cm，潜育层在 30 cm 以下，耕作层大于 25 cm。据此，将富锦市黑土层厚度标准阈值设定为 15 cm。对于农田防护林占地率，富锦市农田防护林占耕地率极低，平均仅为 0.5%，本研究将富锦市农田防护林占地率高标准阈值设定为该区域的平均水平，即 0.5%。

（三）富锦市现有高标准基本农田遴选

1. 现有高标准基本农田认定

按照富锦市高标准基本农田遴选标准，运用 Arcgis9.3 空间分析功能，将耕地各因素属性进行叠加，得到已达到高标准要求的田块，分布见图 5－1。

2. 空间分布特征

富锦市评价区域耕地总面积为 580 667.91 hm^2，高标准基本农田面积为 17 819.28 hm^2，约占评价区域耕地总面积的 3.07%。其中，国营农场辖区高标准基本农田面积为 16 054.83 hm^2，占高标准基本农田面积的 90.10%，除前进农场外，各农场均有分布，特别是七星农场和创业农场，占全部高标准基本农田面积的 76.60%；地方政府辖区高标准基本农田在向阳川镇、二龙山镇、锦山镇、头林镇和大榆树镇零星分布，总量不足全部高标准基本农田面积的 10%（图 5－2 和表 5－2）。

3. 地类分布特征

富锦市高标准基本农田耕地类型包括旱地和水田，其中水田面积为 12 622.80 hm^2，明显多于旱地的 5 197.20 hm^2，其原因为高标准基本农田主要分布在国有农场，而国有农场的主要耕地类型是耕地。

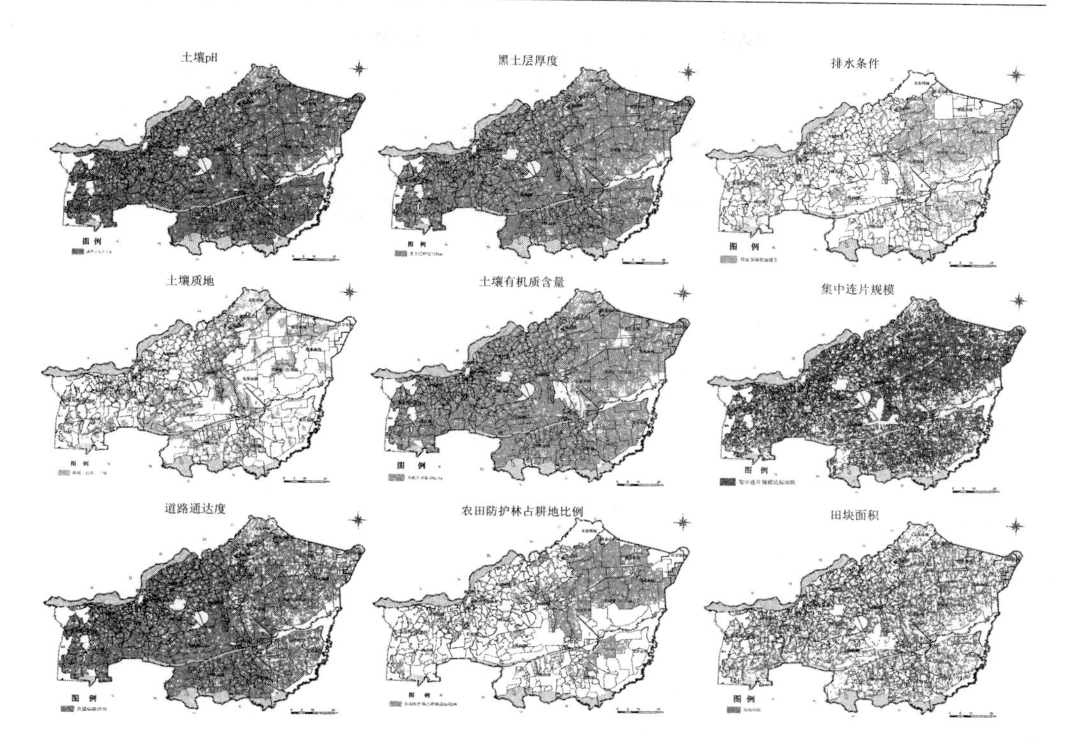

图 5－1　富锦市单因素达标田块分布

图 5－2　富锦市高标准基本农田分布

表 5-2　富锦市现有高标准基本农田统计

乡镇/农场	旱地		水田		合计	
	面积（hm^2）	比例（%）	面积（hm^2）	比例（%）	面积（hm^2）	比例（%）
城关社区管委会						
向阳川镇	118.39	2.28	0.00	0.00	118.39	0.70
二龙山镇	187.38	3.61	165.77	1.31	353.15	2.00
长安镇上街基镇						
锦山镇	0.00	0.00	317.05	2.51	317.05	1.80
砚山镇						
头林镇	739.58	14.23	0.00	0.00	739.58	4.20
兴隆岗镇宏胜镇						
大榆树镇	236.28	4.55	0.00	0.00	236.28	1.30
地方政府	1 281.63	24.66	482.82	3.82	1 764.45	9.90
大兴农场	277.11	5.33	690.41	5.47	967.52	5.40
七星农场	2 237.95	43.06	5 079.04	40.24	7 316.99	41.10
创业农场	912.95	17.57	5 419.24	42.94	6 332.19	35.50
红卫农场	44.27	0.85	145.92	1.16	190.19	1.10
前进农场						
青龙山农场	443.28	8.53	804.66	6.38	1 247.96	7.00
国有农场	3 915.57	75.34	12 139.26	96.18	16 054.83	90.10
总计	5 197.20	100.00	12 622.08	100.00	17 819.28	100.00

五、结论与讨论

（一）结论

（1）由于我国地域广阔、区域资源禀赋和社会经济条件空间差异显著，高标准基本农田的“高标准”具有区域性、动态性、相对性等特点。目前，国土资源部、农业部、水利部等相关部门已出台包括《农用地质量分等规程》、《高标准基本农田建设标准》、《高标准农田建设标准》、《灌溉与排水设计规范》等在内的相关标准与规范，可以为区域高标准基本农田标准的设定提供借鉴。

（2）依据高标准基本农田的内涵，可从自然质量、工程建设、耕地利用三个方面选取土壤质地、土层厚度、灌溉保证率、机耕率等指标作为表征高标准基本农田的普适性指标。结合富锦市实际情况，最终确定了包括黑土层厚度、有机质含量、土壤酸碱度、土壤质地、集中连片规模、田块面积、排水条件、道路通达性、农田防护林占耕地率 9 个指标的富锦市高标准基本农田表征指标，并设定了高标准阈值。经遴选，富锦市已达到高标准的基本农田面积为 17 819.28 hm^2，仅为总耕地面积的 3.07%。其中，国有农场辖区高标准基本农田面积为 16 054.83 hm^2，主要分布在七星农场和创业农场；地方政府辖区仅在向阳川镇、二龙山镇、锦山镇、头林镇和大榆树镇零星分布。

（二）讨论

（1）高标准基本农田标准指标的量化与阈值确定是较复杂的过程，本研究的高标准基本农田标准是在参考已有研究成果基础上制定的，具体的建设标准还要在县域范围进行控制性实验，对资源、环境、经济和社会各个方面评价指标的阈值进行合理确定。

（2）从目前已达到高标准基本农田标准的比例和分布看，富锦市高标准基本农田比例较低，且由于国有农场在农田管护和利用方面比较规范，因此大部分高标准基本农田分布在国有农场辖区。

（3）本节确定的标准可用于识别区域内现有高标准基本农田，目前未达到高标准基本农田标准的地区，还需进行高标准基本农田建设规划，进一步加强农田基础设施建设，提高耕地质量等级和产能，为打造现代农业提供基础支撑。

参考文献

[1] 中华人民共和国国土资源部．TD/T 1033—2012．高标准基本农田建设标准．北京：中国标准出版社，2012.

[2] 贾丽娟．重庆市高标准农田建设标准及模式研究．西南大学硕士学位论文，2011.

[3] 周元明，高爱红，李超．建设高标准水稻田基础设施工程的若干问题探析．农村实用科技信息，2008（3）：50.

[4] 邢伟济，张瑞锋．浙江省文成县小型农田水利工程建后管护的问题与思考．水利发展研究，2009（7）：62－64.

[5] 朱斌．标准农田建设项目建后管护的现状及对策．商业时代，2010（1），137－140.

[6] 沈宏观．高标准农田建设的冷思考．农业开发研究，2010（9）：15－16.

[7] 梁伟峰，刘娜．高标准基本农田建设中应注意几个要点．中国集体经济，2012（16）：3－4.

[8] 李少帅，郧文聚．高标准基本农田建设存在的问题及对策．资源与产业，2012，14（3）：189－193.

[9] 张君．我国工程建设标准管理制度存在问题及对策研究．清华大学硕士学位论文，2010.

[10] 石岩，位东斌，于振文，等．土层厚度对旱地小麦氮素分配利用及产量的影响．土壤学报，2001，38（1）：128－130.

[11] 匡恩俊，刘峰，高中超．黑土层厚度及心土培肥对大豆产量的影响．大豆科学，2012，31（2）：266－269.

[12] 熊杰，隋鹏，石彦琴，等．土壤质地对玉米产量的影响．玉米科学，2012，20（1）：128－131.

[13] 李益农，许迪，李福祥．田面平整精度对畦灌性能和作物产量影响的试验研究．水利学报，2000（12）：82－87.

[14] 刘群昌，刘文朝，杨永振，等．微地形对波涌畦灌灌水质量的影响．灌溉排水学报，2002，22（1）：73－75.

[15] PilusZambi M M，A J Yaacob，M Kamal，et al. The determination of soil factors on growth of cashew on brisoil. Part I Pertanika，1982（5）：200－206.

[16] 赵克静，刘厚军，李德明．土壤有机质含量对春小麦产量贡献率的研究．现代化农业，2001（5）：23－241.

[17] 宋春雨，张兴义，刘晓冰，等．土壤有机质对土壤肥力与作物生产力的影响．农业系统科学与综合研究，2008，24（3）：357－362.

[18] 赵凤岩．土层排列组合与作物产量差异．土壤通报，1997，28（3）：105－106.

[19] 李梅，张学雷．不同土体构型的土壤肥力评价及与容重关系分析．土壤通报，2011，42（6）：1420－1427.

[20] 张国盛，Chan K Y，Li G D，等．长期保护性耕种方式对农田表层土壤性质的影响．生态学报，2008，28（6）：2722－2728.

[21] 刘战东，肖俊夫，冯跃华，等．淹水历时与排水对夏玉米叶面积和产量的影响．河南农业科学，2012，41（1）：32－35.

[22] 景卫华，罗纨，温季，等．农田控制排水与补充灌溉对作物产量和排水量影响的模拟分析．水利学报，2009，40（9）：1140－1145.

[23] 鲍海君，吴次芳，叶艳妹，等．土地整理中田块设计和“3S”技术应用研究．农业工程学报．2002，18（1）：169－142.

[24] 宋海燕．高标准农田林网建设技术研究．山东农业大学硕士学位论文，2007.

[25] 郝树荣，郭相平，朱成立，等．江苏省沿海滩涂开发模式和建设标准研究．水利经济，2009，27（4）：14－16.

[26] 张超超，黄仁．我国丘陵山区建设高标准基本农田的几个问题探讨．农业经济问题，1999（10）：44－47.

[27] 杨林华，张德才，丁欣荣．湖北省粮食主产区基本农田标准化建设研究．农业经济问题，2005（7）：57－60.

[28] 中华人民共和国国家质量监督检验检疫总局，中国国家标准化管理委员会．农用地质量分等规程（GB/T 28407—2012）．北京：中国标准出版社，2012.

[29] 张千五，王数，张凤荣，等．基于农用地分等的粮食生产能力田间质量限制研究．农业工程学报，2008，24（10）：85－88.

[30] 中华人民共和国农业部．NY/T 2148—2012. 高标准农田建设标准．北京：中国农业出版社，2012－03－01.

[31] 中华人民共和国国土资源部．TD/T1012—2000. 土地开发整理项目规划设计规范．北京：中国标准出版社，2000.

[32] 中华人民共和国水利部．SL 256—2000. 机井技术规范．北京：新华出版社，2000－08－31.

[33] 中华人民共和国水利部．SL/T246—1999. 灌溉与排水工程技术管理规程．北京：中国水利水电出版社，1999－12－03.

[34] 中华人民共和国水利部．SL/T4—1999. 农田排水工程技术规范．北京：中国水利水电出版社，1999－12－03.

[35] 中华人民共和国水利部 . SL73—95. 水利水电工程制图标准 . 北京：中国水利水电出版社，1995 - 06 - 16.
[36] 中华人民共和国水利部 . SL/T18—2004. 渠道防渗工程技术规范 . 北京：中国水利水电出版社，2004 - 12 - 08.
[37] 中华人民共和国水利部 . SL72—94. 水利建设项目经济评价规范 . 北京：水利电力出版社，1994 - 03 - 04.
[38] 中华人民共和国农业部 . NY/T 310—1996. 全国中低产田类型划分与改良技术规范 . 北京：中国标准出版社，1996 - 12 - 23.
[39] 郧文聚 . 提升“软实力”建设 4 亿亩高标准基本农田 . 中国国土资源报，2011 - 12 - 5.
[40] 郧文聚，程锋，王洪波 . 高标准农田建设：土地整治的重要内容 . 中国国土资源报，2010 - 08 - 31.
[41] 姜涛 . 县域科学发展综合评价指标体系研究 . 天津大学，2010.
[42] 马仁锋，张海燕，沈玉芳，等 . 省域尺度的区域发展潜力评价方法研究 . 开发研究，2009，3：18 - 23.

第三节　土地整治工作促进美丽中国建设

摘　要： 土地整治工作从提高节约用地水平、优化农田生态景观、提升人居环境质量和改善生态环境质量等方面，促进了生态文明建设。十八大对加快推进生态文明建设提出了任务要求，土地整治工作应该通过调整区域土地利用格局、推动土地利用方式转型、修复受损自然生态系统和优化生产生活生态空间等，在促进生态文明建设中发挥更加重要的作用。土地整治工作需要围绕美丽中国建设目标，加快实现向国土综合整治的转型跨越，并且通过组织编制国土整治规划、建立部门联动机制和加强理论方法研究等推进国土综合整治。

一、引　言

十八大报告基于人民福祉和民族未来的长远考虑，明确提出要“大力推进生态文明建设”，将其纳入社会主义现代化建设“五位一体”总布局，并要求融入经济、政治、文化、社会建设的各方面和全过程。这是继十七大报告首次提出“生态文明”概念后，就如何建设生态文明做出的战略部署，而“努力建设美丽中国，实现

本节由刘新卫，梁梦茵编写。
作者简介：刘新卫，男，安徽东至人，副研究员，国土资源部土地整治中心副处长，主要研究方向为土地整治规划与管理政策研究。
资助课题：国土资源部 2012 年度软科学研究课题“国土综合整治研究”（项目编号：201204）。

中华民族永续发展”也作为生态文明建设的根本目标得以明确[1~3]。作为对低效利用、不合理利用和未利用土地进行治理以及对生产建设破坏和自然灾害损毁土地进行恢复利用的土地利用活动，土地整治工作涉及人们的生产、生活方式变革，也符合节约资源和保护环境国策，本质上服从并服务于生态文明建设。而且，在经过20世纪80年代中后期以来广泛深入开展后，土地整治工作已在促进生态文明建设中发挥了重要作用。但是，较之十八大提出的新要求而言，土地整治工作仍然需要加大改革创新力度，以期在推进美丽中国建设中做出更大贡献。

二、土地整治工作在促进生态文明建设中发挥的重要作用

近年来，为了适应经济社会发展和土地利用管理需要，土地整治不仅实现从“土地整理”向“土地整治”的概念改变，而且内涵从增加耕地数量为主向增加耕地数量、提高耕地质量和改善生态环境并重深化，外延从偏重农用地向农用地、未利用地和建设用地并重拓展。这些深刻转变不仅促进了土地管理数量、质量和生态全面管护目标的初步实现，也促进了生态文明建设。

（一）提高了节约集约用地水平

随着经济社会持续较快发展带来建设用地需求日益高涨、生态环境保护诉求不断增加，以及后备土地资源经过长期开发后日趋匮乏，我国工业农业争地、城镇农村争地、生活生产生态争地格局呈现加剧态势。有鉴于此，土地整治在增加耕地数量巩固国家粮食安全基础的同时，通过调整用地结构、优化用地布局和节约集约用地，努力做到各类建设少占地、不占或少占耕地，力争以较少的土地消耗支撑较大规模的经济增长。2001—2010年间，全国土地整治补充耕地$276.1\times10^4\ hm^2$，超过这一时期生产建设占用和自然灾害损毁耕地面积，对于严守保护耕地红线、严格土地用途管制起到了重要作用；同一时期，随着针对各类建设用地的土地整治活动的深入开展，全国节约集约用地水平持续提高，单位国内生产总值建设用地降低41%。可以说，土地整治工作在探索走出一条不以牺牲农业和粮食、生态和环境为代价的科学发展之路和建设资源节约型、环境友好型社会方面做了有益尝试，并且取得了较为显著的成效。

（二）促进了农田生态景观优化

由于家庭承包经营，加上年久失修，导致田间排灌设施陈旧、沟渠道路配套较差，以及农田地块形态破碎、耕地质量总体较低等状况在我国农村地区普遍存在。土地整治工作瞄准现代农业发展需求，以建设“布局合理化、农田规模化、农艺科技化、生产机械化、经营现代化、环境生态化”的高标准基本农田为重点，通过实施土地平整工程，合理确定田块规模、适当规整田块形状，以及提高田面平整程度；通过完善田间道路和防护林网系统，优化道路林网格局，改善道路通达状况，增强林网防护能力；通过建设农田灌排工程，提高耕地灌溉比例和灌溉用水利用系数。仅“十一五”期间，全国就建成高标准基本农田$1\,066.7\times10^4$ km，种植农田防护林

2.75 亿株，新（修）建排灌沟渠 493×10^4 km，建成田间道路 460×10^4 km。在提高农业生产要素利用效率、增强农业生产抗御灾害能力的同时，也优化了农田生态景观，土地整治项目区普遍呈现"田成方、林成网、路相通、渠相连"的土地利用格局，农业生态环境得到显著改善。

（三）提升了城乡人居环境质量

随着城镇外延扩张、产业调整升级和新区开发建设中产生的城中村、旧厂矿和旧城区不断出现，以及农村村庄因为规划管控缺乏和配套建设滞后而导致村容不整成为普遍现象，土地整治工作近年来逐步加大城乡建设用地整治力度。不仅遏制了城中村现象蔓延、促进了旧厂矿循环利用、推动了旧城区更新改造，而且通过引导农民向中心村镇集中居住和加强农村基础设施配套、公共服务设施建设，促进了农村整体风貌和生活环境改善。"十一五"以来，以"三旧"（旧城镇、旧厂房、旧村庄）改造为重点的城镇工矿建设用地整治在广东、浙江等沿海发达省份得到积极试点，在缓解了这些地区建设用地供需矛盾的同时，经过改造的城镇面貌发生极大改观，城镇宜居水平明显提升；2006—2010 年间，全国直接投资 2 390 多亿元整治低效、废弃农村建设用地约 20×10^4 hm^2，加上通过开展城乡建设用地增减挂钩试点而获得指标收益并返还用于农村发展建设，一举改变了一些农村地区的"散、乱、差"面貌。

（四）改善了区域生态环境质量

针对一些地区土地退化程度较为严重，以及自然灾害损毁和生产建设破坏土地现象较为普遍，各地在推进土地整治工作过程中，综合运用工程、生物和耕作等措施，着力改善土地生态环境，修复、提升土地生态功能。"十一五"期间，全国各类土地整治项目通过开展坡改梯和实施坡面防护建设等治理水土流失面积 145.1×10^4 hm^2，推进工矿废弃地复垦率从 10% 提高到 15%。从各地实践来看，2006—2010 年间，吉林省通过推进土地整治耕作治理盐碱、沙化土地 8.8×10^4 hm^2；宁夏回族自治区通过实施土地整治项目治理沙漠 0.4×10^4 hm^2、盐碱地 0.6×10^4 hm^2；陕西省延安市结合生态建设开展土地整治工作治理沟道 100 多条；内蒙古自治区阿拉善盟一些矿区周围和生态环境治理区的盐碱地、沙地等未利用地经土地整治改造治理后成为生态景观功能用地。总体来看，通过在生态退化、破坏严重地区有针对性地开展土地整治工作，有利于修复和保护自然生态系统，实现生态安全和粮食安全有机结合，促进区域生态环境质量的整体提升。

三、建设美丽中国对土地整治工作提出的新任务和新要求

实践证明，土地整治工作已经在促进生态文明建设方面做出了重要贡献。但是，较之十八大提出的任务要求而言，目前仍然存在诸多不足，特别是对照建设美丽中国的决策部署，土地整治工作应该在生态文明建设中发挥更加重要的作用。

（一）调整区域土地利用格局优化国土空间开发格局

近几十年来，我国经济社会持续较快发展，但由于之前缺乏国土空间开发格局的总体考虑，经济社会总量与国土自然基础之间失衡态势日趋严重，不仅导致区域资源环境普遍恶化，而且区域发展差距持续拉大。近年来，随着区域发展总体战略和主体功能区战略相继实施，全国人口、产业空间集疏正在发生深刻变化，国土空间开发格局也在加速重构之中。为了加快形成人口资源环境相均衡的国土空间开发格局，需要加速重塑美丽国土，夯实美丽中国基础。土地整治工作是促进区域土地利用结构布局调整的重要手段，也应成为优化国土空间开发格局的重要手段。当前，要围绕构建符合生态文明建设要求的国土空间开发格局，统筹推进区域土地整治活动。具体而言，一方面要通过实施差别化土地整治，明确不同地区土地整治工作定位、方向和措施，落实区域发展总体战略；另一方面，要根据区域整体功能定位管控土地整治活动，促进形成科学合理的城镇化格局、农业发展格局和生态安全格局，推动主体功能区建设。

（二）推动土地利用方式转型提升资源环境承载能力

我国以相对不足的资源禀赋和相对较差的环境本底支撑了改革开放以来长达30多年的经济社会快速发展，但不容忽视的是，资源环境承载能力已经呈现整体下降态势，一些地方甚至达到极限，资源环境约束日趋强化，经济社会发展面临的风险日益增大[4]。与此同时，我国经济增长主要依靠过量资源投入的特征依然较为明显，资源粗放利用现象更是非常普遍。以土地资源为例，我国人均耕地目前仅为世界平均水平的1/3，年均建设用地供应仅能满足需求总量的50%～60%，但土地利用粗放浪费现象仍然较为严重，城镇建设“摊大饼”和“空心村”几乎各地都有。提升资源环境承载能力是促进经济社会持续发展的必然选择，而这无非要通过“开源”或者“节流”予以实现。在“开源”面临后备资源匮乏时，“节流”就成为希望所在，也即要通过推动资源利用方式根本转变，加强全过程的节约管理。就土地整治工作而言，要继续推进城乡建设用地整治，通过开展诸如“三旧”改造和“空心村”治理等，推进土地资源节约集约利用，以土地利用方式转型提升区域资源环境承载能力。

（三）修复受损自然生态系统提升国土生态安全水平

经过多年持续治理，中国部分地区生态环境有了明显改善，但整体退化趋势尚未根本扭转，局部地区甚至有所恶化。目前，全国水土流失面积和荒漠化土地面积分别接近陆地国土面积的40%和30%，生产建设及自然灾害损毁土地超过1亿亩，一些地区耕地重金属和有机污染物严重超标，部分地区生物多样性、水源涵养能力及生态系统服务功能严重下降。面对环境污染严重、生态系统退化的严峻形势，亟须树立并遵循尊重自然、顺应自然、保护自然的生态文明理念，加大自然生态系统和环境的保护力度，并以解决突出生态环境问题为重点加强综合治理，不断提升国土生态安全水平。就土地整治工作而言，今后要在继续坚持保护优先、自然恢复为主的前提下，一方面要做好环境影响评价并尽可能降低土地整治对生态环境的损害程度，另一方面要在沙漠化、荒漠化、石漠化、盐碱化、水土流失、土壤污染和生物多样性损失严重地区，实施以生态修复为主要内容的土地生态环境整治工程，促进区域生态环境改善，增强生态产品供给能力。

（四）优化生产生活生态空间建设宜业宜居美好家园

随着工业化、城镇化和农业现代化同步加快推进，特别是城市建成区外延扩张和新农村建设深入开展，城乡建设用地空间持续增加[5]，农业生产空间和生态保护空间受到严重挤压，生产、生活和生态的“三生”空间结构布局在部分地区趋于失调。有鉴于此，十八大报告提出要促进实现“生产空间集约高效、生活空间宜居适度、生态空间山清水秀”目标，并且强调要通过努力，“给自然留下更多修复空间，给农业留下更多良田，给子孙后代留下天蓝、地绿、水净的美好家园”。对照上述要求，结合土地整治工作在农田整理、村庄改造、城镇开发等方面发挥的成效，今后，土地整治要更加适应建设宜业宜居美好家园的现实需要，在农村地区持续推进田、水、路、林、村综合整治，在城镇地区统筹推进旧城改造和新区建设，特别是要在统筹谋划下协调推进集中连片高标准基本农田建设和城乡建设用地整治联动，通过调整城乡土地利用结构布局，优化生产生活生态空间格局，真正做到为人民创造良好的生产生活环境。

四、土地整治工作更好适应美丽中国建设要求的对策建议

2012 年 3 月，国务院批复同意《全国土地整治规划（2011—2015 年）》，并于同年 4 月由国土资源部正式印发，这标志着土地整治工作已经上升成为国家层面的战略。随着十八大有关生态文明建设目标的提出，特别是建设美丽中国决策的安排部署，土地整治工作亟须根据新形势新要求和现有基础加快转型发展，推进美丽中国建设。

（一）实现从土地整治向国土综合整治转型跨越

近年来，土地整治工作根据经济社会的发展需要，从单纯的农用地整治转变为涵括农用地、农村建设用地和城镇建设用地的综合整治，并从零星分散开展转变为集中连片、整村整乡推进。面对当前资源约束趋紧、环境污染加重、空间开发失序和生态系统退化的严峻形势，土地整治工作要以适应和满足时代需求为使命，进一步内强外拓，实现从土地整治到国土整治的转型和跨越。目前，要从提升资源环境承载能力、优化国土空间开发格局、提高资源开发利用效率、加强生态系统自然恢复，以及改善提升生产生活条件等角度入手，加快推动土地整治工作向国土综合整治领域延伸拓展，不仅通过治理改造来重塑遭受破坏的国土形态，而且通过协调自然生态系统和经济社会系统关系，促进形成和谐的人地关系系统，进而促进实现经济社会的持续发展。

（二）组织编制国土整治规划统筹国土整治活动

作为实现政府宏观调控职能的重要手段，国土整治对于协调全局与局部、长远与近期、城市与乡村、资源与环境关系，以及产业和地区之间国土资源（空间）开发利用的利益冲突等意义重大，必须强化规划引导。要在加强与相关规划协调衔接基础上，围绕国土空间开发格局、资源节约优先战略、重大生态修复工程等，加快组织编制国土整治规划，明确国土整治战略，统筹区域整治活动，推进重点地区整治，科学制定整治措施，组织实施重大工程等。当前，尤其要注意从规划层面，加强农村土地整治、低丘缓坡利用、戈壁荒滩开发、城镇“三旧改造”、海域环境整治、国土生态屏障建设、受损生态系统修复等专项国土整治活动的规划统筹，促进形成节约资源和保护环境的空间格局、产业结构、生产方式、生活方式，从源头上扭转生态环境恶化趋势。

（三）构建部门联动机制建立健全共同责任制度

新中国成立后，特别是改革开放以来，国家层面相继组织实施了一些国土整治类重大工程，但由于缺乏规划引导特别是部门联动机制尚未有效建立，虽然在推动解决区域国土空间开发问题方面发挥了一定作用，但预期目标并未完全实现。土地整治工作近年来之所以能够持续深入推进，主要原因之一就在于建立了相关部门共同参与的工作机制。国土综合整治较之土地整治工作涉及面更广、系统性更强，因而更需要强化部门协作。为此，要在国土整治规划统领下，围绕重塑美丽国土的共同目标，明确相关部门职责，建立部门联动机制，尤其是要在生态文明建设任务面前，最大程度地凝聚共识、共担责任，建立健全共同责任制度。共同责任制度的建立，有助于相关部门根据任务要求加强协调联动、形成合力，确保来自不同渠道的国土综合整治类项目整合到位、资金投入到位、技术指导到位和监督管理到位，提升国土综合整治的整体成效。

（四）加强理论方法研究促进国土整治持续发展

近年来土地整治工作深入开展并且成为国家层面战略，为土地整治转向国土整治打下了坚实基础，但要胜任新时期所赋予的新使命，仍然需要加强相关基础研究工作。在理论研究上，要加强国土综合整治的概念内涵、目标任务、整治内容、战略方针，以及区域划分和政策体系等方面的研究。在技术方法上，要加强国土整治调查评价、标准规范、模拟分析、决策支持、动态监测和实施监管等方面的研究。在法制建设上，要适应推进国土综合整治工作需要，加快研究起草国土整治法律法规，巩固强化国土整治法制基础，当务之急是要在目前已经正式启动的《土地整治条例》中明确国土综合整治的法律地位。在宣传教育上，要加大国土综合整治宣传教育力度，提高公众参与意识，确保公众知情权和参与权，建立公众参与机制，提升政府决策水平。

五、小　结

（1）近年来，土地整治的概念、内涵和外延等发生了深刻变化，通过提高节约集约用地水平、促进农田生态景观优化、提升城乡人居环境质量和改善区域生态环境质量，推进了生态文明建设。

（2）十八大对加快推进生态文明建设提出了任务要求，土地整治工作对照建设美丽中国的决策部署仍然存在诸多不足，需要通过调整区域土地利用格局、推动土地利用方式转型、修复受损自然生态系统和优化生产生活生态空间等，在生态文明建设中发挥更加重要的作用。

（3）围绕美丽中国建设目标，土地整治工作应加快实现向国土综合整治的转型跨越，并且通过组织编制国土整治规划、建立部门联动机制和加强理论方法研究等推进国土的综合整治。

参考文献

[1]　王军．土地整治：推进生态文明 建设美丽中国的平台——学习贯彻党的十八大精神心得体会．中国土地，2012，12：8－9.

[2]　韩霁昌．生态文明是土地整治的终极目标．中国土地，2012，4：46－47.

[3]　郧文聚，宇振荣．生态文明：土地整治的新目标．中国土地，2011，9：20－21.

[4]　钞小静，任保平．资源环境约束下的中国经济增长质量研究．中国人口·资源与环境，2012，22（4）：102－107.

[5]　黄砺，王佑辉，吴艳．中国建设用地扩张的变化路径识别．中国人口·资源与环境，2012，22（9）：54－60.

第四节　对土地整治规划工作的思考

土地整治规划是对一定区域内的农田、村庄、城镇等进行整治活动的总体部署和统筹安排，是一项重要的土地利用专项规划，是土地利用区域差异性的客观反映，是土地利用措施的关键内容，也是实行土地用途管制的重要手段，对于科学制定土地整治方向，提高土地利用集约化程度，促进区域协调发展具有重要意义。但从国内土地整治的实践来看，我国的土地整治规划还比较粗放与宽泛，相关研究还比较欠缺与薄弱，在当前全国正在进行第二轮土地整治规划编制之际，对土地整治规划的实践与研究进行总结与分析，并探讨可资借鉴的经验与做法，极具必要性与紧

本节由范金梅，梁梦茵，汤怀志编写。

作者简介：范金梅（1972—），女，博士，研究员，主要从事土地整治规划研究。

迫性。

一、当前国内外土地整治规划的实践

伴随着现代土地管理科学的建立与发展，土地整治规划的实践与研究就逐步开展起来，并逐步成为因地制宜开发利用土地资源的主要依据和实现土地资源可持续利用的重要内容。

（一）国外土地整治规划的实践

严格意义上讲，国外没有完整意义上的土地整治规划研究，但是土地整治工作起步比较早，土地整治工作从发展过程上看，大体经历了三个阶段。第一个阶段，农用地整理阶段。主要内容是改善农业生产条件和提高农业产量。其宗旨是：通过对整理区内的土地重新规划调整，改善农、林业的生产条件；改善村民的居住、生活条件，促进农村的发展；满足对土地利用的需要和自然景观的保护。土地整理的任务和内容可概括为：①改善农、林业生产和劳动条件，促进农村的发展；②村镇改造；③开辟建设用地；④景观的塑造与保护；⑤森林土地整理；⑥特种作物区的土地整理；⑦更新地籍等。第二个阶段，建设用地整治阶段。农用地整理进入一定时期后，对农村建设用地，甚至城镇建设用地的整治也逐渐引入了土地整治的概念，以提高土地节约集约利用水平的城镇建设用地整治逐渐成为土地整治的重点。第三个阶段，生态景观重塑阶段。农用地整治、城镇建设用地整治对传统乡村的土地景观所造成的负面影响逐渐成为人们非议的对象。于是，在土地整治过程中如何处理农业、土地景观、自然资源保护以及户外休闲娱乐区域之间的关系成为人们关注的重点。

（二）我国土地整治规划的实践

我国的土地整治规划研究起步相对较晚。1997 年，《中共中央、国务院关于进一步加强土地管理切实保护耕地的通知》（中发〔1997〕11 号）提出：“积极推进土地整理，搞好土地建设”。1999 年修订的《土地管理法》明确规定：“国家鼓励土地整理”。为科学指导土地开发整理活动，落实《全国土地利用总体规划纲要（1997—2010 年）》提出的耕地保护目标，2001 年，国土资源部组织编制了《全国土地开发整理规划（2001—2010 年）》，并逐级落实到基层，提出了土地开发整理的目标任务，明确规划期间土地开发整理补充耕地 4 110 万亩，确定了实施粮食主产区基本农田整理工程等 7 项土地开发整理重大工程，制定了实施保障措施，为科学编制、有效实施土地整治规划积累了经验。为了贯彻落实《土地管理法》的规定和党中央、国务院的要求，各地、各部门积极推进、密切配合，土地整治不断发展，取得了显著成效，在保护耕地、保障国家粮食安全、改善农村生产生活条件和生态环境、促进城乡统筹发展等方面发挥了重要作用。自 2001 年以来，通过大力推进土地整理复垦开发，建设高产稳产基本农田 2 亿多亩，增加耕地 4 200 多万亩，保证了耕地面积的基本稳定。同时，提高了耕地质量，经整理的耕地亩均产量提高 10%

~20%，农业生产条件明显改善，为粮食连续7年增产奠定了一定基础。为了积极稳妥地推进工作，国土资源部大力加强土地整治制度建设，从调查评价、规划、建设、保护、监管以及资金使用等方面，逐步完善管理制度和体制机制，先后颁布了多项技术规范，推进土地整治工作法制化、制度化、规范化。“十二五”时期，新的《全国土地整治规划（2011—2015年）》报国务院审批通过，各地纷纷编制“十二五”时期的土地整治规划。

二、我国土地整治规划存在的问题

虽然我国土地整治规划的研究与实践已经取得较大成效，但与我国土地管理的实际需要，以及国际的先进做法相比，依然存在不少缺点和问题，亟待研究解决。

（一）我国土地整治规划的理论研究较薄弱

从土地系统的整体性出发，进行土地整治规划编制略显不足。土地整治规划以土地系统为对象，考虑自然因素和人文要素，但由于对自然因素与人文因素对不同等级土地系统的作用机制了解不清楚，导致在实际的土地整治规划编制中存在偏差。如第一轮规划的全国土地整治分区，以区域土地利用结构、土地利用问题、土地利用方式等作为划分土地整治分区的原则，对影响土地系统的人文因素考虑不足；第二轮土地整治规划的分区，以土地利用结构、布局调整和土地利用管理作为划分土地整治分区的原则，对影响土地系统的自然因素考虑不足，这些都有失偏颇。在理论上，土地整治分区做了一些定量性研究的探索，但实践中仍以定性为主，缺少定量化分区成果。现有的土地整治分区大多数以定性为主，主要考虑一些重要的地理界限，并且这些定性指标的选取也有待于进一步的改进与完善。

（二）我国现行土地整治规划编制的方法不规范

正在进行第二轮规划的编制工作从编制的方法来看，数据的采集、指标方法的使用等，还存在着一些问题，如关于高标准基本农田建设任务分解问题。本轮规划确定的4亿亩高标准基本农田建设任务，在分解过程中，坚持突出重点、集中投入、切实可行的原则，将粮食主产区、优质基本农田集中区内的基本农田作为优先整治对象，以各省（区、市）基本农田现状数量为基础，综合考虑基本农田质量、布局和资金支持力度等因素，并以中央重点支持的重大工程、示范建设以及《规划》确定的土地整治重点区域等为重要抓手，通过多方案比选，确定了规划期间各省（区、市）基本农田整治任务，但此分解方案还存在一定质疑，如高标准基本农田建设资金供需平衡问题，全国采用统一的亩均投资标准1 500元与建设任务进行匹配，缺乏对各地投资标准差异性的考虑，有些专家认为应分区域设定投资标准，合理确定高标准基本农田建设任务的资金供给。

（三）我国现行土地整治规划编制的技术手段较落后

目前，一些学者将计量地理学的方法应用到土地整治规划编制中，改变了过去定性分区的做法，提高了土地整治规划编制的精度，取得了一些成果。但由于我国的土地整治规划研究起步较晚，计算机技术、空间信息科学与技术在土地整治规划编制方法中没有得到足够的重视，规划的科学性较差、工作效率低等，很难保证成果的现势性。要科学精确地编制土地整治规划，需要不同尺度区域的地表景观格局信息、资源环境格局信息和社会经济发展格局的信息，并深入识别自然、人文要素在不同区域中作用的方式和强度，才能精确地界定土地整治分区、模式等。因此土地整治规划编制工作迫切需要新技术与新方法的支持。

三、关于完善我国土地整治规划工作的几点建议

（一）开展土地整治规划编制的理论研究

土地整治规划编制的理论研究重点主要集中在两个方面：一是以土地系统作为整体进行考虑，既要充分考虑自然因素，又要充分考虑人文因素，建立分区等级系统，并深入研究不同等级上土地系统的自然因素与人文因素的作用机理，确定科学的各级土地整治规划的目标、任务等，为土地整治工作服务；二是开展土地整治分区指标体系的研究。在科学技术日新月异、土地整治分区相关数据积累丰富的今天，以自然与人文因素相结合作为划分土地整治分区的重要原则，在确定土地整治分区指标的基础上，进行土地整治分区的划分是非常必要的，关键是要解决不同等级的区域划分，选取什么样的指标，侧重点是什么。

（二）完善土地整治规划制度体系

为保障土地整治规划在科学制定土地整治方向和模式的指导性，合理确定土地整治区域，提高土地利用集约化程度，促进区域协调发展方面的作用，将土地整治规划编制、实施制度化，形成一定程序下认定的法律性文件非常必要。在现有制度规定体系下，要进一步完善土地整治规划的制度体系，需要做好两个方面的工作：一是建立国家、省、市、县土地整治规划编制体系；二是制定各级土地整治规划编制的原则、方法，指导各级土地整治规划的编制和实施工作。

（三）注重土地整治规划新技术与新手段的引入

土地整治规划的技术手段主要有聚类分析方法、叠置法、遥感、地理信息系统等，而以“3S”为代表的地理空间信息技术，不仅在数据管理方面优势突出，而且在系统模拟、专家决策支持、系统分析等方面具有优越的功能，与土地整治规划编制和实施任务相适应，使土地整治规划编制从静态向动态方向发展，并为充分考虑人类活动的影响提供了良好的技术基础。因此，需采用新的技术与手段进行土地整治规划的编制：一是建立各级自然、经济、社会数据库和土地利用数据库，并实现实时更新，为各级土地整治规划编制和实施服务；二是建立各级土地整治规划编制模型，为各级复杂的土地整治规划编制和实施提供决策支持。

第五节　土地复垦发展与趋势研究

摘　要：随着经济社会的快速发展，为了获取更多的矿产资源，人类赖以生存的环境和最宝贵的土地资源正在遭受严重破坏。土地复垦是土地整治、耕地保护工作的重要组成部分，也是保障粮食安全、保护生态环境、促进社会发展的有效途径。本节通过对国内外土地复垦现状的研究，总结分析了我国土地复垦具有向法制化、标准化、生态化以及信息化发展的趋势，希冀为土地复垦研究提供一定的借鉴。

截至2009年，我国共有损毁土地约1.35亿亩，严重威胁着粮食安全和社会发展[1]。在煤炭资源开采利用的同时，如何对露天煤矿的土地资源、生态环境进行恢复治理，保障资源可持续利用，已经成为国内外学术界研究的焦点之一。国外研究表明，露天矿的开采导致洪水等级不断提升，建议在复垦中尽量恢复采矿前水文系统[2]；捷克露天煤矿复垦中利用狭缝播种草豆类混合物技术不断改善土壤[3]；有学者以美国阿巴拉契亚煤田为例，通过开展露天采矿复垦后土壤的理化性质变化[4]、复垦后土壤等级和播种效果评估[5]以及阔叶林种植技术模式[6]等研究，为阿巴拉契亚煤矿复垦中的土壤修复和植被重建提供了决策依据。国内学者对德国土地复垦和整理的法律、做法[7]以及景观生态重建[8]等进行了研究，并提出我国矿区土地复垦和生态重建应健全法制、建立健全规划体系、注重生态保护等建议。针对我国黄土高原区和草原区露天煤矿排土场复垦情况，一些学者开展了平朔露天煤矿排土场土地破坏与复垦动态变化[9]、土地复垦土方量调配线性优化[10]、废弃地复垦技术[11]、复垦经济效益评价[12]、草本植物组成及空间格局[13]、生态重建技术的实施效果等研究[14]，开展了内蒙古准格尔露天煤矿排土场复垦生态工程技术方法与效果[15]、复垦模式及生态原理[16]、野生植物侵入及对生态系统的影响[17]等研究，分析了马家塔露天煤矿不同土地利用类型及复垦方式对煤矿复垦区土壤的水分运动过程的影响[18]，为黄土高原区及同类型露天煤矿排土场土地复垦提供了理论基础与技术方法。部分学者研究了内蒙古霍林河露天煤矿草原地区露天矿排土场植被恢复技术[19]、排土场环境评价及复垦模式[20]，伊敏矿区排土场不同复垦年限土壤质量动态演变规律[21]，为草原生态脆弱矿区露天矿排土场土地复垦与生态恢复提供了理论依据。

有学者对采煤塌陷地复垦的土地利用格局、景观生态格局、土地利用结构、土壤质量等进行了分析研究，为井工煤矿复垦的土地利用结构优化、景观生态规划以

本节由郭义强编写。

国土资源部公益性行业科研专项“土地整理项目的碳排放及其测算技术研究”（201311127）项目资助。

第一作者简介：郭义强，（1980—）男，博士，副研究员。主要研究方向：土地整治与资源环境。

及矿区可持续发展提供了技术支持[22-25]。还有学者研究提出了矿业城市景观生态规划设计方法、资源枯竭矿区土地复垦与生态重建技术方法，为不同类型矿业城市土地复垦与景观生态模式提供了理论依据[26,27]。

一、发达国家土地复垦概况

国外土地复垦工作最早开始于20世纪20年代，比我国早了30~40年。为提高土地复垦率，许多国家从法律法规、技术标准、管理手段、科学研究等方面都做了积极的探索，一些国家如德国、美国、澳大利亚、加拿大、俄罗斯等都十分重视矿山复垦工作，矿山土地复垦率达到了70%~80%。

（一）德国土地复垦

德国土地复垦历史悠久，立法比较完善，早在1850年颁布的《普鲁士宪法》曾对土地复垦做了有关规定，国家层面只有框架条文、细则由各州制定。德国既有《废弃地利用条例》、《土地整理法》等涉及土地复垦整理的专门立法，又有《城乡规划条例》、《矿山采石场堆放条例》、《矿山采石场堆放法规》和《控制污染条例》等相关立法。德国中央政府未设立专门负责土地复垦的机构，但州、市等地方政府都有复垦管理机构。在德国法律规定每年因采矿新破坏的土地，由业主承担土地复垦的法律义务。矿区业主必须预留复垦专项资金，其数量由复垦的任务量确定，一般占企业年利润的3%。对历史上因采矿破坏的土地和因矿业主破产、关闭已经破坏的土地，联邦政府成立专门的矿山复垦机构和公司统一管理、组织开展老矿区的土地复垦工作。

（二）美国土地复垦

美国的土地复垦发展历史较长，已形成一个较为完整的体系。1977年颁布的第一部全国性土地复垦法规——《露天采矿管理与土地复垦法》（简称《复垦法》），使美国露天采矿管理和土地复垦走上法制轨道。美国的土地复垦没有强制将破坏土地复垦为农用地，《复垦法》要求矿业主对开采造成的土地破坏必须恢复到原来状态，同时将生态环境恢复、重造自然景观和改善公共环境作为重点[28]。美国《复垦法》对环境和自然景观等保护都有严格的规定，要求露天矿的复垦做到环境保护、自然景观恢复并消除对土地生态和周边环境的污染，对矿山废弃物处理、采矿土地恢复等诸多内容以及采矿许可证、土地复垦基金和土地复垦保证金制度都有明确规定。

（三）澳大利亚土地复垦

自20世纪70年代以来，澳大利亚在制定或修改有关矿产和土地法律过程中，强化了土地复垦方面的内容。澳大利亚政府规定，经济活动必须遵守生态可持续发展的国家战略，复垦后的土地应满足与类似的土地投入相当、经得住公众的检验，复垦贯穿于规划、实施和闭矿的全过程等三大要求。与土地复垦有关的法律主要包括《采矿法（1974）》、《原住民土地权法》、《环境保护法》和《环境和生物多样性保护法（1999）》等，各级政府特别是州政府的主管部门以及矿方的有关部门，根据国家的土地复垦法律，制定了一系列详细的具体操作的政策法规。政府通过土地复垦年度计划、土地复垦保证金等制度，加强土地复垦的过程管理和监控，督促矿业公司落实复垦责任。[1]

二、我国土地复垦发展概况

我国土地复垦起步较晚，20 世纪 50—60 年代部分矿山企业自发进行了一些土地复垦工作；进入 20 世纪 70—80 年代，矿区土地复垦逐渐引起人们的关注；随后，国家通过制定《土地复垦规定》、《土地复垦条例》等相关法律法规，推动土地复垦工作向法制化、规范化进程不断迈进。我国土地复垦发展至今约经历了以下四个阶段。

（一）土地复垦的萌芽期

我国土地复垦的雏形始于 20 世纪 50 年代末，面对矿区环境破坏和自然灾害等情况，矿区职工为了解决基本生存问题，在排土场和尾矿场垫土种植蔬菜和粮食。当时的土地复垦目的只是简单地恢复田地耕作，开垦废弃的土地解决农作物种植问题，而这一时期可看做是新中国土地复垦工作较早的形态。

（二）土地复垦的雏形期

随着社会经济发展和人类意识形态的转变，人们日益重视土地复垦的恢复效益。20 世纪 80 年代，国家通过制定一系列法律法规，规定了土地复垦的主体和义务等。如 1986 年颁布的和 1996 年修订的《矿产资源法》都明确规定："耕地、草原、林地因采矿受到破坏的，矿山企业应当因地制宜地采取复垦利用、植树种草或者其他利用措施"；1986 年 6 月颁布的《土地管理法》第十八条明确规定："采矿、取土后能够复垦的土地，用地单位或者个人应当负责复垦，恢复利用。"

（三）土地复垦的发展期

1988 年发布的《土地复垦规定》是新中国成立后国家制定颁布的第一个行政法规，标志着土地复垦开始纳入法制化管理的轨道。《土地复垦规定》第一次全面而系统地对土地复垦的概念、基本原则、企业的义务、资金来源、政府和部门的职责等关键性问题进行了论述。1995 年原国家土地管理局发布我国第一个土地复垦行业标准《土地复垦技术标准（试行）》，对各种类型损毁土地的复垦技术进行了规范。同时在《土地管理法》、《矿产资源法》、《环境保护法》、《煤炭法》、《铁路法》、《循环经济促进法》等相关法律的修订和制定中，都对土地复垦有关内容做了补充完善。

（四）土地复垦的深化期

2001 年以后，国家和省级投资土地复垦项目开始逐步实施。2006 年，国土资源部联合国家发改委、财政部、铁道部、交通部、水利部、国家环保总局等部委(局)共同下发了《关于加强生产建设项目土地复垦管理工作的通知》，重点对土地复垦的紧迫任务、义务人责任、费用收取等做了全面考量和规定。2011年，国务院令第592号发布实施《土地复垦条例》，针对实践中出现的新问题、新情况进行总结分析，完善了土地复垦制度，标志着土地复垦工作的法制化进程又上了一个新台阶。

三、我国土地复垦的发展趋势

（一）土地复垦具有向法制化发展的趋势

2011年3月，国务院将《土地复垦规定》上升为《土地复垦条例》，为加强和规范土地复垦工作提供了强有力的法律保障，标志着我国土地复垦事业迈入法制化、规范化和制度化管理的新阶段。随着土地复垦法制化建设需求，亟待出台与《土地复垦条例》相配套的基础调查、技术研发、检查验收和激励措施等一系列规章制度，为建立健全土地复垦法制体系提供基础依据。

（二）土地复垦具有向标准化发展的趋势

《土地复垦方案编制规程》的制定实施，加强了对生产建设活动损毁土地复垦方案编制工作的指导，提高了方案的科学性、合理性和可操作性。未来将加快开展损毁土地复垦调查与潜力评价、土地复垦质量、土地复垦工程建设、土地复垦投资估算、土地复垦验收等标准研究，逐步推动土地复垦管理的制度化、规范化建设。

（三）土地复垦具有向生态化发展的趋势

德国、美国等国家都将生态环境作为土地复垦的主要关注点，我国的耕地保护具有从单纯的数量管理走向数量、质量、生态并重管理的需求，生态型、精细化的土地复垦愈发重要。土地复垦将更加注重规划设计、材料选配、水土重构、工程施工等方面的生态化研究与建设，为矿区土地复垦与生态可持续发展提供重要保障。

（四）土地复垦具有向信息化发展的趋势

为适应新形势的需要，全面实施信息化网络监管，土地整理复垦开发项目信息报备系统成功升级为“农村土地整治监测监管系统”和“耕地占补平衡动态监管系统”。未来土地复垦将逐步实现卫星遥感数据实时采集、规划设计的智能化和可视化、监测监管综合信息一体化等技术，为土地复垦信息化建设提供必要的技术手段。

参考文献

[1] 罗明，王军．双轮驱动有力量——澳大利亚土地复垦制度建设与科技研究对我国的启示．中国土地，2012（4）：51－53.

[2] Ferrari J. R. , Lookingbill T. R. , McCormick B. , et al. Surface mining and reclamation effects

on flood response of watersheds in the central Appalachian Plateau region. Water Resources Research, 2009 (45): 1 - 11.

[3] Růžek L., Růžková M., Voříšek K., et al. Slit seeded grass - legume mixture improves coal mine reclamation. Plant Soil Environ, 2012, 58 (2): 68 - 75.

[4] Raj K. Shrestha, Rattan Lal. Changes in physical and chemical properties of soil after surface mining and reclamation. Geoderma, 2011 (161): 168 - 176.

[5] Fields - Johnson C. W., Zipper C. E., Burger J. A., et al. Forest restoration on steep slopes after coal surface mining in Appalachian USA: Soil grading and seeding effects. Forest Ecology and Management, 2012 (270): 126 - 134.

[6] Jay Sullivan, Gregory S. Amacher. Optimal hardwood tree planting and forest reclamation policy on reclaimed surface mine lands in the Appalachian coal region. Resources Policy, 2013 (38): 1 - 7.

[7] 潘明才. 德国土地复垦和整理的经验与启示. 国土资源, 2002 (01): 50 - 51.

[8] 梁留科, 常江, 吴次芳, 等. 德国煤矿区景观生态重建/土地复垦及对中国的启示. 经济地理, 2002, 22 (6): 711 - 715.

[9] 叶宝莹, 白中科, 孔登魁, 等. 安太堡露天煤矿土地破坏与土地复垦动态变化的遥感调查. 北京科技大学学报, 2008, 30 (9): 972 - 976.

[10] 景明, 白中科, 崔艳, 等. 基于线性规划和数字高程模型的排土场复垦土方调配优化. 金属矿山, 2013 (2): 130 - 134.

[11] 曹翠玲, 于学胜, 耿兵, 等. 露天煤矿废弃地复垦技术及案例研究. 西安科技大学学报, 2013, 33 (1): 51 - 55.

[12] 刘庚, 毕如田, 曹毅. 露天矿区排土场土地复垦经济效益评价研究. 中国煤炭, 2008, 34 (8): 109 - 111.

[13] 王丽媛, 郭东罡, 白中科, 等. 露天煤矿生态复垦区刺槐 + 油松混交林下草本植物组成及空间分布格局. 应用与环境生物学报, 2012, 18 (3): 399 - 404.

[14] 吕春娟, 白中科, 陈卫国. 黄土区采煤排土场生态复垦工程实施成效分析. 水土保持通报, 2011, 31 (6): 232 - 236.

[15] 薛玲, 曹江营, 张树礼, 等. 黄土高原区煤矿排土场复垦及区域生态恢复示范工程. 环境科学, 1996, 17 (2): 60 - 63.

[16] 范军富, 李忠伟. 露天煤矿排土场土地复垦及其生态学原理. 辽宁工程技术大学学报, 2005, 24 (03): 313 - 315.

[17] 马建军, 张树礼, 李青丰. 黑岱沟露天煤矿复垦土地野生植物侵入规律及对生态系统的影响. 环境科学研究, 2006, 19 (5): 101 - 106.

[18] 温明霞, 邵明安, 周蓓蓓. 马家塔露天煤矿复垦区不同土地利用类型的土壤水分入渗过程研究. 水土保持研究, 2009, 16 (4): 170 - 174.

[19] 台培东, 孙铁珩, 贾宏宇, 等. 草原地区露天矿排土场土地复垦技术研究. 水土保持学报, 2002, 16 (03): 90 - 93.

[20] 王金满, 杨睿璇, 白中科. 草原区露天煤矿排土场复垦土壤质量演替规律与模型. 农业工程学报, 2012, 28 (14): 229 - 235.

[21] 林宏. 霍林河露天矿排土场对环境的影响评价与复垦模式研究. 中国矿业, 1998, 7

(1)：85－88.
[22] 卞正富，张燕平．徐州煤矿区土地利用格局演变分析．地理学报，2006，61（4）349－358.
[23] 付梅臣，郭义强，张惠．兴隆庄采煤对农田景观格局的影响及景观重建．农业工程学报，2004，20（3）：253－256.
[24] 胡振琪，赵淑芹．中国东部丘陵矿区复垦土地利用结构优化研究．农业工程学报，2006，22（5）：78－81.
[25] 李新举，胡振琪，李晶，等．采煤塌陷地复垦土壤质量研究进展．农业工程学报，2007，23（6）：276－280.
[26] 董霁红，卞正富，宋冰，等．矿业城市景观生态规划的研究——以徐州市为例．矿业研究与开发，2006，26（4）：105－108.
[27] 付梅臣，曾晖，张宏杰，等．资源枯竭矿区土地复垦与生态重建技术．科技导报，2009，27（17）：38－43.
[28] 金丹，卞正富．国内外土地复垦政策法规比较与借鉴．中国土地科学，2009，23（10）：66－73.

第六章　良田工程的质量保护与管理

第一节　构建耕地质量等级考核的技术支撑体系

摘　要：本节介绍了省级政府耕地保护责任目标考核工作产生的背景、对象、标准、内容、组织机构、步骤和成果应用等，提出了考核工作中与耕地质量等级相关的五方面内容，即耕地质量等级状况、补充耕地的质量状况、补划基本农田质量状况、土地整治规模、耕地等级变化监测情况等。在此基础上，提出了构建耕地质量等级考核技术支撑体系的四个建议措施，即全面开展耕地质量等级年度评价、做好基本农田数据库建库中的基本农田质量工作、开展耕地和基本农田质量等级动态监测、建立抽样调查制度和监测网络。

省级政府耕地保护责任目标考核工作是督促各地方保护耕地和基本农田的有力措施。通过近几年的考核和检查，各地的保护责任意识逐步加强，基础工作得到不断加强和完善，取得了明显效果。但是在工作开展的过程中，也发现了一些问题，其中最为突出的就是土地管理基础工作对耕地质量等级考核工作的数据支撑作用有限。如耕地和基本农田质量等级状况不能及时更新，变化耕地和基本农田未开展质量等级评价，未对耕地质量等级变化进行预测等。本节将重点讨论如何加强耕地质量等级评定的相关工作，从而为耕地保护责任目标考核工作提供充分的耕地质量等级考核信息。

一、省级政府耕地保护责任目标考核的基本情况

（一）考核工作背景

2004 年，《国务院关于深化改革严格土地管理的决定》（国发〔2004〕28 号）提出建立耕地保护责任的考核体系。为贯彻落实《决定》精神，国务院办公厅下发《关于印发〈省级政府耕地保护责任目标考核办法〉的通知》（国办发〔2005〕52 号，以下简称《考核办法》），对考核的对象、原则、标准、方法、参考依据、结果应用等做出了详细的规定。自 2007 年开始，每年开展一次检查或考核。

本节由陈桂珅，赵玉领，王巍，张中帆编写。

作者简介：陈桂珅，（1977—），女，硕士，高级工程师，主要从事土地评价研究工作。

（二）考核对象

《考核办法》规定各省、自治区、直辖市人民政府对《全国土地利用总体规划纲要》确定的本行政区域内的耕地保有量和基本农田保护面积负责，所以考核对象为省长、主席、市长，他们是耕地保护责任目标的第一责任人。

（三）考核与检查

从2006年起，每5年为一个规划期，在每个规划期的期中和期末，国务院对各省、自治区、直辖市各考核1次。国土资源部会同农业部、统计局等部门，每年对各省、自治区、直辖市耕地保护责任目标履行情况进行抽查，做出预警分析，并向国务院报告。按照《考核办法》的规定，国土资源部会同有关部门，已对省级政府耕地保护责任目标履行情况进行了5次检查，并在2010年度开展了1次考核。

（四）考核标准

在考核年，按照制定的标准，对各省、区、市的耕地保护责任目标履行情况进行认定，认定合格要同时满足三条标准：一是省级行政区域内的耕地保有量不得低于国务院下达的耕地保有量考核指标；二是省级行政区域内的基本农田保护面积不得低于国务院下达的基本农田保护面积考核指标；三是省级行政区域内各类非农建设经依法批准占用耕地和基本农田后，补充的耕地和基本农田的面积与质量不得低于已占用的面积与质量。同时符合上述三项要求的，考核认定为合格；否则，认定为不合格。在检查年不做合格与否的认定，但是会对各省、区、市耕地保护责任目标履行情况进行综合评价和排序，检查结果向国务院报告。

（五）考核内容

经过多年检查和考核工作的开展，考核（检查）内容逐步稳定，主要包括五个方面：一是耕地保有量及变化情况。即耕地保有量情况，年内耕地增减变化情况和新增建设占用耕地和补充耕地计划执行情况等；二是基本农田保护面积及变化情况；三是耕地占补平衡与基本农田占用补划落实情况。重点检查耕地占补平衡补充耕地的面积、质量状况，经国务院批准建设项目占用基本农田补划面积、质量情况；四是耕地保护责任落实和制度建设情况。重点内容是县级以上地方各级人民政府将耕地保护目标纳入政府年度考核评价体系情况，土地违法责任追究制度落实情况，政府领导干部耕地和基本农田保护离任审计制度及耕地保护补偿机制建立或试点工作开展情况；五是耕地等级与耕地质量建设情况。包括土地管理部门和农业部门的相关工作，重点检查农用地分等定级确定的耕地等级情况、耕地地力调查与质量评价、耕地质量监测及监测网络体系建设情况，同时调查高标准农田建设、中低产田改造及高标准基本农田建设任务落实情况，了解土壤改良、地力培肥技术推广情况。

（六）组织机构

按照《考核办法》，考核年由国土资源部会同农业部、监察部、审计署、国家统计局等负责考核工作，在国土资源部设耕地保护责任目标考核办公室，负责组织实施、综合协调、信息上报等工作。检查年由国土资源部会同农业部、国家统计局负责检查工作，在国土资源部设耕地保护责任目标考核办公室，负责组织实施、综合协调、信息上报等工作。

（七）考核步骤

按照省级政府自查、组织抽查、综合评价、报告国务院、落实整改工作的步骤进行。省级自查是指各省（区、市）人民政府自行组织完成省内各级政府耕地保护责任目标的考核工作，将结果向国务院呈报书面报告，并同时抄送耕地保护责任目标考核办公室。组织抽查是由国土资源部、农业部、监察部、审计署、国家统计局等部门组成抽查组对各省（区、市）进行抽查，重点核实省级人民政府自查情况。综合评价、报告国务院、落实整改工作是指有关部门根据各省（区、市）自查情况、三部局抽查及日常监管情况，对各省（区、市）进行预警分析、综合评价，对存在的突出问题及原因进行综合分析，提出改进意见，并将年度检查报告呈报国务院，并由各派驻地方的国家土地督察局负责督促省级人民政府落实整改措施的过程。

（八）考核结果应用

考核结果将在奖励调剂土地利用年度计划指标时作为重要参考因素。对考核中发现存在突出问题的责令整改，限期补充数量、质量相当的耕地和补划数量、质量相当的基本农田，整改期间暂停该地区农用地转用和土地征收审批。考核或检查结果，列为省级人民政府第一责任人工作业绩考核的重要内容，并抄报（送）中央组织部、监察部和审计署。

二、考核中的耕地质量等级问题

在每年开展的耕地保护责任目标考核（或检查）中，都会设置与耕地或基本农田质量相关的考核（或检查）内容和指标，主要有以下五个方面。

（一）耕地质量等级状况

党中央国务院一贯强调耕地必须数量质量并重管理。温家宝总理在考察国土资源部时明确要求：“在做好数量管控的同时，加强质量管理和生态管护。”这体现了耕地保护“数量、质量、生态”三位一体综合管理的要求，说明耕地保护不仅要保护一定数量的耕地，还要关注耕地的自然条件、产出能力、利用水平、基础设施条件等耕地质量等级状况。所以在考核工作中增加了耕地质量等级状况的检查。“十五”、“十一五”期间，国土资源部第一次全面完成了全国农用地分等定级估价工作，建立了一个比较完整的耕地质量等级本底数据，但还没有形成耕地质量等级年度更新能力，不能反映耕地质量等级的年度变化情况，缺乏连续数据支撑，给考核带来难度。耕地质量等级状况虽列为考核检查的内容，但没有进入评分体系。

（二）补充耕地的质量状况

“占多补少”、“占优补劣”是社会各界对耕地占补平衡的质疑，尤其是补充耕地质量更是焦点所在。考核工作将补充耕地质量作为了实地抽查的一项重点内容，但在综合评价中占比很小。由于各地未对建设占用耕地、补充耕地质量等级进行评定，在实地抽查时，只能实地查看补充耕地规模、土地是否平整、灌溉、排水情况、交通便利程度等，并根据主观意见，定性判断补充耕地质量的好坏。由于没有对补充耕地质量等级进行定量评价，定性评价可比性差，所以补充耕地质量实地核查结果虽然是考核的重点内容，并参与了综合评价，但权重却很小。

（三）补划基本农田质量状况

《基本农田保护条例》规定，经国务院批准占用基本农田的，当地人民政府应当按照国务院的批准文件修改土地利用总体规划，并补充划入数量和质量相当的基本农田。补划基本农田的数量和质量作为实地抽查的重要内容列入了考核评价体系。但是由于在相关基础工作中，注重对补划基本农田数量的管理，而没有对补划基本农田的质量等级进行定量评定，实地查看补划基本农田时，只能实地查看补划地块规模、土地是否平整、灌溉、排水情况、交通便利程度等，并根据主观意见，定性判断补划基本农田质量的好坏。由于缺乏定量评价，定性评价主观性强、可比性差，所以补划基本农田实地核查结果虽然是考核的重点内容，并参与了综合评价，但权重却很小。

（四）土地整治规模

土地整治是改善农田基础设施条件、提高耕作便利度的一项综合措施，也是提高耕地质量的重要方面。耕地质量等级提升的幅度也是体现土地整治成效的重要方面。在"农村土地整治综合监测监管系统"中，要求填报土地整治前、后耕地质量等级，但是执行并不好，大多数省份没有填报等级信息。在这样的情况下，把土地整治规模作为考核各地耕地质量建设的考核指标，参与评分。但是土地整治规模不能准确、直观地反映耕地质量建设的效果，在评价体系中占比很少。

（五）耕地等级变化监测情况

2011 年 12 月，国土资源部从国家基本农田保护示范区中选择确定了 15 个省份开展耕地质量等级监测试点。耕地等级变化监测是运用农用地分等工作形成的技术方法和成果，通过先进的技术方法和手段，及时掌握耕地质量等级动态变化情况，科学评定区域耕地生产能力变化，最终对耕地实行定位、定量的监测和管护。由于只是在 15 个省份开展了试点工作，耕地等级变化监测情况虽被列入检查范围，但未参与评分。

以上五个方面，既是耕地保护责任目标考核的重要内容，也是耕地质量保护方面的重要内容，但是受制于相关工作的安排和开展情况，虽是重要方面，却因为缺乏数据支撑，没有在综合评价中得到充分体现。

三、构建耕地质量等级考核的技术支撑体系

（一）全面开展耕地质量等级年度评价

2011—2013年，国土资源部部署开展了耕地质量等级完善工作，形成了基于最新土地调查成果的耕地质量等级完善成果，形成了耕地质量等级本底数据。应以此为基础，与年度土地利用变更调查同步，开展耕地质量等级的年度评价工作，将耕地等级评价纳入耕地占用、补充、基本农田补划和土地整治等相关管理过程，建立耕地质量年度评价，重点解决耕地占用、损毁、农业结构调整、退耕、补充、整治等突变问题，形成年度耕地质量等级成果。不仅可以为省级政府耕地保护责任目标考核工作提供年度耕地质量等级本底数据，还可以通过历年数据的积累，掌握耕地质量等级的变化趋势和幅度，同时也可以为耕地占补平衡、基本农田占用补划、土地整治等工作提供耕地质量等级变化信息，为决策者调整耕地保护政策服务。

（二）做好基本农田数据库建库中的基本农田质量工作

2013年8月，国土资源部办公厅下发《关于加快开展基本农田数据库建设的通知》（国土资厅发〔2013〕38号），要求各地加快开展基本农田划定工作，建立基本农田划定数据库。在同时下发的《基本农田数据库标准（调整试行版）》中，要求基本农田保护区、基本农田片（块）、基本农田图斑都要具有土地等级信息。基本农田数据库建成后，将为基本农田的质量管理提供依据，并将通过每年的变更工作，了解基本农田质量等级的变化情况，为考核提供依据。

（三）开展耕地和基本农田质量等级动态监测

应由国家制定耕地及基本农田质量等级动态监测规范，各地按照国家统一的规范，加强对耕地，特别是基本农田的动态监测，在考核年提交耕地、基本农田的面积和等级情况的监测调查资料，分析揭示耕地、基本农田面积、等级、分布、产能变化情况和趋势，并及时做出预警，为国家制定和调整耕地保护、土地规划、土地利用政策提供依据。

（四）建立抽样调查制度和监测网络

历年省级政府耕地保护责任目标考核实地抽查都是采用随机抽查的方式开展的，受人力、物力和时间的限制，抽查项目的比例有限，检查质量和效率不高，依据抽查结果进行趋势判断依据不足。应采用抽样和卫星遥感监测等方法和手段，建立抽样调查制度和监测网络，改进抽查方法和抽查手段，提高检查质量和效率，并为耕地保护预警分析提供依据。

第二节　土地整治应突出农民的主体地位

摘　要：由于农民是土地整治活动的直接受益者和重要参与人，本研究基

于最大程度发挥农民知情权、参与权、决策权和管理权的视角，认为土地整治项目区内的农民应该成为公众参与的主体，并将土地整治限定为农村土地整治，试图通过分析当前国内农村土地整治工作中农民的参与程度及其遇到的主要问题，提出促进农民更积极更充分地参与农村土地整治工作的意见建议。

一、鼓励农民参与土地整治工作是一项十分紧迫的任务

作为国际上推进土地整治工作的一种通行做法，发动农民更多地参与土地整治工作，建立健全积极有效的公众参与机制是完善土地整治管理体制和提升土地整治工作成效的必然要求，也是新时期推动我国土地整治事业持续健康发展的迫切需要。

（一）农民广泛深入地参与土地整治工作是国际普遍经验

自20世纪下半叶以来，随着国外发达国家（地区）社会管理逐渐从政府本位向公众本位转变，公众参与日益受到社会各界重视，欧美发达国家及东亚日本韩国等国家（地区）在推进土地整治工作中也愈发注意引入公众参与。德国乡村土地整治在涉及产权调整、田块合并、公共设施规划编制实施、村镇改造规划制定实施以及相关补偿措施制定出台时必须坚持相关涉及农民参与原则；荷兰土地整治始终坚持个人利益与社会利益相协调原则，而与土地整治利益分配密切相关的农民个体和团体往往是决定土地整治项目启动、规划和实施的重要力量；日本实施土地整治之前必须得到相关农民同意，并且通过适时修改有关法律不断完善农民参与的形式和内容。正是由于得到相关农民的积极参与和广泛支持，这些国家（地区）的土地整治工作增强了项目参与方的责任感，减少了社会矛盾纠纷，取得了良好的经济效益、社会效益和生态效益。

（二）鼓励农民参与是创新土地整治体制机制的必然要求

十八大报告提出要“加快形成党委领导、政府负责、社会协同、公众参与、法治保障的社会管理体制”，明确要求“充分发挥群众参与社会管理的基础作用”。就土地整治工作而言，近年来初步形成“部级监管、省级负总责、市县组织实施”的管理体制，而且倡导建立“政府主导、农村集体经济组织和农民为主体、国土搭台、部门参与、统筹规划、整合资金”的工作机制。但总体而言，农民作为土地整治主体的基础地位尚未充分体现，有限政府权力与有效公众责任局面仍未根本形成，与十八大报告提出的建立符合科学发展的体制机制要求更是相距甚远。为切实提升土地整治科学决策水平、更好地促进农村地区社会和谐稳定，当前亟须健全以农民为主体的土地整治公众参与机制、完善土地整治社会管理体制，维护和尊重农民的

本节由杨磊，刘新卫编写。

作者简介：杨磊（1974—），女，国土资源部土地整治中心综合业务处工程师。

公众权益、增强和提高决策的透明程度，促进国家的“钱”与农民的“地”有机结合，真正使土地整治造福于民。

（三）土地整治工作持续深入发展需要大力倡导农民参与

近年来，土地整治工作已逐渐上升为国家层面战略，在各地广泛开展，不仅成为促进耕地资源保护、节约集约用地和生态文明建设的重要抓手，而且有效搭建了促进城乡统筹发展和新农村建设的基础平台。但是，土地整治工作目前仍然存在一些需要改进的问题和不足，影响了土地整治事业的持续健康发展。如土地整治规划编制脱离实际、项目设计欠缺合理、资金来源过于单一、工程建设水平较低、后期管护效率低下等在一些地区不同程度存在。究其原因，土地整治仍然主要是政府行为或“精英”行为，以农民为主体的公众参与机制尚未建立健全是不容忽视的重要因素。为切实提升土地整治工作的科学合理性，降低土地整治项目建设运营风险，监督政府行为以及维护公众利益，当前亟须在推进土地整治工作中进一步建立健全公众参与机制，尤其是要确保农村集体经济组织和农民在农村土地整治工作中的主体地位，这不仅是保障农民合法权益的客观要求，也是推进土地整治事业发展的迫切需要。

二、土地整治公众参与中农民缺位表现多样、原因深刻

我国现代意义上的土地整治工作自 20 世纪 80 年代中后期大规模开展以来，一些地方的农民以不同形式参与土地整治的个别环节，一定程度上提升了土地整治决策的科学性和合理性，增强了土地整治工作的实施性和操作性，彰显了农民和农村集体经济组织的主体性和方向性，但农村土地整治中农民参与程度总体上仍嫌不足，其中原因值得深入剖析。

（一）国内土地整治工作中农民参与的总体水平不高、程度不深

目前，国内土地整治工作中农民的参与仍然主要表现为低层次和低水平的参与。一是农民参与尚未涵盖土地整治全部过程。我国现行国家投资土地整治项目往往采取自上而下的运作模式，政府主导色彩浓厚，从项目的报告研制、投资申请、审批通过、规划设计、施工建设到竣工验收等，各个阶段的不同环节多由政府相关部门组织实施。虽然一些环节不乏以农民为代表的公众参与，但多数情况下仍局限于个别阶段，如规划编制完成后公布规划图纸、施工环节中引导群众调整权属等，但项目区域选址、项目竣工验收，以及工程后期管护等阶段和环节往往忽视农民的主体地位。二是农民参与经常流于形式或者浅尝辄止。在目前进行的土地整治工作中，虽有一定程度的农民参与，但参与方法往往局限于参加会议讨论和实地调查走访，而且参与对象的选择也往往因为个人私利原因和文化程度不高而缺乏典型性和代表性。特别是，当农民参与仅被当做应景之作而非必须手段时，适合不同阶段不同环节的多样化、科学化农民参与方式设计往往成为奢想，而参与主体过于单一，例行公事的参与方式则成为常态。三是农民意见很难影响土地整治决策结果。当前各地

土地整治大多仍以增加耕地面积为主要目标，偏重土地整治经济效益，而忽视社会、生态效益，开展公众参与多为从有关农民处获取相关信息，而且经常敷衍了事，因而农民参与的综合效益较低，农民意见很难真正深入影响土地整治决策过程，农民参与的有效性亟待提高。

（二）国内土地整治工作中农民缺位存在着深层次、制度性障碍

国内土地整治工作农民参与不足的原因主要体现为以下几点：一是农民参与的渠道不畅或者平台欠缺。作为分散个体，农民参与土地整治工作往往是个人行为，在目前有关土地整治非政府组织建设几乎空白、非政府组织参与土地整治力量非常薄弱的情况下，势单力薄的个体农民在土地整治工作中的话语权十分有限。另外，目前土地整治工作经常采取的问卷调查是单一参与方式，不仅相关农民是被动接受调查，而且往往近乎“例行公事”，农民的正当利益诉求缺乏合适表达渠道。二是农民参与的积极性主动性调动不足。由于目前政府主导土地整治色彩仍然较为浓厚、一些地区土地整治宣传教育工作未能及时跟进，加上受到文化素质、教育水平和法制观念等因素制约，多数农民缺乏参与意识，对公众参与过程及其概念认识不够，特别是不能正确认识土地整治相关利益主体的相互关系，反而认为土地整治只是政府行为，政府的投资、规划、施工和验收与己无关，因而参与的积极主动性不足。三是农民参与的法制建设目前尚属空白。作为一种行为义务，土地整治公众参与仅靠农民意愿和社会规范远远不够，必须将其上升为法律制度。但截至目前，我国尚无专门法律规范土地整治实施运作，土地整治工作农民参与方面的立法更是空白。正是由于相关法制建设滞后，土地整治工作农民参与的形式、程序和内容等缺乏法律规范，农民参与的法律地位难以根本建立，农民的民主政治权利也难以有效保障。

三、从健全体制机制法制等入手推动农民参与土地整治

针对土地整治工作中农民参与存在的问题和不足，围绕土地整治科学发展的目标和要求，我们要从破解制约土地整治农民参与的体制机制和法制障碍入手，理顺体制，健全机制，强化法制，加快夯实土地整治既充满活力又和谐有序的制度基础，推进土地整治工作持续深入发展。

（一）畅通农民参与渠道，搭建农民参与平台

国外发达国家（地区）在推进土地整治工作时大多建立有各种形式的公众参与组织，如德国的参加者联合会、荷兰的土地整治委员会、日本的合作组织或合作组织联合会等，作为土地整治工作的参与者、监督者和促进者，这些组织成为公众参与能够成功介入土地整治工作不同阶段的重要渠道和基础平台。反观国内，除了台湾地区农地重划协进会已成规模并且切实发挥效用之外，其他地区近年来采取的相关做法，如江西赣南成立土地整治理事会、江苏金坛成立农民耕保协会，以及宁夏平罗建立农民质量监督员制度和河南邓州建立村“两委”和农民群众参与土地整治

制度等，目前仍然大多处于实验探索阶段。从理顺土地整治管理体制角度出发，当前要加快建立土地整治民间组织，强化农民参与土地整治的组织保障，切实畅通农民参与渠道、搭建农民参与平台。途径之一是土地行政主管部门以行政力量主导并整合农民参与的非常设机构，如热线电话、网站论坛等；途径之二是灵活结合村集体经济组织、村委会等成立土地整治农民团体，即农民参与“民间组织”，并将之培育成为农民参与的重要阵地。

（二）强化农民参与激励，激发农民参与热情

针对农民参与意识不强、参与能力不足的现状，要加大土地整治宣传力度，使广大农民更好认知、理解、支持和最大程度参与这项工作；同时，要加大农民参与培训力度，除了专业技能培训，还要加强沟通协调能力和组织管理能力，不仅增强相关农民的责任感和使命感、培育公民主体意识和维护权利意识，而且提升他们参与土地整治管理决策的能力和素质。针对农民参与程度不深、参与范围不广的现状，要加快建立农民参与激励机制，不仅将农民参与情况作为土地管理部门年终考核和奖惩的重要指标，而且要对参与的农民代表给予适当补贴、对做出较大贡献的农民给予适当奖励，还可以通过鼓励当地民众承包土地整治部分工程项目来提高农民关注度和参与度。在此基础上，要通过丰富农民参与方式，如发放问卷、座谈讨论、村民会议、张榜公示等，调动广大农民参与积极性，实现从“被动参与”到“主动参与”转变；要通过引导农民参与项目区位选址、土地权属调整，以及施工建设、竣工验收和后期管护等阶段，鼓励相关农民介入土地整治项目全过程，真正实现广泛性和实质性参与。

（三）完善农民参与法律，健全农民参与规范

国外土地整治农民参与开展较好，不仅在于民众参与意识强烈，而且相关法律提供了有力保障。如德国《联邦土地整理法》、《联邦空间规划法》等相关法律中都明确规定乡村土地整治规划要有农民参与，未经农民讨论、反馈则不能取得主管部门审批；日本《耕地整理法》历经多次修改，不断完善农民参与内容，明确规定耕地整理实施之前必须得到相关农民同意。针对目前国内土地整治农民参与缺乏法律依据的现状，要加快推进土地整治农民参与法制建设。当务之急是在当前抓紧修订的《中华人民共和国土地管理法》中增加“土地整治”专章，将农民参与作为土地整治公众参与的重要内容列入，初步建立农民参与的法律地位。接下来，要在即将研究制定的《土地整治条例》中设立“公众参与”章节，以法律方式明确规定以农民为主体的公众参与的渠道、方式、内容和程序，确立农民参与的听证制度、公示制度等，以及明确组织设置和激励措施等，确保农民参与的合理性和合法性，进一步夯实农民参与的法律基础。通过以农民为主体的公众参与的具体化和制度化，进一步提高土地整治决策的民主化和科学化，切实提升土地整治工作成效。

第三节 我国土地整治规划体系构建与“十三五”时期重点展望

摘 要：21世纪以来，随着社会经济的持续快速发展，我国的土地整治规划进入了一个新的发展阶段。本节在对土地整治规划的发展过程和取得成效进行分析阐述的基础上，对未来土地整治规划的发展趋势作了探讨。

经过30多年的经济高速发展，经济可持续增长对资源、环境保护的需求与依赖已经凸显到更加突出的位置。十多年前，由于土地整治是补充耕地的唯一途径，承担了耕地资源保护的重任，发展十分迅速，现在土地整治已经发展成为支撑国家实施耕地保护战略、集约用地战略、城乡统筹发展战略的重要抓手。我国的土地整治规划作为一切土地整治工作的龙头和依据，在这一过程中从小到大、从弱到强、不断发展，肩负着引导土地整治发展适应时代发展要求、切实有效促进经济社会发展的使命。

一、土地整治规划的萌芽和诞生是时代发展的需要

土地整治规划的萌芽，应该从20世纪50年代我国结合大型友谊农场的建立（图6-1），第一次有组织地进行土地规划工作开始算起。当时是为了解决小农经济遗留下来的土地利用的不合理现象和农业合作化后安排集体生产有关的迫切需要解决的土地利用问题，开展了规划工作。

真正意义上的第一轮土地整治规划是以2003年3月《全国土地开发整理规划（2001—2010年）》的发布实施为标志（图6-2），全国各地纷纷行动，各省（区、市）以及大部分县级行政单位都编制完成了土地开发整理专项规划。

第一轮规划按照1997年中央11号文件“积极推进土地整理，搞好土地建设”的要求，根据《全国土地利用总体规划纲要（1997—2010年）》的总体安排，主要任务是围绕贯彻落实耕地总量动态平衡的要求，增加耕地数量，及时弥补耕地损失。第一轮全国规划以2000年为规划基期，2010年为规划期，提出了土地开发整理的目标任务，明确了规划期间土地开发整理补充耕地4 110万亩，确定了粮食主产区基本农田整理工程等7项土地开发整理重大工程，制定了实施保障措施。全国规划的各项任务通过“国家—省—县”的规划体系逐级落实，增强了规划在指导土地整治活动中的可操作性。

本节由汤怀志，梁梦茵，范金梅编写。

基金项目：不同尺度下的土地整治规划比较研究。

作者简介：汤怀志（1984—），男，湖北，博士，国土资源部土地整治中心。主要研究方向：土地整治规划。

图 6－1 国营友谊农村场内土地整治平面

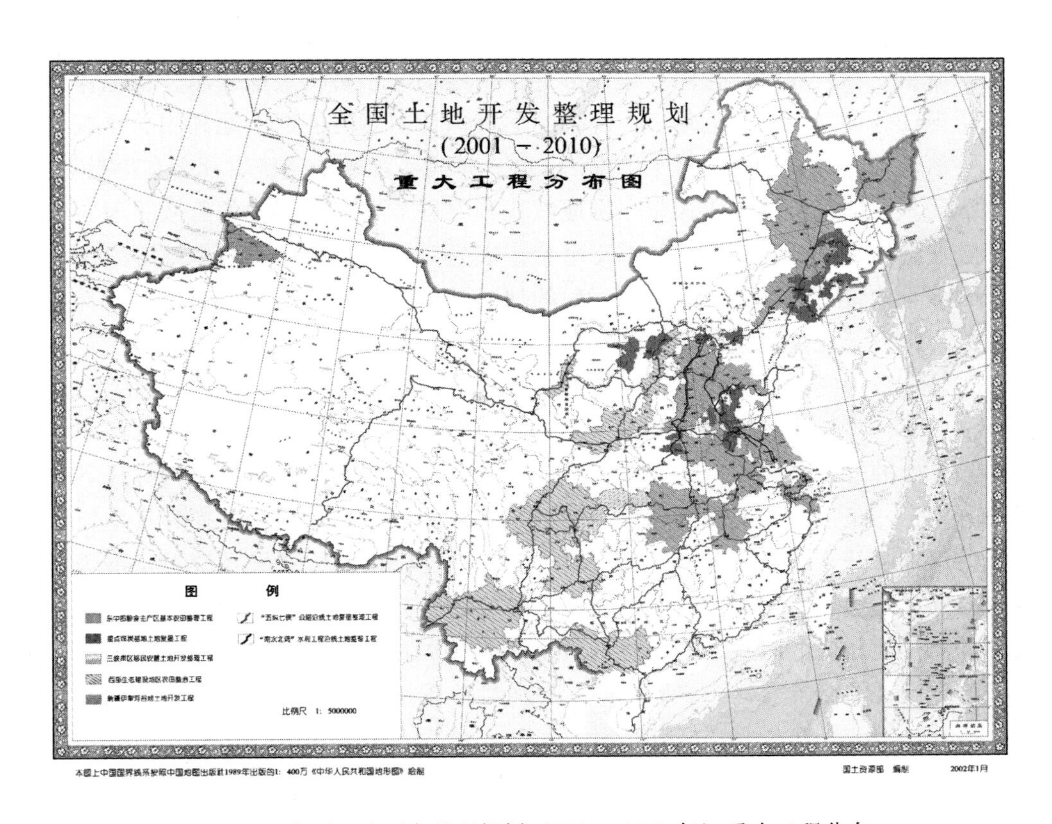

图 6－2 全国土地开发整理规划（2001—2010 年）重大工程分布

二、上轮规划取得成效及本轮规划形成背景

2001 年，第一轮《全国土地开发整理规划（2001—2010 年）》编制实施以来，全国通过土地整治，新增耕地 276.1×10^4 hm^2（4 142 万亩），超过同期建设占用和自然灾害损毁的耕地面积，保证了全国耕地面积基本稳定，对坚守 18 亿亩耕地红线发挥了重要作用。通过大力推进土地整治，建设高产稳产基本农田 2 亿多亩，新增耕地 4 200 多万亩，经整治的耕地亩均产量提高 10%～20%；农业生产条件明显改善，机械化耕作水平、排灌能力和抵御自然灾害的能力显著提高，为国家粮食连年增产奠定了坚实基础。农村散乱、废弃、闲置、低效利用的建设用地得到合理利用，土地利用布局得以优化，城乡发展空间得以拓展，农村基础设施和公共服务设施得以完善。在一些老、少、边、穷地区，土地整治在推进扶贫开发、农民增收和社会稳定等方面发挥了重要作用。此外，还有效改善了土地生态环境，促进了生态文明建设。

新一轮规划编制既是我国社会发展阶段和资源条件的客观要求，也是进一步发挥规划统筹各项土地整治活动综合效益的主观愿望。“十二五”时期，是全面建设小康社会的关键时期，是深化改革开放、加快转变经济发展方式的攻坚时期，同时也是资源环境约束加剧的矛盾凸显期。我国人多地少的基本国情没有改变，随着工业化、城镇化和农业现代化同步加快推进，用地供求矛盾将更加突出，耕地保护和节约用地任务更加艰巨。近年来，各级国土资源管理部门依据土地利用总体规划和土地整治规划，大力推进农村土地整治工作，取得了显著的经济、社会和生态效益。实践证明，土地整治已经成为坚守耕地红线和促进节约集约用地的有效手段，成为推动农业现代化和新农村建设的重要平台，成为促进区域协调和城乡统筹发展的有力抓手。土地整治已经上升为国家层面的战略部署，当前和今后一个时期，在全国范围大力推进土地整治的条件已经具备。

正是在我国经济社会发生深刻变革、土地整治内涵外延发生深刻变化的背景下，编制完成了《全国土地整治规划（2011—2015 年）》，全面明确了未来 5 年全国土地整治工作的方针政策和目标任务。新一轮全国土地整治规划的主要目标任务包括三个方面：一是以落实补充耕地任务为目标的农用地整治；二是以提高耕地质量为目标的高标准基本农田建设；三是以促进新农村建设为目标和城乡统筹发展为目标的农村建设用地和旧城镇、旧工矿及城中村改造。与上一轮规划相比，本轮规划在落实补充耕地任务的同时，重点提出了高标准基本农田建设和农村建设用地、城镇工矿建设用地整治等安排，突出强调了加强耕地质量建设和发挥土地整治的综合平台作用。

三、“十三五”时期规划重点展望

（一）加快土地整治规划立法

土地整治规划是一切土地整治活动的基本纲领，是保障土地整治科学、有序开

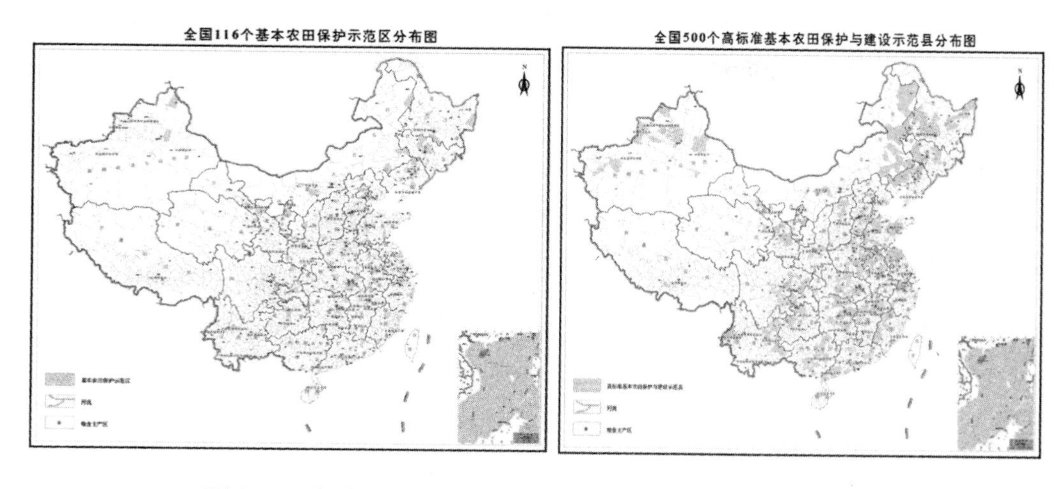

图 6－3　全国 116 个基本农田保护示范区和 500 个示范县分布

展的重要前提，是各级人民政府及土地行政主管部门依法对各类土地整治行为进行监督管理的重要依据。规划从编制实施到监督管理的过程中，涉及面广量大，所涉及的国家及各部门、各行业、不同的利益群体都比较多，仅靠政策、行政法规去调整、协调是不够的，必须在法律的监督下，规范土地整治规划编制、论证、审查、审批、调整的程序和权限，明确土地整治项目依据规划进行申报、立项、审批、监管等各环节的操作办法。由于当前规划法律的不健全，规划缺乏法律依据，地方规划各行其是，规划目标难以实现，规划政策难以有效落实，部门利益难以协调，规划对各类土地整治活动的引导性不足，难以确保符合当地发展的长期利益，影响土地资源的可持续利用。因此，社会发展和土地整治事业发展迫切需要规划立法来确立规划的权威性和严肃性。

（二）加大本轮规划实施监管

现代规划早已摒弃了蓝图式的静态规划，转向不断调整、注重过程的连续性规划。我国土地整治规划的规划期由 10 年变为 5 年，成为一个更加注重实施效果的行动式规划。因此，规划实施评估和监管将成为规划未来发展的重点，以督促政府和相关部门采取针对性的措施去调整规划方案、解决规划以外的利益冲突、改进规划自身缺陷和切实落实规划中的目标和措施，从根本上提高规划的权威性和有效性。

（三）构建形成“上下融合”的规划决策机制

土地整治是一项强调公众参与的工作，土地整治发展的初期，社会公众认识水平有限，以及受计划经济体制和中央集权思想的影响，土地整治的决策者以政府或是“精英”为主。这一决策机制已经开始阻碍土地整治健康发展，如土地整治规划编制脱离实际、项目设计欠缺合理、资金来源过于单一、工程建设水平较低、后期管护效率低下等在一些地区不同程度存在。广西龙州、湖南隆回、浙江嘉兴等地方实践经验表明，充分的公众参与不仅是降低土地整治风险、维护公众利益的切实需要，更是提高规划合理性、促使土地整治产生更大活力的来源与保证。规划中的决策机制从最初“自上而下”的中央集权，发展到“自上而下”的中央与地方分权，再到与基层“自下而上”的权力对话，“上下融合”的规划决策机制已经成为适应市场经济发展，体现土地宏观调控和规划引导控制作用的必然趋势。

（四）健全规划体系，完善技术支撑

目前，土地整治规划体系建设仍不完善，很大程度上受到既定政策导向约束以及中央集权思想的影响，规划在内容上、方法上存留着“自上而下”和“大而全”的特点，在规划层级上缺乏合理、分明的规划定位，任务安排则以落实上级规划要求为主导，难以体现地方需求和资源特色。在技术发展方面，规划在目标制定、潜力测算、项目安排等方面不断规范化，合理性得到不断提高，为适应土地整治面临的新形势和多元发展方向，规划还需融合城市规划、生态景观规划等相关学科的技术方法，给予规划更多的技术支撑。

（五）树立底线，加大对生态和文化的保护

土地整治发展到今天，已经成为优化调整国土资源空间的重要手段，成为影响地方上农业发展、城乡建设、生态环境保护以及基础设施建设等方面的重要因素。不过，随着经济的不断增长，资源和环境约束也不断加大，合理运用土地整治能够促进城镇化、工业化、农业现代化同步发展，解决区域发展空间不足、土地利用结构布局不合理等问题，但是一旦形成错误的价值观、突破底线，必然导致混乱。单纯为解决城市发展用地盲目撤并村庄，如此节约下来的土地用在大城市，只能导致城市进一步蔓延式扩张，城乡矛盾和粗放利用会继续存在，且越来越严重；或是因为新农村建设完全丢弃乡土文化的合理部分，致使乡土风貌和文化景观遭到彻底破坏；甚至忽视资源环境的承载能力，肆意大规模实施“城市上坡”、“工业上山”以及过度开发未利用地用来补充耕地。

未来，土地整治规划会随着区域土地整治需求的不同呈现多样化特征，守住底线是维护区域经济社会运行和发展的基本要求，土地整治不仅仅要关注提高土地利用效率，同时应注重它的文化价值、生态价值等。因此，土地整治底线应建立在：减少土地资源的不合理损耗；保护区域生态安全格局；保护土地整治参与主体的合理需求；避免破坏具有文化载体功能的土地；实现土地资源的多元、高附加值开发利用。

参考文献

[1] 全国土地整治规划（2011—2015年）. 2012.

[2] 郧文聚. 土地整治规划概论. 北京：地质出版社，2011.

第四节 加快转变土地整治重数量、轻质量、忽视生态的传统观念
——德国土地整理的启示

摘 要：本节简要阐述了德国土地整理发展的基本情况，重点分析了德国土地整理在生态环境保护与耕地质量建设方面的主要做法和经验，从转变管理理念、健全技术体系、加快法律保障建设等方面提出了对我国土地整治工作启示。

党的十八大提出大力推进生态文明建设，着力推进绿色发展、循环发展、低碳发展，促进生产空间集约高效、生活空间宜居适度、生态空间山清水秀，给自然留下更多修复空间，给农业留下更多良田，给子孙后代留下天蓝、地绿、水净的美好家园。姜大明部长在第44个“世界地球日”上提出国土资源部门要树立国土资源数量、质量、生态三位一体综合管理的理念，坚持统筹保障发展和保护资源。他强调要始终坚持保发展、保红线、保权益的理念，既要金山银山，又要青山绿水；没有青山绿水，不要金山银山；青山绿水就是金山银山。为深入落实中央及部有关精神，结合本职工作及近期赴德国培训考察的情况，总结了德国土地整理在生态环境方面的建设情况以及对我国土地整治工作的启示，以祈对推进我国土地整治工作按照党的十八大提出的大力推进生态文明建设的总体要求，科学有序的发展有所裨益。

一、德国土地整理发展的基本情况

各国土地整理的内容会因为自然环境的变迁和社会经济的发展而变化，并不断得到调整和完善，从而形成适合自己国家发展的完整体系。德国的土地整理在19世纪及以前，主要内容是针对农地的分散、畸零，实施集中连片的工程措施，以改善农业生产经营条件，提升耕地质量。到20世纪30—60年代，开始结合基础设施和公共事业建设开展土地整理，这期间，德国的土地整理虽然改善了农林生产条件，促进了农业大规模发展，但对生态环境也产生了一定的负面影响，威胁着许多物种的生存。为了改变这种状况，到20世纪70年代，德国的土地整理内容又增加了景观和环境保护，以期通过土地整理追求经济、社会和环境效益的统一和协调。总的来说，在过去的两个世纪中，德国通过土地整理，改善了农林生产条件，合理开发和利用了土地资源，保护了自然环境和景观，促进了农业生产基础设施建设，理顺了两德统一后混乱的权属问题，达到了利用越来越少的乡村劳动力养活了日益增加

本节由张中帆编写。

作者简介：张中帆（1969—），研究员，国土资源部土地整治土地评价处处长，主要从事土地评价、土地整治等方面研究。

的工业和服务业人口的目标。

二、德国土地整理在生态环境保护与耕地质量建设方面的贡献

（一）严控用地结构

德国整个国家的用地结构是50%的农用地，30%的森林用地，20%的建设用地。保持这样的用地结构不变，既是德国历届政府的政治目标，也是德国的法律目标。之所以要维持这样的用地结构，是从人的基本生活需求和实现可持续发展方面考虑的。因此，德国在土地整理中，决不以牺牲森林的土地面积来增加农地面积，在土地整理中十分重视对河流沿岸的土地进行用途调整或征为国有，在河流沿岸的土地上种植树木等，形成可以保护水源、防止农田的土壤和污染物进入河流的良性循环的沿河生态系统。

（二）强化规划设计

1990年，德国颁布了《环境相容性评估法》，据此法律，凡是依据《土地整理法》规定需要进行土地整理计划方案确定的，无论是建设公用或公共设施，还是对现有设施进行改造、拆除或合并，都要进行环境相容性评估。在计划方案的解释报告中，必须有一章内容专门解释计划方案对生态环境保护对象的影响，特别是对动物、植物、土壤和景观的影响。

（三）重视地块评估

德国的土地整理非常注重权利人的利益，对土地合并、自愿土地交换、费用、一般程序等进行了详尽的规定。本着公平的原则，德国土地整理中地块的交换应遵循等价（同质量等别）交换，因此必须对地块进行估值评价，即土地价值大小用地块的估值比值（Wertzahl）衡量。所谓估值比值是指单位土地面积所代表的地块的面积大小。即：对两个地块进行比较时，应首先确定哪块土地的质量更差，差多少？其次确定差地必须增补多少面积才能获得与好地同样的产量？最后按照差地需要增补面积的比例确定差地的估值比值。用这种方法可以区分不同质量地块之间的数量关系，满足土地交换中同等同量的需求。

（四）加强分类管理

德国《土地整理法》将农村土地整理分为五类：一是常规性土地整理。主要是为了改善农业和林业经济的生产和作业条件，并促进土壤改良和土地开发。因此，土地整理的前提是必须存在这方面的缺陷，如农田破碎、道路通行不便、水利设施不全等。二是简化的土地整理。主要是克服因基础设施建设而对农田基本条件造成的不利影响，为了更好地实施住宅建设计划和自然保护、景观保护计划。三是项目土地整理。通过土地整理将公路、铁路、水利等基础设施建设项目中被征用的土地分摊给较大范围内的地产所有者负担，消除或减轻因项目建设导致的农业用地条件方面存在的缺陷，实现建设项目落实土地征用计划。四是快速土地合并。尽快改善

农村经济中的生产和作业条件，为实施自然保护和景观保持创造条件。五是自愿调换土地。用快速、简化的方法合并农用地，改善农业土地利用条件，为自然保护和景观保持创造条件。

三、德国土地整理对我国土地整治工作的启示

（一）必须尽快转变重数量、轻质量、忽视生态的传统观念

我国实行最严格的耕地保护制度，《土地管理法》第三十一条规定："国家实行占用耕地补偿制度，非农业建设经批准占用耕地的，按照'占多少，垦多少'的原则，由占用耕地的单位负责开垦与所占用耕地的数量和质量相当的耕地。然而随着各地耕地总量动态平衡目标的提出和土地整理净增加的耕地可以折抵非农建设用地指标政策的允许，为发展经济、加快城市化进程，土地整治、增减挂钩、低丘缓坡开发、工矿废弃地复垦、城镇低效用地再开发、闲置土地处置、科学围填海造地和宜农未利用地开发等一系列措施已成为各级政府部门有效补充占用耕地数量的主要途径。与德国的土地整理相比，目前我国的土地整理在耕地质量、生态环境的保护与建设等方面尚处于初级阶段，大多数地区土地整理的目标仍主要是增加耕地数量。因此，必须积极转变重数量、轻质量、忽视生态的传统观念，强调生态环境建设与保护这一最高目标，进一步加强土地整治对耕地质量、生态环境建设和保护的研究与实践已日益紧迫。

（二）必须尽快加强立项审批，健全土地整治技术标准体系和管理办法

土地整治是一项复杂性、综合性的系统工程，同时也是一项影响面很广的社会经济活动，因此应进一步重视项目与有关规划、相关技术体系、有关成果的衔接与协调，按照"宜耕则耕，宜果则果，宜林则林，宜水则水，宜草则草"梯度开发的原则，对土地整治项目进行分类管理，诸如农业生产类、占补平衡类、基础设施类、自然保护类、权属调整类等。同时，应进一步健全土地整治项目技术标准编体系，完善管理制度，必须依据农用地分等成果开展土地整治前后耕地质量等级、耕地生产能力评定等工作，并将耕地质量等级变化分析、对生态环境影响分析等内容作为项目立项审批阶段的一项重要内容，更好地发挥项目在农业生产、生态环境建设与保护、土地权属调整等方面的积极作用。

（三）必须加快土地整治立法工作

当前，我国很多地方积极开展了土地整治在补充耕地指标市场化方面的尝试和探索，部分省份允许建设占用耕地跨县、跨市补充。各地在土地供给相对不足，用地指标紧张，在"保耕地"与"促发展"之间极力寻求平衡点，一些地方在耕地开发中不管新开垦的耕地能不能种植庄稼，一边造地，一边撂荒，做没有实际意义的工程投资和劳动付出。这在一定程度上进一步激化了土地整治项目在耕地质量和生态环境保护与建设方面的负面影响。我国正在建立和完善社会主义市场经济体制，

市场经济必须以法律为基础，这要求土地整治工作也应逐步走上法制化的轨道。德国的《土地整理法》内容详尽，相关法律文件中也有土地整理的内容，从而使德国的土地整理能够合理合法，长期进行，这样的做法值得我们认真学习借鉴。

参考文献

[1] 何芳．前联邦德国土地整理规划基础和实施．中国土地，1998（4）．

[2] 贾文涛，张中帆．德国土地整理借鉴．资源·产业，2005（2）．

[3] 潘明才．德国土地复垦和整理的经验与启示．国土资源，2002（1）．

[4] 秦玉芹，李斐，金雄．几个国家和地区的土地整理及对我国的启示．当代生态农业，2012（3）．

[5] 张国斌．德国土地整理给我们的启迪．浙江国土资源，2008（8）．

第五节　农村居民点整理研究进展与探讨

摘　要： 目前农村居民点整理主要集中于农村居民点整理潜力、整理模式等方面的研究，但对农村居民点整理政策管理体系、整理区农民生产生活方式及权益保障等方面研究较少，重视对整理后新增耕地数量、城乡建设用地增减挂钩及整理初期的效益评价，没有开展整理后中长期的社会及经济效益评价。本节在分析当前农村居民点整理研究文献的基础上，结合本职工作，提出了农村居民点整理应进一步加强政策管理体系、资金投入机制、技术标准体系建设等有关建议。

经济快速发展和建设用地迅速扩张对土地资源的刚性需求居高不下，而在严格保护耕地资源的背景下，通过大量征用耕地来增加建设用地空间的模式已难以为继。针对城市建设用地不足和农村建设用地利用粗放，尤其是农村居民点用地低效的情况下，国家先后出台了农村建设用地整理相关政策。党的十七届三中全会提出“加快推进社会主义新农村建设，大力推动城乡统筹发展”；国务院《关于深化改革严格土地管理的决定》（国发〔2004〕28 号）中提出了“鼓励农村建设用地整理，城镇建设用地增加与农村建设用地减少相挂钩”；国土资源部《关于促进农业稳定发展农民持续增收推动城乡统筹发展的若干意见》（国土资发〔2009〕27 号）在全国范围内启动“万村整治”示范工程建设，按照“农民自愿、权属清晰、改善民生、因地制宜、循序渐进”的总体要求，开展土地整治活动。

本节由赵玉领编写。

作者简介：赵玉领（1982—）男，河南郸城人，硕士，国土资源部土地整治中心工程师，主要从事土地评价、土地整治等研究。

这些工作的开展有效地促进了耕地保护，对统筹城乡发展发挥了积极作用，但也出现了少数地方片面追求增加城镇建设用地指标、擅自开展增减挂钩试点和扩大试点范围、违背农民意愿强拆强建等一些亟须规范的问题，侵害了农民权益，影响了土地管理秩序。为进一步加强管理农村土地整治，尤其是农村居民点整理，国务院下发了《国务院关于严格规范城乡建设用地增减挂钩试点切实做好农村土地整治工作的通知》（国发〔2010〕47号）。2013年4月18日，焦点访谈以“上楼的代价”为题报道了山东省单县徐寨镇牛羊楼村村民宁愿留守废墟，也不搬进新楼房的事件，再次引起了社会对农村居民点整理的关注。

一、农村居民点整理研究概况

不同文献中，农村居民点整理有不同的称谓，如农村居民点用地整理、农村宅基地整理（整治）、村庄（用地）整理等。从已有文献看，对农村居民点整理的概念引用较为广泛的是中国科学院地理科学与资源研究所陈百明研究员所下的定义，即运用工程技术及土地产权调整，通过村庄改造、归并和再利用，使农村建设逐步集中、集约，提高农村居民点土地利用强度，促进土地利用有序化、合理化、科学化，改善农民生产、生活条件和农村生态环境。通过查询近些年有关居民点整理的文献，农村居民点研究主要集中在整理潜力、整理模式、驱动力、治理机制、整理效益5个方面。

（一）农村居民点整理潜力研究

在潜力划分方面：林坚以北京市行政村为基本单元，将农村居民点用地整理分成5类初始潜力分区。城市规划潜力区、基本农田保护重点潜力区、坡度大于15°潜力区、坡度大于6°但不大于15°潜力区、坡度不大于6°潜力区。孙钰霞等认为农村居民点整理潜力分为有效土地面积潜力（增加耕地及其他农业用地潜力）、农村聚落优化潜力、改善生态环境潜力、土地增值潜力4个方面。陈荣清，张凤荣等根据潜力形成的原因，将农村居民点整理潜力分为4个层次，即易释放、应释放、可释放和难释放潜力。张正峰将农村居民点整理潜力分为自然潜力和现实潜力。潘元庆等结合农村民点整理的目标，将农村居民点整理潜力分为土地利用空间扩展的潜力和农村生存条件改善的潜力两类。李宪文等立足全国村庄整理潜力基础上，将村庄整理潜力分为理论潜力和实际潜力两类。

在潜力测算方面：国内学者主要运用以下3种方法来测算农村居民点整理潜力。人均建设用地标准法、户均建设用地标准法和农村居民点内部土地闲置率法。李宪文等通过估算单元的农村人口数、村庄整理净增加的耕地面积、村庄整理系数（村庄整理净增加耕地的面积占整理区内耕地面积的百分数）、单元宅基地人均标准，在不考虑经济可行性、管理可行性的基础上，计算了全国村庄整理的理论潜力。高小英通过人均占地、户均占地和闲置土地3种指标预测了睢宁县农村居民点整理潜力。顾晓坤，代兵，陈百明将农村居民点整理潜力按来源分为降低人均建设用地标准产生的潜力和农村剩余劳动力向城市转移后产生的潜力。师学义等以潞城市为例，重点从宅基地超标面积、废弃建筑物压占地及其内的空闲地、零星农用地和拟搬迁村庄等方面测算了农村居民点整理潜力。廖和平等以重庆市渝北区为例，综合运用人均建设用地标准法、户均建设用地标准法和农村居民点内部土地闲置率法，对几种结果进行加权平均，以此作为目标年的整理潜力。沈燕运用人均建设用地标准测算法、闲置宅基地抽样调查法、城镇体系规划法、层次分析法（AHP）测算了长寿区农村居民点整理综合潜力。

（二）农村居民点整理模式研究

由于我国地形地貌及人口分布聚集程度的不同，对于不同的农村居民点类型和经济发展水平，可采用不同的整理模式，如作业模式、组织模式、资金筹集模式等。孙建全从农村居民点调整的建制变动角度分析，认为当前农村居民点整理分为转制式整理、建制式整理、改造式整理 3 种类型。吴争研，李承鑫结合天津市农村居民点整理实际情况，提出了田园式整理、公寓化或社区化整理和村庄内部用地改造控制型整理 3 种模式。甄勇，李贻学，赵春敬以德州市农村居民点整理实际情况进行分析，总结出了桑庄村整理模式、小申庄整理模式和廿里铺村整理模式。刘雪，刁承泰针对江津市实际情况提出了农村城镇化用地整理、中心村建制、缩村腾地型、农林综合开发整理、水库移民安置区居民点整理、异地迁移型居民点的整理 6 种整理模式。刘海玲、林彬、孔凡生针对日照市农村居民点用地整理提出了农村城镇化、小村并点型、村庄整体搬迁异地改造、村庄内部改造控制型和迁村上山 5 种整理模式。樊琳、孙华强认为农村居民点整理注重与城市总体规划，村庄布局规划，地质灾害防治、水利、风景旅游规划，道路交通规划、土地利用总体规划等各项规划的衔接，提出了同化嬗变、迁移集聚、梳理改造 3 种整理模式。谷晓坤，陈百明，代兵介绍了浙江省嵊州市农村居民点整理由政府相关部门（土地整理复垦中心）、村集体经济组织和村民三方共同出资、共同实施的“三方共建”模式。叶艳妹，吴次芳，廖赤眉，刘辉，宋均梅，陈利根等专家学者都开展了农村居民点整理的公寓化或社区化、缩并自然村、建设中心村、村庄内部用地改造控制型、村庄整体搬迁、异地改造、迁村并点型、缩村腾地型、迁村上山型、重建家园型等模式研究。

（三）农村居民点整理驱动力研究

刘福海，朱启臻提出农村居民点整理的动力机制在于整理主体对整理成本和收益的比较，农村宅基地整理体现更多的是社会收益，是成本内化、效益外溢性活动，只能由地方政府推动。谷晓坤，陈百明等研究了经济发达地区的农村居民点整理，总结了农村居民点整理的驱动力包括政策驱动力和社会经济驱动力，其中政策驱动力包括耕地占补平衡和土地整理折抵建设用地指标异地调剂政策，社会经济驱动力归纳为市（县）域经济发展、城市化和农村经济社会发展 3 类。卢向虎，张正河认为从整个社会的角度看，农村宅基地土地整理不仅有利于降低村庄基础设施建设成本、改善村庄环境村容村貌以及促进农村人口的聚集，加快农村城镇化，更有利于保护耕地资源、确保国家粮食安全，因此，农村宅基地土地整理的收益更多地体现在社会收益方面，具有社会公益性质，不可能是一种自下而上的自发过程，只能是由政府推动的一种自上而下的过程，必须由政府施加一定的外力，如建立宅基地土地整理补偿基金、明确宅基地使用权限、完善宅基地管理制度等。张军民对“迁村并点”的调查发现村民思想观念的转变及经济水平的提高、政府对农民的补偿和基础设施投入是影响搬迁的重要因素。张占录，杨庆媛通过分析北京顺义区农村居民点整理情况，认为推动农村居民点整理的动力是优越的地理环境、快速城市化水平、发达的农村经济、较高的农业现代化水平和城镇建设用地的迅速扩展。姜广辉，张凤荣，陈军伟等使用Logistic回归模型从空间角度深入分析了北京山区农村居民点变化的内部和外部驱动力，认为农村居民点变化是一个由其自然资源条件、区位可达性及社会经济基础条件综合影响下的区位择优过程。

（四）农村居民点整理机制研究

欧名豪、叶建平等认为我国农村居民点整理现状中存在权属调整困难、资金筹集难、微观动力不足、后期利用与管理缺乏等问题，应从产权激励、多元融资、收益分配和多方互动等方面来寻求农村居民点整理的激励机制创新途径，以促进农村居民点整理持续健康发展，保障农村居民点整理目标的实现。叶艳妹，吴次芳提出要建立农居地整理与社会综合发展的政府决策机制，包括组织、投资、实施、动态监测等整体性机制。刘荣华，朱美平等以浙江省丽水市社会主义新农村建设试点为切入点，提出了财政投入机制、集约节约用地出让机制、建设用地置换挂钩机制、考核与奖励机制。顾海英，刘红梅等分析了上海市城镇化过程中引入市场机制促进农村宅基地整理的情况，提出了农民自愿动迁和自我负担的推拉机制。所谓农民自愿动迁，就是通过农民比较进城镇建房居住和在农村居住的利弊后，自己愿意进城镇建房居住，各级政府要创造条件增强农民进城镇居住的优势和降低农民进城镇的成本，从而增强进城对农民的吸引力，通过农村承包土地股份合作制等方式的调整，推动农民进城镇进行非农产业经营；所谓自我负担，就是利用农民翻建房和建新房的机会，让农民自己拆旧建新，从而降低政府动迁过程的建筑物补偿成本和安置成本。

（五）农村居民点整理效益评价研究

刘勇，吴次芳认为农村居民点整理效益包括经济效益、社会效益和生态效益，主要体现在：节约耕地，提高村庄用地集约度，为城镇建设留有余地，改善农民的生产生活条件，保护生态敏感性地区。经济效益主要是整理为耕地后种植农作物的收获。张红梅，王佳丽认为农村居民点整理的效益是提高农村居民点用地效率和集约化程度，增加有效耕地面积和其他农用地面积，改善农民生产、生活条件和农村生态环境；姜广辉，张凤荣，孔祥斌使用CA－Markov模型对北京山区未来土地利用进行了多情景模拟，并对其景观格局指数进行了比较分析，分析了不同农村居民点转换方向引起的环境效应。目前，有关农村居民点改造效果的研究较少，具有代表性的是张长春在分析农村居民点改造方式和分类的基础上，依据门槛理论、区位理论、环境科学理论和聚焦经济理论，构建了农村居民点改造效果评价因素指标体系，但张正芬等认为此种方法适用于单个案例改造效果评价。

二、农村居民点整理中存在问题

（一）重农村居民点整理数量，轻整理质量

从研究文献来看，分析农村居民点整理能够增加耕地数量潜力的研究比较多，而对新增加耕地质量等级状况的研究比较少。目前只有中国农业大学张凤荣教授以北京市平谷区为例开展了农村居民点整理后耕地质量评价研究。从社会工作来看，大多地方政府及相关部门在开展农村居民点整理工作中，受耕地总量动态平衡政策的影响，关注更多的是增加耕地的数量、能够折抵的建设用地指标等，忽视整理后新增耕地的质量状况及利用情况。

（二）重农村居民点整理过程，轻整理结果

从研究文献来看，主要以农村居民点整理潜力、整理模式、整理驱动力、整理机制等为研究内容或主题的文章较多，少量文献在部分章节中提到了农村居民点整理效益、农民权益等内容，这些研究基本上都属于农村居民点整理前或整理过程的事项，同济大学王德等基于农户视角开展了农村居民点整理政策效果研究，但对于农村居民点整理后的社会效益和结果研究较少。从社会工作来看，农村宅基地和院落用地超标、农村住宅空置现象严重，而农民“不愿上楼”和“被上楼”等现象的发生，就是缺少对农村居民点整理后农民生活、农业生产、农民权益等相关工作的继续跟进。

（三）重农村居民点整理顶层设计，轻公众参与

我国农村居民点整理大都采取自上而下的运作方式，忽视了农民群体应用的作用，暴露出不少问题，如强征强拆所引发的集体上访和群体性事件；地方政府在“城乡建设用地增减挂钩”试点中出现部分地方片面追求增加城镇建设用地指标、擅自开展增减挂钩试点和扩大试点范围、突破周转指标、违背农民意愿强拆强建等一些亟须规范的问题。

三、农村居民点整理相关建议与讨论

农村居民点整理在理论和实践上受到广泛关注，取得了丰硕的研究成果，但这一领域仍然存在许多问题有待于进一步研究。

（1）建立健全农村居民点整理技术标准体系，强化新增耕地建设。按照节约集约用地标准，研究制定农村居民点整理相关技术规范，加强整理后新增耕地质量等级评定与耕地质量建设，切实提高整理后土地的利用效率。

（2）逐步完善政策管理体系，科学有序地推进农村居民点整理。逐步加强农村

居民点整理过程中公众参与机制研究，充分发挥农民的主体作用，实现“自上而下”与“自下而上”相结合，综合考虑农民整理意愿、整理潜力、资金保障、生态保护、权属调整、土地利用规划和布局等因素，合理优化布局和农村居民点空间结构。

（3）强化农村居民点整理后的农民生产生活跟踪指导工作，逐步改善农民生活。在农村居民点整理过程中，要给予农民实惠，同时更要注重和改善的整理后农民的生产生活条件，确保农民的生活质量不降低，对于农村居民点整理过程中对农民造成的损失要给予公平的补偿。

（4）明确土地产权，加强农民权益维护。农村居民点整理进程中的核心问题是如何保护农民的合法权益，这就需要在若干制度方面进行创新，关键是农村土地产权制度的改革，整理后要充分尊重土地使用者的权益，明确集体土地产权主体，完整赋予农民土地产权权能。总的来说，现阶段农村居民点整理内涵更广泛、更全面，如何科学编制农村土地整治规划，深入开展“田、水、路、林、村、房”综合整治，搭建统筹城乡发展的平台，协调好农村建设用地减少与城市建设用地增加相挂钩；如何引导农民居住向中心村镇集中、产业向园区集中、耕地向规模化经营集中；如何防止农村居民点大拆大建，节约集约，提高土地利用效率，进一步优化农村土地利用结构，促进农村全面可持续发展，都是需要进一步研究的问题。

参考文献

[1] 赵玉领，郧文聚，杨红，等. 中国农村居民点整理研究综述. 资源与产业，2012，6：76－83.

[2] 邵子南，王坏成，陈江龙，等. 中国农村居民点整理研究进展与展望. 中国农业资源与区划，2013，6：10－15.

[3] 王海斌. 论现阶段农村居民点整理. 内蒙古统计，2012，4：58－59.

[4] 龚黎君，刘双良. 宅基地整理需辩证施法. 中国土地，2011，3：42－44.

[5] 曲衍波，张凤荣，郭力娜，等. 农村居民点整理后耕地质量评价与应用. 农业工程学报，2012，2：226－233.

[6] 王德，刘律. 基于农户视角的农村居民点整理政策效果研究. 城市规划，2012，6：47－54.

[7] 赵海军，包倩，刘洋. 基于农户意愿的农村居民点整理影响因素分析. 农村经济与科技，2013，7：5－7.

[8] 刘洋，赵海军，包倩. 农村居民点整理模式及其选择. 浙江农业科学，2013，9：1207－1209.

[9] 张远索，张占录. 农村居民点整理中二维多元利益格局优化. 中国土地科学，2013，6：58－65.

[10] 张娟锋，刘洪玉，虞晓芬. 北京农村居民点整理模式与政策驱动机制设计. 地域研究与开发，2013，6：125－128.

[11] 刁琳琳．基于城乡统筹发展的京郊农村居民点整理利益协调与模式优化研究．城乡一体化与首都“十二五”发展——2012首都论坛文集，2012，11：175－184.
[12] 王兵．基于利益主体的农村居民点整理决策机制研究．保定：河北农业大学，2012.
[13] 李盼盼．基于农民视角下的农村居民点整理研究．重庆：西南大学，2012.
[14] 高小琛．农村居民点整理分区及基于农民意愿的整理模式研究．兰州：西北师范大学，2012.

第七章　良田工程的科技基础条件平台

第一节　国土资源部农用地质量与监控重点实验室建设现状与发展规划

摘　要：重点实验室的建设与发展是实施科技创新发展战略的重要组成部分。获批建设以来，国土资源部农用地质量与监控重点实验室基于10多年的全国农用地质量分等实践，立足土地资源评价与监测研究前沿和国家需求，致力于实现农用地质量保护和管理的理论与技术创新，开展了卓有成效的实验室建设。本节在对实验室建设现状进行总结分析的基础上，提出了未来实验室的发展规划。

国土资源部农用地质量与监控重点实验室（以下简称农地质量重点实验室）是2012年5月经国土资源部批准同意，依托中国农业大学和国土资源部土地整治中心联合组建的科研平台。按照《国土资源部重点实验室建设与运行管理办法》，国土资源部重点实验室的建设期限一般不超过三年，建设期满后应向主管部门申请验收。农地质量重点实验室的建设期即将满两年，总结分析近两年的建设工作对于下一步更好地推进实验室的建设和发展很有必要。

一、重点实验室建设现状

2012年5月，按照《国土资源“十二五”科学和技术发展规划》，为促进部级重点实验室学科布局更加合理，国土资源部批准同意建设第三批部级重点实验室，农地质量重点实验室是46个获批建设的重点实验室之一。

农地质量重点实验室以土地资源评价与监测研究为核心，以服务于农用地质量管理、利用和保护，提高农用地综合生产能力，保障国家粮食安全为目标，立足学科前沿和国家需求，针对我国现实农用地质量评价与监控中所面临的问题，致力于实现农用地质量保护和管理的理论和技术创新，为全国农用地产能的持续提升提供理论依据和技术支撑。

本节由张清春，郧文聚编写。

作者简介：张清春（1973—），男，山东，硕士，国土资源部土地整治中心高级工程师。主要从事土地评价方面的研究。

（一）基础条件

按照《国土资源部重点实验室建设与运行管理办法》，农地质量重点实验室充分利用依托单位中国农业大学和国土资源部土地整治中心现有条件，从科研场所、仪器设备、科研基地等方面整合资源，拓展空间，提升实验室基础保障能力。

在依托单位的支持下，目前实验室用房面积约 4 000 m^2，可共享专业实验室 43 个。其中包括土壤物理过程实验室、土地质量指标诊断实验室等自有专业实验室 9 个，基础测试中心 1 个，数据处理室 4 个，建筑面积约 2 600 m^2。拥有农用地质量监测分析所必需的各类仪器设备。其中，用于耕地质量鉴定分析的仪器设备有：PE3000DV 型 ICP、PE－2100B 型 AAS、连续流动分析仪 TRAACS－2000、田间环境气体自动采集仪、环境气体风洞采集器等大型仪器设备 45 台件。用于农用地质量监测与分析的仪器、设备、软件有：高性能并行计算空间信息处理系统，图形图像工作站，高精度全站仪，动态、静态 GPS 等硬件设备；ERDAS、ENVI、PCI 和 eCognition 等遥感图像处理与分析软件，多节点 ARCGIS、MapGIS、SuperMap 等地理信息系统软件，MCA 面阵多光谱相机以及常用的土地利用管理信息系统，并建立了“现代农业空间信息技术”研究生公共教学开放实验室等。

另外，2013 年 8 月，农地质量重点实验室被国土资源部命名为“耕地保护科学与技术”科研实验类科普基地，依托单位已建成的河北曲周实验站、山东桓台实验站、北京上庄实验站、内蒙古武川实验站可为实验室开展野外定位监测研究提供保障条件。

（二）组织机构

按照依托单位的组成部门来界定，农地质量重点实验室由 2 个专业学院、1 个研究中心和 1 个专业处室构成。包括中国农业大学资源与环境学院、信息与电气工程学院、中国农业大学土地利用与管理研究中心、国土资源部土地整治中心土地评价处。按照实验室内部研究单元来说，农地质量重点实验室设立 5 个研究单元，分别是农用地质量因素与过程、农用地多功能诊断与评价、农用地质量调查与监测、农用地质量与产能提升、基本农田质量保护与管理。

农地质量重点实验室实行学术委员会指导下的主任负责制，设主任 1 名，副主任 3 名。主任对实验室科学研究、学术交流、专职人员聘任、研究生教育、成果推广、国际合作、资产管理、行政后勤、安全卫生等实行全面统一管理。实验室内一切重大事宜均须经实验室主任或主管副主任同意方可实施。

农地质量重点实验室学术委员会由 11 位知名专家组成，由石玉林院士担任学术委员会主任。学术委员会是实验室的学术决策机构和评审机构，其主要职责是确定实验室的发展目标、学术研究方向和研究任务等。

农地质量重点实验室设专职办公室，负责实验室日常行政管理事务和档案资料、学术委员会的会议记录，上级文件、上报资料、开放课题申请表、仪器清单、课题成果档案管理等，承担客座人员工作情况登记、实验室年报编辑及日常文字处理等实验室日常工作。

（三）工作基础与科研成果

自批准建设以来，农地质量重点实验室立足土地资源评价与监测前沿和国家需求，承担了国家“973”、国家科技支撑、国家自然科学基金、国家“863”、国土资源公益性行业科研专项、国际合作等各级各类项目近百项，发表论文百余篇，获国家科技进步二等奖 1 项，国土资源部一等奖 1 项，北京市科技进步奖励 2 项，省部级二等奖 9 项；同时，依托单位近 10 年来的科研积累也为农地质量重点实验室提供了坚实的工作基础，形成了一批以全国耕地质量等级调查与评定成果为代表的能够对国家现实需求形成重要支撑科技成果。

农地质量重点实验室代表性研究成果——全国耕地质量等级调查与评定成果（图 7－1）第一次全面查清了我国耕地质量等级及其分布状况，实现了全国耕地质量等级的统一可比，形成了《农用地质量分等规程》（GB28407—2012）、《农用地定级规程》（GB28405—2012）、《农用地估价规程》（GB28406—2012）、《中国耕地质量等级调查与评定》系列丛书、1∶450 万中国耕地质量等别图、1∶50 万全国耕地质量等别数据库，以及标准样地等主要成果。

二、影响重点实验室建设与发展的因素分析

重点实验室的建设与发展一方面受实验室作为科研平台性质的影响，另一方面实验室的学科、部门和层次属性也对实验室的建设和发展至关重要。作为国土资源部的重点实验室，农地质量重点实验室的建设与发展主要受以下几个方面因素的影响。

一是建立规范高效的运行机制是推动实验室建设和发展的内生力量。实验室作为一个相对独立的科研平台，其建设和发展需要建立适合实验室依托单位和实验室自身特点的运行机制，特别是依托两家单位共建的实验室，更是需要建立一套有制度保障的运行机制，持续地规范实验室成员的行为，有效地调动实验室内外人员参与实验室建设的积极性，形成推动实验室建设和发展的合力。

二是学科带头人对实验室的学术环境和科研能力建设非常关键。学术造诣深、治学严谨、具有创新思想和科学管理能力的学术带头人是实验室建设和发展的核心力量，直接影响到实验室的研究方向发展、研究内容拓展深化及相关学科的建设。农地质量重点实验室设立 5 个研究方向，每个研究方向的发展都需要重量级学科带头人的学术引领和统筹管理。

三是团队建设是发挥实验室整体功能提升实验室整体影响力的重要基础。组建一支年龄、学历结构合理的科研梯队是实验室持续发展的必要条件，特别是年轻科研力量的挖掘和培养是关系实验室持续发展的重要课题。农地质量重点实验室 5 个研究方向都需要根据研究方向的发展定位，相对独立地选聘和组建各研究方向的研究团队。实验室一方面要让学术带头人、接班人等承担重要科研任务，另一方面创

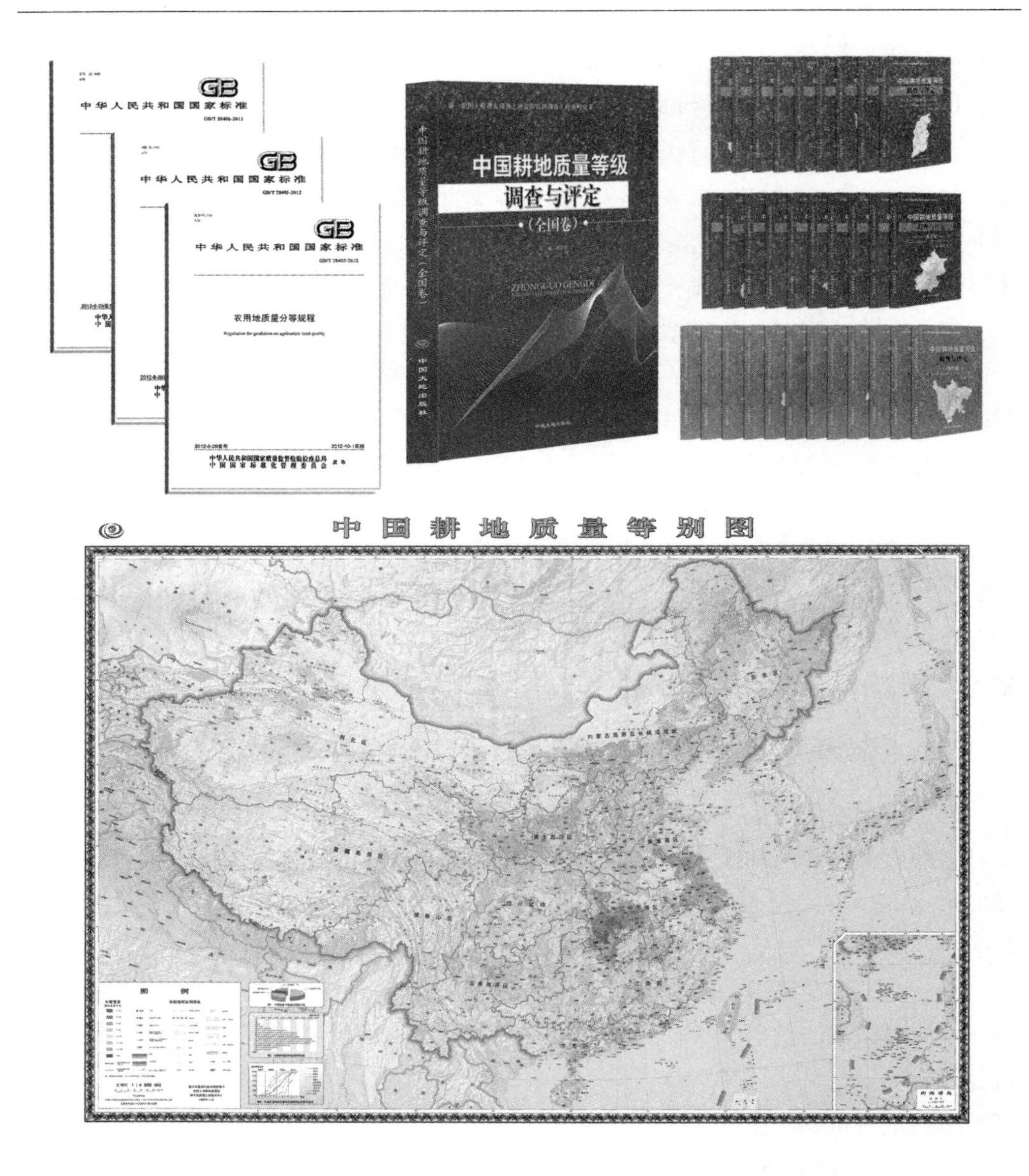

图 7－1　全国耕地质量等级调查与评定成果

造条件，整合资源、疏通渠道，大力推荐年轻科研人员争取和负责各级各类研究课题，努力营造浓厚的学术氛围和宽松的创新环境。

四是主管部门和业务相关部门的关心支持是获取实验室建设发展经费的重要保障。重点实验室的创建与发展，离不开主管部门的关心与支持。首先，重点实验室的创建必须经过主管部门的批准；其次，实验室在建设过程中，需要主管部门的指导和经费上的支持；最后，业务相关部门的业务需求对于实验室找准研究和发展方向、发挥支撑和引领作用非常重要。农地质量重点实验室从批准创建、科研项目申请到日常工作的开展都得到了国土资源部科技与国际合作司、土地利用管理司和耕地保护司的关心与支持。

三、重点实验室建设和发展规划

（一）发展定位与研究方向

农地质量重点实验室瞄准国际前沿，以服务于农用地质量管理、利用和保护，提高农用地综合生产能力，保障国家粮食安全为目标，紧密结合农用地质量评价与监测研究的新进展，通过研究农用地质量演变过程与形成机理，集成和示范不同类型区耕地质量监测的关键技术和主要措施，监测农用地质量动态变化，实现农用地质量保护和管理的理论和技术创新，为全国耕地产能的持续提升提供理论依据和技术支撑。

农用地质量因素与过程：通过开展农用地质量形成过程、演变规律及其驱动因素的应用基础研究，为寻求应对全球变化的农用地质量保护方案和措施，为建立农用地质量全面、高效、持续提升的长效机制，提供关键理论支撑。

农用地质量调查与监测：为建立固定点传感器、野外现场调查、航空遥感、航天遥感一体化，县级到国家级，农用地质量要素、质量指标到质量等级的农用地质量调查与监测技术体系，提供基础理论、技术方法和技术产品支撑。

农用地多功能诊断与评价：农用地往往是耕地、园地、林地、草地以及水域毗邻而形成自然与人工相得益彰的独特土地利用景观与格局，兼有生产与生态、经济与健康等多功能性。本研究方向旨在探索各类传统因素和非传统因素造成的农用地质量与功能变化及其机理，研制相关诊断评价技术和产品，为实现农用地多功能性提供基础理论和技术支撑。

农用地质量与产能提升：以土地－人口－粮食安全－生态安全为主线，开展农用地质量与理论产能、现实生产力、人口承载力和产能安全保障等方面的基础和应用基础研究。

基本农田质量保护与管理：围绕高标准基本农田建设，集成应用以上各方向的理论、技术和产品，形成基本农田质量保护与管理技术模式。

（二）发展目标

通过实验室建设和发展，在基础研究和应用基础研究上，注重创新，重点突破，使所在学科整体的发展水平保持国内领先水平，并在农用地质量演替、农用地质量监测方法、农用地多功能诊断与评价等方面达到国际先进水平。建立一支精干、高效的科技队伍，培养出一批优秀学术（技术）带头人，使实验室逐步成为本领域的人才中心，具有承担国家、省重点科研任务的能力；建立结构合理、学科互补的研究队伍，充分发挥科研与生产单位结合和多学科联合的优势，实行多学科的有机协调，将农地质量重点实验室建设成为我国土地资源管理学科高水平专业人才的培养基地，具备承担国家重大科研任务，进行重大国际合作研究的实力。

（三）建设与发展规划

围绕农地质量重点实验室建设与发展定位和目标，针对当前土地资源评价与监测领域存在的科技问题和需求，农地质量重点实验室以研究方向为单元，分别提出了以下近期的研究规划。

1. 研究方向一：农用地质量因素与过程

近期研究目标是通过开展农用地质量形成过程、形成因素及其时空分布、演变规律及其驱动因素的应用基础研究，探索关键过程定量化模型与尺度效应，界定多尺度下农用地质量的内涵与外延，为建立农用地质量全面、高效、持续提升的长效机制，提供关键理论支撑。

近期将以耕地及其生产力为重点，兼顾耕地多功能，研究重点有以下几个方面（图 7 –2）。

（1）关键地学要素的物理、化学和生物过程的相互作用及其与作物生产力耦合机制，实现过程定量化。

（2）关键要素的时间变化趋势与空间分布规律，研究关键指标和等级变化的空间尺度转换。

（3）研究耕地质量要素的综合方法，包括分等定级的评价方法与农田生产力模型。

（4）全球气候变化与土地流转新形势下的耕地质量演变趋势。

（5）中低等耕地质量形成过程与关键技术。

（6）高等别耕地的高产高效与质量定向培育关键技术。研究框架见图 7 –2。

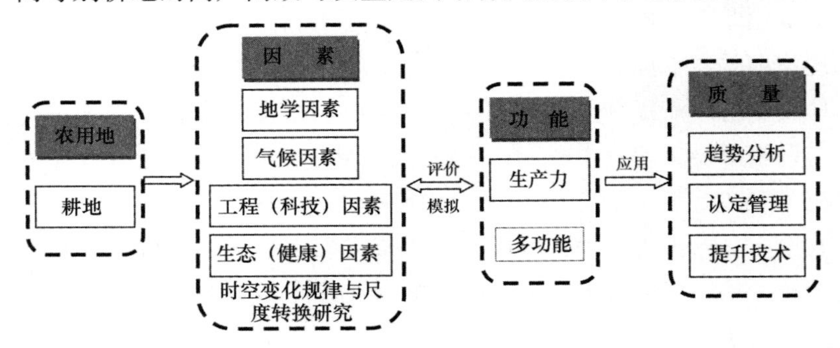

图 7 –2　近期耕地质量因素与过程研究框架

2. 研究方向二：农用地多功能诊断与评价

近期研究目标是探索不同类型区农用地质量退化与农用地功能变化的机制，提出分区域的农用地质量提升的理论与技术方法。

近期研究重点包括：农用地多功能性评价指标和评价技术平台；基于多尺度的农用地等级变化野外监测，建立农用地多功能诊断理论与方法，实现对农用地功能变化信息的快速识别和预警；研究农用地质量退化、功能受阻的机制与防治理论方法；研究农用地障碍因子消减、质量提升与功能重建的理论和方法。

3. 研究方向三：农用地质量调查与监测

近期研究目标是通过研究不同尺度下影响农用地质量因素的感知与度量方法，创新农用地质量调查与监测手段；研究多尺度数据的转换与融合方法，探索星（遥感）地一体化、多尺度农用地质量动态监测技术体系。

近期研究重点包括：感知与度量方法研究与设备研发；多源多尺度数据转换与融合方法研究；星地一体化调查方法探索。

4. 研究方向四：农用地质量与产能提升

近期研究目标是以土地－人口－粮食安全－生态安全为主线，开展农用地质量与理论产能、现实生产力、人口承载力和产能安全保障等方面的理论和应用基础研究。

近期研究重点包括：高标准基本农田差异化产能标准及其实现途径研究；区域农田质量与整治程度评价；多功能农业用地整治理论与关键技术；不同尺度农用地质量与现代农业服务能力建设；规模化经营农地质量整治技术与示范；粮食主产区破碎化土地整治与质量提升技术；不同障碍型农用地整治技术与模式。

5. 研究方向五：基本农田保护与管理

近期研究目标是国家耕地质量管理政策基础研究；耕地保护/质量提升的经济机制研究。

近期研究重点包括：耕地及基本农田保护的经济补偿机制；农用地经营方式与耕地质量（产能）的关系；耕地质量保护/提升/管理的立法研究；农村土地制度与耕地质量及保护研究；土地质量管理立法研究。

参考文献

[1]　贺赛龙. 重点实验室建设与发展研究. 宁波大学学报（教育科学版），2004，3.

[2]　国土资源部重点实验室（野外科学观测研究基地）通讯. 国土资源部农用地质量与监控重点实验室专刊. 2013.

[3]　由长延，等. 国家级实验室创新问题探析. 实验技术与管理，1999，16（2）：8－11.

[4]　章荣德，秦发兰，袁德军，等. 加强国家重点实验室建设促进学科发展. 实验室研究与探索，2000（1）.

[5]　陈晓峰. 关于重点实验室的管理. 科技管理研究，1998（6）.

[6]　杨伯苗. 省级重点实验室建设问题的探讨. 实验技术与管理，1998，15（1）：9.

[7]　管国华. 走持续发展的重点实验室建设之路. 交通医学，2002，6（6）.

第二节　国土资源部农用地质量与监控重点实验室“耕地保护科学与技术”科普基地介绍

2013 年 8 月，根据《国土资源部关于命名第三批国土资源科普基地的通知》

（国土资发〔2013〕90 号），国土资源部农用地质量与监控重点实验室被命名为科研实验类国土资源科普基地（以下简称耕地保护科普基地），重点宣传普及耕地保护方面的科技知识，依托单位为中国农业大学和国土资源部土地整治中心。

一、科普基地基本条件

（一）耕地保护科技创新成果为开展科普工作提供了丰富的科普内容

作为耕地保护科普基地的依托单位，中国农业大学和国土资源部土地整治中心在耕地保护领域具有悠久的科技创新历史和丰厚的科技成果储备，这些创新成果为耕地保护科普基地开展科普工作创造了有利的基础条件。

1. 依托单位是我国耕地保护与建设科技创新的重要基地之一

李连捷院士作为新中国第一代科学家，开创了我国土地资源科学研究的先河，奠定了当代耕地保护科技创新的理论基础，培养并造就了新中国耕地保护科技人才队伍。以石元春、辛德惠院士、林培教授为代表的第二代科学家会战黄淮海，在创新耕地保护与建设科技，提高黄淮海地区耕地综合生产能力方面取得了突出成绩，获得了国家科技进步特等奖，被誉为农业科技领域的“两弹一星”。张凤荣、郝晋珉、李保国等新一代科学家是当今我国耕地资源与环境科技领域的领军人物。

2. 依托单位是我国耕地保护先进理念的重要思想库之一

石元春院士、林培教授在我国率先创建了以资源环境为特色的土地资源科学系，林培教授编著了我国第一本《土地资源学》，林培教授是系统研究我国基本农田保护理论的先驱；张凤荣教授编著了我国第一本《土地保护学》，阐述了土地退化防治与耕地质量提升的理论与技术，提出了耕地多功能的系统保护观；郝晋珉教授编著了我国第一本《土地利用控制学》，提出了耕地质量具有动态性的科学观点；已故的朱德举教授编著了我国第一本《中国耕地保护》，系统地阐述了我国耕地国情和耕地保护的理论与技术。

3. 依托单位在耕地保护领域取得大量标志性科技成果

“大都市区耕地多功能保护理论与技术集成研究”和“全国耕地质量等级调查与评定”分别获 2010 年度和 2012 年度国土资源科学技术奖一等奖，“重庆市农用地分等定级与估价研究”和“国土资源可持续发展指标体系研究”分别获 2006 年度和 2007 年度国土资源科学技术奖二等奖；在耕地保护相关领域出版专著 17 部，发表论文 300 余篇，其中 SCI/EI/CSSCI 文章 100 多篇，完成的《农用地质量分等规程》、《农用地定级规程》、《农用地估价规程》是我国耕地保护领域目前仅有的三个国标。同时，依托单位还是支撑我国基本农田保护、土地整治、占补平衡、耕地保护责任目标考核、耕地质量动态监管服务的主要技术力量。

4. 依托单位共建的部级重点实验室是耕地保护科技创新的重要平台之一

国土资源部农用地质量与监控重点实验室是 2012 年经国土资源部批准建设的部

级重点实验室。实验室是整合了中国农业大学多个学院、多个野外科研基地的耕地保护研究力量，并联合国土资源部土地整治中心耕地保护专家而组建，是基于我国耕地保护研究骨干力量和技术网络的跨学院、跨学科的协同创新实验室。

（二）硬件设施为开展科普工作提供了优越的开放参观条件

1. 耕地保护科普基地拥有现代化的实验室，配备有先进的大型设备及仪器

基地拥有土地质量分析实验室、土地规划实验室、土地利用信息技术实验室、常规分析实验室、仪器分析实验室等众多耕地保护科学研究相关的实验室，建筑面积超过 4 000 m^2；拥有用于常规分析、精密分析的各类仪器 200 余套，拥有用于遥感图像处理、地理信息空间分析所需的计算机、图形工作站等 400 余台。

2. 耕地保护科普基地拥有基础设施完善的大型野外实验站

拥有北京上庄实验站、河北涿州实验站、河北曲周实验站、山东桓台实验站、内蒙古武川实验站、吉林梨树实验站、黑龙江建三江实验站共 7 个野外实验站，建设有玻璃温室、塑料大棚、泵站、沟渠等农业设施，宿舍、餐厅等生活设施，以及标准化实验室、工程技术中心等科研设施，为研究人员开展耕地保护科学研究的野外监测定位实验提供保证。

例如，上庄实验站，占地面积 1 000 亩，拥有在建及建成的大型玻璃温室 4 座，拥有自动化气象站 2 座，拥有标准化实验室 4 个，可同时提供 200 余人住宿、400 余人就餐，是科教设施齐全的科技创新平台、展示农业科技成果和推广农业技术的交流平台。

3. 耕地保护科普基地有良好的开放和参观条件

在校园内、北京市内外有多个安全、可靠、方便的开放区域、开放组团，可为公众提供集知识性、趣味性为一体的参观体验场所。

（1）北京地区 5 个开放点

耕地保护科普基地在北京地区有 5 个开放点，其中中国农业大学西校区 3 个开放点，东校区和国土资源部土地整治中心各 1 个开放点。

开放区域 1：中国农业大学西校区

中国农业大学西校区共有资源与环境楼、土壤与化学楼、植物生产类教学中心 3 个开放点，具有生态实验室、土地变化与可持续利用实验室、人地环境遥感实验室、植物生产教学与参观体验场、土地质量分析实验室、土地整治与景观规划实验室、土地信息技术实验室、土地政策分析实验室、土地规划实验室、土壤－水相互作用实验室、土壤样本室、气象实验室、土壤样本处理室、土壤化学测试实验室、土壤环境分析实验室等开放参观体验场所。

开放区域 2：中国农业大学东校区

中国农业大学东校区共有信息与电气工程学院 1 个开放点，向公众展示耕地保护领域信息化技术成果。具有现代精细化农业集成系统集成研究重点实验室、中国

农业大学虚拟现实技术研究所、中国农业大学土地调查信息技术中心、遥感与地理信息技术研究所、智能系统研究所、中国农业大学精细化农业研究中心、传感器与检查技术研究所可供开放参观。

开放区域3：国土资源部土地整治中心

国土资源部土地整治中心是展示我国耕地质量等级评定成果、土地整治成果、耕地占补平衡成果等耕地保护科学与建设重要成果的场所之一，可通过触摸查询系统、专家讲解、展板等方式，将这些耕地保护科学与建设成果以及先进的耕地保护的理念向公众进行科学普及。

（2）有4个京郊、京外野外基地开放组团

耕地保护科普基地拥有4个野外基地开放组团，分别为由北京海淀区上庄实验站和河北涿州实验站组成的都市农业区耕地保护野外基地开放组团；由黑龙江建三江实验站和吉林梨树实验站组成的现代农业区耕地保护野外基地开放组团；由河北曲周实验站和山东桓台实验站组成的传统农业区耕地保护野外基地开放组团；由内蒙古武川实验站和乌兰察布实验站组成的生态脆弱区耕地保护野外基地开放组团。

都市农区耕地保护野外基地组团：北京上庄实验站、河北涿州实验站是中国农业大学现代农业高新技术示范区。图示为河北涿州实验站举办创意农业特色蔬菜采摘节，基地安排服务人员进行现场讲解，吸引了来自北京、河北涿州等地的近百人参观。

生态脆弱区耕地保护野外基地组团：内蒙古武川实验站、内蒙古乌兰察布实验站。

内蒙古武川实验站地处阴山北麓农牧交错带，建筑面积2×10^4 m^2，拥有5个研究室和面积1 400 m^2 的现代化实验室，大型仪器20多套。

现代农业区耕地保护野外基地组团：吉林梨树实验站、黑龙江建三江实验站。

黑龙江建三江实验站，是为探索现代农业发展模式而建立的国内一流、国际知名的现代农业综合研究实验站。

传统农区耕地保护野外基地组团：河北曲周实验站、山东桓台实验站。

河北曲周实验站的科学家，为我国盐碱地的改良做出了突出贡献，现在正在进行“二次创业”，为黄淮海平原传统农区农业转型献计献策。

（3）具有能让公众实际参与的演示设备和仪器设备

耕地保护科普基地拥有能让公众参与的演示设备和仪器设备，有恒温箱、土钻等土壤分析与检测类仪器和设备200余套，可供公众实际操作取土样、测定土壤的容重、质地、含水量等理化性质；拥有气压观测仪、地温计、日照计等气象观测类仪器100余套，可供公众测量气温、地温、湿度、辐射强度等；拥有GPS、全站仪等测量仪器50余套，可供公众用于测量坐标、面积等；拥有触摸查询系统10套，可供公众查询我国耕地质量及标准样地数据。

4. 具有开展科普宣传的网站和网页

耕地保护科普基地建设有介绍各实践基地整体情况以及宣传耕地保护知识的网

站 10 余个。包括中国农业数字化博物馆土壤分馆、8 个野外实践基地网站、资源与环境大实习网页等。网站能根据科普实施情况进行同步更新；网站均开设有读者服务热线或论坛。

二、经常性科普活动和代表性科普成果

（一）典型科普活动

近 5 年来，依托单位举办各类耕地保护科普宣传活动 400 余期，受众达 2 万余人。

一是结合“世界地球日”、“全国土地日”、“世界水日”、“国际气象日”、“全国科普日”、“世界环境日”等，每年举办论坛、讲座、对话、街头宣传等主题活动，开展有关耕地保护与建设的科普宣传活动。

为纪念第 22 个全国“土地日”，2012 年 6 月，联合中国摄影家协会主办了以“开展土地整治、建设美好家园”为主题的“首届农村土地整治摄影大展”。旨在借助摄影艺术手段，大力宣传以建设促保护，开展土地整治，提升耕地质量的功能、作用及成效，得到了社会各界的广泛关注和积极参与，从而增强了公众对耕地的保护意识。

首届农村土地整治摄影大展自征稿之日起共收到摄影作品 44 466 件，面向公众进行了为期 10 天的展览，优秀作品编辑为《大地飞歌》图集，由民族摄影艺术出版社出版并公开发行。

二是作为经常性活动，依托单位每月至少举办 2 场学术讲座，邀请相关专家、学者、基层耕地保护工作者、媒体记者等，就耕地保护工作进行开放式的研讨交流。每季度至少举办 1 场大型学术报告会，邀请耕地保护科学研究学者、耕地保护一线工作者等，就耕地保护科学技术前沿动态和耕地保护中的热点问题进行深入研讨和交流，研究动态和名家观点在《中国国土资源报》、《中国土地》等领域内有影响的报纸、期刊发表刊登。

三是自 2004 年以来，每年举办一次“资源与环境综合考察”暨“感受耕地、珍惜耕地、保护耕地”夏令营活动，使参与其中的大学学子及中小学青少年在活动中深刻认知耕地、切身体验耕地，并切实建立珍惜耕地和保护耕地的意识。

除上述常规性活动之外，还举办了以下 2 个重要的科普活动。

（1）“基础先行——国土资源调查与评价成果展”

2011 年 7 月在国家博物馆举办“基础先行——国土资源调查与评价成果展”，共展出了 17 余万字的文字介绍，600 多幅图片，上百组实物标本、模型、多媒体和动态图标等，并有专业的讲解员为广大群众介绍我国 12 年来的国土资源调查成果，同时为大家展示我国耕地质量等级分布情况，图文并茂、解说真切。李克强、张德江、王岐山等 9 位中央领导相继检阅。参观的广大群众认识到了耕地保护的重要性与急迫性，“基础先行”活动取得了很好的面向全国人民的科普效果。

（2）“农村土地整治万里行”

“农村土地整治万里行”活动历时一年，中央主流媒体记者先后赴 9 个省份进行采访，通过“送画下乡”、“入户调查”活动既普及了政策法规，也了解到了各方面的诉求。“农村土地整治万里行”活动取得了良好的科普宣传效果。

同时，活动中发行了一系列四个一百的科普百科全书，畅销全国，为今后的耕地保护科普工作奠定了基石。

（二）代表性科普成果

（1）朱德举，朱道林等编著《西部土地资源保护基本知识》，北京：中国大地出版社，2001。

（2）张凤荣编著《中国土情》，北京：开明出版社，2000。

（3）李保国等编著《绿色的根基》，济南：山东科学技术出版社，2001。

（4）国土资源部土地整治中心编《土地整治 100 问》，北京：地质出版社，2011。

（5）张凤荣，徐艳，张晋科等著《农用地分等的理论与实践》，北京：中国农业大学出版社，2010. 09。

（6）张凤荣，徐艳等著《土地整治的理论与实践》，北京：中国农业大学出版社。

（7）王世元主编《土地整治 100 例》，北京：地质出版社，2011。

（8）孙家海，严之尧，吴海洋主编《土地整治纪实 100 篇》，北京：地质出版社，2012。

（9）国土资源部土地整治中心，中国土地学会土地整理与复垦分会编《土地整治征文 100 篇》，北京：地质出版社，2011。

（10）国土资源部土地整治中心、中国农业大学编著《土地整治生态景观建设理论、方法和技术》，北京：中国农业大学出版社。

（11）国土资源部土地整治中心著《亿万少年手拉手，共同呵护饭碗田》。

（12）国土资源部土地整治中心著《农村土地整治万里行》，2012。

（13）国土资源部著《农用地分等定级估价》，2011。

（14）国土资源部土地整治中心《全国土地整治规划》，2012。

（15）朱道林，郧文聚编著《农用地定级估价理论与实践》，北京：地质出版社，2008。

（16）李保国教授担任顾问拍摄的电视片《数字化农业》，荣获 2002 年第八届“全国农业电影电视神农奖”科普类金奖。

三、五年发展规划

为切实提升耕地保护科普基地的科普水平和效果，促进科普基地持续、稳定发展，在未来 5 年将做好以下 7 个方面的工作。

（1）持续开展“五日一周”耕地保护科普活动，着力将“全国土地日”、“全国科普日”两个主题日科普活动打造成为耕地保护科普活动的精品。

充分利用“全国土地日”、“世界地球日”、“全国科普日”、“世界水日”、“世界气象日”和“科技活动周”（简称“五日一周”）等主题日活动，向大、中、小学生宣传耕地保护知识和理念。在做好“五日一周”科普活动基础上，集中力量，高水平、全方位地开展好“全国土地日”和“全国科普日”的科普宣传活动。

①把“全国土地日”打造为面向大学生的基地科普精品。

以中国农业大学学生、所在地周边中小学生、社区居民为主要受众对象，组织具有科普性质的知名学者专家讲座，耕地保护国情科普影视作品展映，大学生耕地保护摄影作品展等活动，把“全国土地日”打造为有影响力的科普活动精品。

②把“全国科普日”打造为面向中小学生和社会公众的科普精品。

以农大周边5所中小学部分班级学生及学生家长为受众，组织基地专家教授耕地知识科普讲座、基地实验室科学实验动手，上庄野外实验基地实地体验耕地保护征文等系列活动，让参与活动的中小学生切实做到“认知耕地、体验耕地，珍惜耕地，并参与到耕地保护行动中去”，从而把“全国科普日”打造为面向中小学生和社会公众的科普精品。

（2）将耕地保护科技教育活动与实践活动制度化。

当前基地耕地保护科普宣传主要是依托单位及其学生团体对长期科普传统的自然传承，缺乏机制和制度保障。今后5年应充分发挥国土资源部农用地质量与监控重点实验室专家教授的力量，引进学生团体干部，建立“耕地保护科普协会”，会长由“实验室”主任担任，协会成员由热衷于耕地保护科普宣传公益活动的知名教授和学生会、研究生会骨干力量组成。协会应将每年定期开展的“五日一周”科普活动制度化、长期化，并积极协助“实验室”每月组织一次具有科普性质的开放性学术讲座，每季度组织一次高水平的学术报告会，并积极组织协调社区和周边中小学生参与到基地组织的耕地保护夏令营、主题活动日等科普活动中。

（3）加强耕地保护科普志愿者团队建设与培训。

应该充分利用大学里本科生、研究生，特别是农业推广专业硕士研究生的力量，根据学生的专业基础和兴趣，通过志愿参加和集中培训方式，培养一批耕地保护志愿者队伍。具体可由“耕地保护科普协会”联系学生会、研究生会以及党、团组织，选拔一批耕地保护志愿者，利用业余时间学习耕地保护法律法规、科学用地、节约用地以及土地整治方面的科学知识。由“耕地保护科普协会”组织，发动志愿者队伍在主题活动日、节假日向同学以及当地青少年开展与耕地资源相关的法律法规、政策和基本知识宣传教育活动；主动向家人、亲戚及所在地的人民群众宣传耕地资源法律知识，影响并带动身边的人积极参与到耕地资源保护行动中来；参与各种形式的耕地资源知识宣讲及调研活动。

（4）加强科普基地、野外科研基地和科研活动所在地与社区、学校、机构的固定联系，有重点、有针对性地开展耕地保护科普活动。

在野外科研基地及其他长期性科研活动场所设置科普协会联络员，与基地所在社区、学校、机构建立长期、稳定的联系，针对受众特点，每年利用主题活动日及其他活动，进行有重点、有针对性的耕地保护与利用科普活动。

北京科普基地重点针对基地周边中小学，以中小学生为受众，开展认知耕地、体验耕地、通过丰富多彩的科普宣传活动，向中小学生普及耕地保护知识、增强中小学生耕地保护意识。京外科普基地则以“科技小院”等科普形式，定期向所在地的农民和社会公众宣传耕地保护的法律知识，普及合理利用耕地，提升耕地综合生产能力的科学知识。

今后5年将重点加强与中国农业大学周边5所中小学的固定联系。筹集资金，并把现有“科技小院”数量增加1倍，科普咨询次数增加1倍，科普图书发放数量和科普电影放映次数增加1倍。

（5）加强耕地保护科普理论与实践的研究，有计划地编撰出版科普作品。

今后5年应加强耕地保护科普理论与实践的研究，每年编撰耕地保护科普图书或宣传材料2~3套，制作耕地保护多媒体材料1~2套，并通过计算机网站等形式向大、中、小学生和社会公众免费发放。

科普作品主要包括两个方面：一是耕地保护法律、法规及典型案例，重在增强公众珍惜耕地和保护耕地的意识；二是向公众宣传关于土地整治、合理利用耕地的科学知识以及集约、高效、可持续利用耕地的科学知识。

（6）加强耕地保护科普能力建设，依托耕地质量监测网络平台，有计划地培训基层科普队伍。

今后5年应有效利用基地与现有耕地质量监测网络平台和业务沟通渠道，通过业务交流培训、网络学堂等多种形式，提高基层耕地质量监测队伍的业务素质，有计划地培训基层耕地保护科普队伍，从而加强耕地保护科普能力建设，扩大耕地保护科普的覆盖面。

利用研讨会、业务交流等多种形式，每年举行大型业务交流培训活动1~2次，并建立经常性的网络学堂。

（7）加强耕地保护科普活动的计划性，认真做好重要科普活动的策划与实施。

利用基地“耕地保护科普协会”平台，调动基地专家教授、学生团体等多方面力量，每年12月底前完成编制下年度耕地科普活动年度计划，落实活动方案。除经常性科普活动外，每年组织名家讲坛等高水平重大科普活动2~3次。

附录1　良田建设是富民安邦的基础

——访全国人大常委、致公党中央副主席杨邦杰

来源：中国经济网－《经济日报》

杨邦杰现任中国致公党中央副主席，全国人大常委、全国人大华侨委员会副主任，农业部规划设计研究院副院长、中国农业工程学会名誉理事长。长期关注中国农业发展与土地、生态等问题，在国际上率先解决了土壤斥水性的世界性难题，荣获农业部“有突出贡献专家”称号。

我国耕地呈现出“三少一差”的特点，即人均耕地少、优质耕地少、后备资源少、基础条件差。耕地质量总体不高必须加快改变农田基础薄弱现状，推进良田建设，面对日益严峻的耕地保护形势，加快建立耕地保护机制。

农业问题千头万绪，但根在土地。高标准基本农田建设是夯实农业现代化发展物质基础的重要举措。农业转型发展必须先行加强良田建设，高标准基本农田建设应该成为全社会和各部门的共同责任。

良田建设任务量大、牵涉面广，各地在建设过程中暴露出一些亟待解决的问题，主要是良田建设缺乏法律依据。目前推进土地整治立法的条件基本具备。

我国耕地资源有限，保障主要农产品供给的压力很大。因此，在现有耕地资源的前提下，提高土地质量就成为提高产出、保障供给的重要手段。

日前，为了切实了解我国耕地数量、质量、生态建设现状，探求农业转型背景下良田建设的内涵与外延，致公党中央与农业部、国土资源部、中国科学院、中国地质大学等部门的专家一起赴宁夏回族自治区进行了专题调研。围绕此次调研，记者采访了致公党中央副主席杨邦杰。

一、耕地“三少一差”亟须保护

记者：我国耕地的数量、质量、生态现状究竟如何？

杨邦杰：总体上看，我国耕地呈现出“三少一差”的特点，即人均耕地少、优质耕地少、后备资源少、基础条件差。就数量而言，虽然耕地资源总量能够排进世界前4，仅次于美国、俄罗斯和印度，但拿13亿多的总人口进行平均，我们是名副其实的“耕地资源小国”。截至2012年，我国人均耕地面积不足1.40亩，不到世界平均水平的40%。

就质量来说，我国耕地质量总体不高，根据国土资源部组织完成的全国农用地分等定级成果，优等地仅占全国耕地总面积的2.7%，高等地占30%，中、低等地占67.3%，中低产田仍然占了大多数。

从后备资源来看，受生态环境制约，宜耕后备土地资源日益匮乏，补充耕地能力有限，全国集中连片、具有一定规模的耕地后备资源目前大约8 000万亩，除东北和新疆部分地区外，大多分布在生态脆弱地区，补充耕地成本越来越高、难度也越来越大。特别是有的省份后备资源接近枯竭，通过大规模开发后备土地资源补充耕地的做法越来越难以为继。

从基础条件来看，我国农田地块形态比较破碎，全国现有耕地中，田坎、沟渠、田间道路占了大约13%。由于老化失修和功能退化，田间排灌设施陈旧、沟渠道路配套性差，全国农田有效灌溉面积8.98亿亩，仅占全部耕地面积的49.4%，耕地的基础条件与建立规模化、集约化和机械化现代农业生产体系的要求还存在较大差距，农业基础设施薄弱已成为我国实现农业现代化的明显短板。

此外，一些地区土壤污染严重，主要城市周边、部分交通主干道以及江河沿岸耕地的重金属与有机污染物严重超标等等。对此，我们应清醒地认识到，保障粮食安全对于加强耕地保护和建设的要求更加紧迫。

二、加快建立耕地保护机制

记者：这些年我们在良田建设上是如何考虑部署的?

杨邦杰：高标准农田建设意义重大。宏观地看，是保障国家粮食安全的需要。要在水土资源更加趋紧的条件下实现长期稳定产出、持续挖掘增产潜力的目标，必须加快改变农田基础薄弱现状，推进良田建设。这是提升农业科技应用水平和抗御自然灾害能力的需要，也是促进农业可持续发展的需要。通过良田建设，可有效增强土壤养分协调、蓄水纳墒能力，降低资源消耗，并为推广科学施肥、节水技术创造有利条件，对减轻农业面源污染，加快改善农业生态环境具有重要作用。这次我们在宁夏贺兰县立港镇兰光村看到，8 000亩有机稻蟹种养基地，完全不使用化肥、农药、除草剂，通过在稻田内挖沟养螃蟹，让水稻与螃蟹共生。

良田建设，是提高农业比较效益、促进农民增收的需要，有利于增产增收。改造后农田的粮食亩产年均至少增加70 kg，户均年增收约700多元。不仅如此，良田建设还有利于增加农民在当地的就业机会，提高农民整体收入水平。

因此，进入21世纪以来，面对日益严峻的耕地保护形势，国家在加快建立耕地保护机制方面进行了不懈探索。2001年到2010年间，全国建成旱涝保收高标准基本农田2亿亩，其中，仅“十一五”期间就建成1.6亿亩。2012年3月国务院批复的《全国土地整治规划（2011—2015年）》提出，2011—2015年再建成4亿亩旱涝保收高标准基本农田。目前由国家发展改革委员会正在牵头编制的《全国高标准农田建设总体规划（2011—2020年）》也提出，到2020年再建成8亿亩高标准农田。

三、宁夏土地整治成效明显

记者：宁夏在良田建设中的主要成效有哪些?

杨邦杰：2013年6月，我们调查组对宁夏回族自治区的4市9县进行了专题调研。宁夏近年来大力推进国土整治“三大工程”，区情区貌有了显著变化。所谓“三大工程”，就是中北部土地开发整理重大工程、中南部生态移民土地整治工程和高标准基本农田建设工程。通过“三大工程”，宁夏在以下几个方面取得了明显成效。

一是保障了耕地红线和粮食安全。通过土地整理，新增耕地64万亩，改造盐碱地9.2万亩，土地质量普遍提升1～2个等级，粮食亩均单产增加110 kg左右。

二是优化了农业产业结构。北部项目区的排水条件得到改善，中部项目区由旱地无灌溉改善为节水灌溉。

三是促进了农业节水和农民增收。通过推广节水灌溉技术，灌水时间节省一半，节水20%，老灌区总用水量减少约1/4；项目区农民人均年纯收入增加785元，亩均节约劳动力1.1个。

四是改善了区域生态环境。共治理沙漠5.6万亩，治理盐碱地9.2万亩，栽种各种树木298万株，初步形成了乔灌草结合的农田防护林体系，项目区80%的农田得到了保护。

四、先行加强良田建设

记者：宁夏经验的示范意义在哪里?

杨邦杰：宁夏在高标准基本农田建设中的主要做法：

一是注重顶层设计，建立政府主导的工作机制。在良田建设之初，宁夏回族自治区党委政府就成立了以政府主席为组长、两位副主席为副组长，15个相关厅局负责人为成员的领导小组，区国土资源厅将其作为全系统“一号工程”，专门成立国土开发整治管理局。

二是注重规划设计，保障工程建设的有序推进。区政府先后从发改、财政、水利、农业、移民等相关部门抽调40多位专家，高标准编制了相关规划，特别注重与农田水利建设、农业综合开发和生态移民工程等紧密结合。

三是注重工程管理，促进工程质量的全面提升。不仅层层建立了工程质量目标责任、健全了质量保证体系，加强督促检查和惩戒，而且严格工程竣工验收和资金管理。

四是注重廉政建设，构建防范风险的严密体系。通过建立风险防范机构、完善廉政制度、前移防控关口、统一招标平台、完善施工合同等措施，有效防范了腐败案件发生。

作为全国12个商品粮基地之一，宁夏高标准基本农田建设实践说明，农业问题千头万绪，但根在土地，高标准基本农田建设是夯实农业现代化发展物质基础的重要举措。它的示范意义很突出，就是农业转型发展必须先行加强良田建设；高标准基本农田建设应该成为全社会和各部门的共同责任，宁夏近些年形成的“政府主导、国土搭台、部门协作、群众参与”的工作机制，将单打独斗变为齐抓共管，值得向全国其他地区推广；高标准基本农田建设需要基层做好统筹、群众有效参与。

五、推进土地整治立法

记者：根据您的调研，我们应当如何解决良田建设中面临的问题？

杨邦杰：目前，包括宁夏在内的全国各地良田建设正在深入开展。但是，由于良田建设任务量大、牵涉面广，各地也在建设过程中暴露出一些亟待解决的问题。

首先是良田建设缺乏法律依据。良田建设是土地整治工作的重要内容，但是目前土地整治法制建设较为滞后。虽然良田建设在宁夏等一些地区由于政府一把手的关注得到相关部门的大力配合和广大群众的积极参与，因而顺利推进，但在有些地方却推进不力，主要原因之一就是缺乏相关的法律支撑。

其次是一些地方良田建设进度较慢。良田建设资金投入量大、涉及部门较多，在此过程中由于资金下达滞后、部门协调困难或权属调整纠纷等，往往造成一些地方良田建设工程工期较长，而且常常落后于施工进度。

再次是一些地方良田建设后期管护不够。一些地方在良田建设过程中存在“重建设，轻管护”现象，工程设施后期管护所有者缺位、管理责任不明确、管护资金无法落实等问题较为突出，有的竣工并移交项目的基础设备和设施遭到不同程度的破坏，影响了良田建设工程综合效益的充分发挥。

最后是专业机构队伍建设较为滞后。良田建设需要一批懂技术、善理财、会管理、掌握相关法律法规的综合型人才，但是目前各地在专业机构队伍建设方面很难达到相关的要求。

根据这些主要问题，我认为，我们应该有针对性地采取措施，比如加快推进立法工作。目前推进土地整治立法的条件基本具备，要在学习和借鉴国外有益的经验基础上，研究制定适合我国国情的《土地整治条例》。比如，建立健全工作机制，像宁夏那样，加快形成并健全完善“政府主导、国土搭台、部门协作、群众参与”的良田建设工作新机制。同时强化后期管护，提升队伍素质等等。

附录2　加快良田建设　促进农业转型

——宁夏高标准基本农田建设情况调研报告

加快良田建设、促进农业转型是当前确保国家粮食安全、加快经济转型发展的全局性和战略性重大问题。为切实贯彻中共十八大提出的“给农业留下更多良田”的战略部署，深入研究农业转型背景下高标准基本农田建设内涵拓展问题，全国人大常委、全国人大华侨委副主任、致公党中央副主席杨邦杰率“加快良田建设促进农业转型”联合调研组，于2013年6月17—21日，赴宁夏回族自治区4市9县进行了专题调研。

调研组重点了解了宁夏高标准基本农田建设情况、土地整治“三大工程”对自治区经济社会发展的支撑和促进作用、农业转型面临的突出问题等，实地察看了平罗县庙庙湖中南部生态移民土地开发项目、望洪镇中北部土地开发整理重大工程项目、叶升镇高标准基本农田项目、立岗镇兰光村稻蟹立体种养有机稻示范基地等9个项目。通过座谈交流、实地调研和组内讨论，调研组深化了对当前高标准基本农田建设（良田建设）工作的认识，并对农业转型需要的配套政策进行了深入思考。现将有关情况报告如下。

一、没有良田建设，就没有现代农业发展

民以食为天、食以地为本，粮食生产离不开耕地。基本农田是耕地中的精华，是为实现粮食基本自给目标所设置的安全底线，是我们的“饭碗田”、“保命田”，承担着我国粮食生产任务的绝大部分。20年来，通过设立基本农田保护区、稳定基本农田面积，加大对基本农田的投入，稳定和提高了粮食生产能力，为粮食稳产增产奠定了基础。

在此基础上，我国近几年又提出了高标准基本农田的概念，即一定时期内，通过农村土地整治形成的集中连片、设施配套、高产稳产、生态良好、抗灾能力强、与现代农业生产和经营方式相适应的基本农田，包括经过整治后达标的原有基本农田和新划定的基本农田。2012年3月16日，国务院正式批复的《全国土地整治规划（2011—2015年）》提出，到2015年再建成4亿亩旱涝保收高标准基本农田。建设高标准基本农田，是提高耕地综合生产能力、保障国家粮食安全、发展现代农业、促进农民增收、推进生态文明建设的迫切要求，对实现国民经济又好又快发展具有十分重要意义。

（一）建设高标准基本农田是稳定提高农业综合生产能力，保障国家粮食安全的需要

2020年我国人口总量将达到14.5亿人左右，较目前增加近1.2亿人；同时，

大量农村人口逐步转为城镇人口，居民收入水平稳步提升，消费结构升级日趋加快，使粮食等主要农产品需求压力日益加大。要在水土资源更加趋紧、农村劳力结构深刻变化、农业生产经营方式加快转变、农业发展更多依靠科技进步和现代物质装备条件下，实现长期稳定产出能力、持续挖掘增产潜力的目标，当务之急是加快改变农田基础薄弱的现状，推进高标准基本农田建设。据测算，高产田可在稳定现有粮食产量水平的基础上增产 5% ~10%，中产田增产 15% ~25%，低产田增产 25%以上。

（二）建设高标准基本农田是加快发展现代农业，提升农业科技应用水平和抵御自然灾害能力的需要

规模化种植、标准化生产、农机化作业、精细化管理和科技普及应用是现代农业的重要标志。加强高标准基本农田建设，实现农田“土肥沃、地平整、旱能灌、涝能排、路相通、林成网”，既显著增强了农田防灾减灾、抵御自然风险的能力，也便捷了农机作业，能充分发挥农机抢农时、保季节、省劳力、降损耗的作用，大幅度提高生产效率；更为良种良法配套、农机农艺融合、病虫害统防统治等集成技术普及应用，土地流转和适度规模经营有序推进创造条件，有利于全面提高种植业生产的集约化、标准化、机械化、信息化水平，促进农业生产方式转变，加快建设现代农业。

（三）建设高标准基本农田是促进农业可持续发展，推进生态文明建设的需要

目前，我国农业经营方式粗放，粮食生产仍以传统小户分散经营为主，不合理利用资源现象较为严重，利用效率总体低下。我国人均水资源不足世界平均水平的1/4，农田渠系利用系数只有 50%，1 m^3 水的粮食综合产出率不足 1 kg，仅为世界平均水平的一半；亩均肥料用量达到 21. 2 kg，是美国的 3 倍、欧盟的 2. 5 倍，肥料平均利用率在 30% 左右，较发达国家低了近 20 个百分点。长期不合理地施肥已经成为危害生态环境和影响农产品质量的重要因素。通过建设高标准基本农田，可有效增强土壤养分协调、蓄水纳墒能力，降低资源消耗，并为推广科学施肥、节水技术创造有利条件，对于减轻农业面源污染，加快改善农业生态环境具有重要作用。

（四）建设高标准基本农田是提高农业比较效益，促进农民增收的需要

近年来，尽管农民收入增长较快，但在人均耕地仅有 1. 37 亩、生产成本不断提高的情况下，种粮比较效益始终偏低，农民从事种植业生产的收入增加非常有限。从“十一五”时期的建设实践看，加快推进高标准基本农田建设，有利于增产增收，改造后农田的粮食亩产年均至少增加 70 kg，按照户均 5 亩耕地计算，每户可增产 350 kg，年均增收约 700 多元。南方一些地区还可以多种一季作物，增加一季收入。加快推进高标准基本农田建设，有利于促进农民就业增收。农民通过投工投劳参与高标准基本农田建设，国家投资将有相当比例转化为参与施工者的现金收入，并可促进运输、机械设备制造、建筑建材等行业发展，增加农民在当地的就业机会，

提高农民的整体收入水平。

二、宁夏良田建设经验值得重视推广

（一）基本情况与成效

近年来，宁夏着力推进国土整治“三大工程”，即中北部土地开发整理重大工程、中南部生态移民土地整治工程和高标准基本农田建设工程。其中，宁夏中北部土地开发整理重大工程，总规模337.8万亩，总投资36.6亿元，目前已完成建设规模256万亩，占总任务的75.7%；生态移民土地整治工程，是贯彻自治区百万人口扶贫攻坚战略的重要内容，总规模85.35万亩，计划投资25亿元，解决35万生态移民的农业生产用地；高标准基本农田建设工程计划在2012年至2015年期间，结合宁夏中北部土地开发整理重大工程和生态移民土地整治工程，沿宁夏黄河和清水河流域建设高标准基本农田296万亩。

自宁夏国土整治“三大工程”实施以来，取得了明显成效：一是保障了耕地红线和粮食安全。通过土地整理，已新增耕地64万亩，改造盐碱地9.2万亩，土地质量普遍提升1～2个等级，粮食亩均单产增加110 kg左右。二是优化了农业产业结构。通过土地整理，北部项目区的排水条件得到改善，中部项目区由旱地无灌溉改善为节水灌溉，为发展设施农业、生态农业奠定了基础，提高了农业综合生产能力。三是促进了农业节水和农民增收。通过推广节水灌溉技术，灌水时间节省一半，节水20%，老灌区总用水量减少约1/4；项目区的农民人均年纯收入增加785元，亩均节约劳动力1.1个。四是改善了区域生态环境。通过土地整治，共整理沙漠5.6万亩，治理盐碱地9.2万亩，栽种各种树木298万株，初步形成了乔灌草结合的农田防护林体系，项目区80%的农田得到了保护。

（二）主要做法

1. 注重顶层设计，建立政府主导的工作机制

宁夏回族自治区党委政府对国土整治工作高度重视，在国土整治工程争取之初，就将其从国土部门行为上升为政府行为，成立了以政府主席为组长、两位副主席为副组长，15个相关厅局负责人为成员的土地整治领导小组。2013年，为确保完成任务，将国土整治工作与耕地保护责任目标、建设用地指标、项目安排等结合，加大了奖罚力度。国土资源厅作为领导小组办公室主要成员，将土地整治作为全系统的“一号工程”，专门成立了国土开发整治管理局，真正形成了政府主导、国土搭台、部门协作、群众参与的工作新机制。

2. 注重规划设计，保障工程建设的有序推进

区政府先后从发改、财政、水利、农业、移民等相关部门抽调40多位专家，集中精力，群策群力，高标准编制了《中北部土地开发整理重大工程项目总体规划》、《生态移民土地整治规划》和《高标准基本农田建设年度方案》。在规划编制过程

中，特别注重农村土地整治与农田水利建设、农业综合开发与生态移民工程紧密结合，从而使土地整治总体规划更能贴近宁夏实际，更有利于项目综合效益发挥。在设计方案时，充分征求项目区乡村组织和群众意见，通过县级初步评审后，由省级专家评审，再由领导小组主要成员单位行政审查后提交重大项目领导小组审定，努力使设计方案符合实际，科学合理。

3. 注重工程管理，促进工程质量的全面提升

一是层层建立工程质量目标责任，健全质量保证体系。在全区推行业主、监理、中介、社会舆论、当地群众和动态监测系统相结合的“六位一体”质量监督体制，聘请项目区村干部和群众担任质量监督员。

二是加强督促检查。利用无人机对项目区实施前、中、后的影像航空拍摄，随时掌握项目进展和工程质量情况，形成了“天上飞、图上查、实地测”的立体监管模式。自治区政府每年春秋季施工期间进行专项督查，加强对工程实施的指导。自治区领导小组办公室每月一次例行检查，市、县（区）也随时组织抽查，发现问题及时解决。

三是根据项目实施过程中发现的问题，加大对违规企业的处罚力度，2012 年至 2013 年，先后将一家拖欠农民工工资的企业和一家造成质量事故的施工企业列入了“黑名单”，取消其参与国土整治项目的资格；取消了一家违规招标代理机构从事国土整治项目的资格，取消了两个伪造业绩投标企业的中标资格。

四是严把工程竣工验收关。领导小组办公室及时制定验收计划，成立了验收督查组，举办了项目验收技术培训班，编制了《国土整治项目竣工验收技术手册》和《项目规划图及竣工图、单体设计图图件与数据要求》，引入专业中介机构参与项目的验收。坚持工程质量“一票否决”制，对未能通过验收的项目进行通报，督促指挥部及时整改，确保工程质量达到设计要求。

五是严格资金管理。按照项目资金管理办法，财政专户管理，资金拨付严格按照项目工程进度和实际完成的工程量支付。

4. 注重廉政建设，构建防范风险的严密体系

一是建立风险防范机构。成立了由纪委、检察、监察、国土、审计、财政等部门参加的重大项目监督办公室，加强对重大工作环节监督管理。

二是完善廉政制度。梳理了项目实施中容易产生职务犯罪和滋生腐败的环节和风险点，制定《重大项目监督管理办法》加以防范。

三是防控关口前移。将传统的事后监督转变为事前、事中监督，对工程计划审批、招标工作、工程变更、项目验收、资金管理等关键环节实行事前介入、重点监督、全程监控。

四是统一招标平台。将项目招投标全部集中到自治区公共交易平台进行，统一评标办法，监督办公室具体组织招投标，最大限度地减少外围干预，弱化了招投标环节中的人为影响。

五是完善施工合同。实行“合同双签制度”，在签订施工合同的同时，项目法人与各施工单位签订廉政协议书，建立廉政约束机制，有效地防范了腐败案件的发生。

三、收获和认识

宁夏良田建设的实践充分说明，农业问题千头万绪，但根在土地，良田建设是夯实农业现代化发展物质基础的重要举措。宁夏是全国12个商品粮基地之一，每年粮食的输出在 3×10^8 kg，辐射周边1 000 km的范围。实施土地整治工程，将有效地提升宁夏引黄灌区耕地的产能，使宁夏为区域性粮食安全做出更大的贡献。另据国土资源部测算，经整治建设而成的高标准基本农田质量平均提高了1个等级，粮食亩产增加100 kg以上，粮食安全保障能力明显增强。

（1）农业转型，良田建设要先行。宁夏实践充分说明，良田建设是加快农业先进科技和现代装备普及应用，促进农业发展方式转变，着力提高土地产出率、资源利用率和劳动生产率，稳步提升农业综合生产能力的重大举措；良田建设，充分发挥了宁夏作为西部省份的后发优势，沙漠农业、贺兰山酒廊、供港蔬菜基地等特色农业方能应运而生，“塞上江南”重新焕发生机。

（2）良田建设，是全社会和各部门的共同责任。宁夏“政府主导、群众参与、标准规范、常抓不懈”的土地整治模式，将单打独斗变为齐抓共管，乘数效应明显，值得向全国推广。土地整治不仅整的是农民的“田”，更整的是农民的“钱”。通过土地整治，不仅提高耕地质量，更重要的是增加种植收入、务工收入，促进社会和谐稳定。只有充分认识土地整治的关联性，土地整治才能体现更加深刻的政治意义、经济意义和社会意义。

（3）良田建设，需要基层做好统筹、群众有效参与。务实苦干，群众参与，是做好土地整治工作的内在动力。土地整治从规划到实施，每一个环节、每一项内容都需要高标准、严要求，需要务实的作风和苦干的精神。只有如此，土地整治工程才能成为优质工程、精品工程和示范工程。农民群众是工程建设的主体，必须充分调动和发挥其参与工程建设和质量监督的积极性和主动性。

四、建议

一是良田建设要作为全面建成小康社会的农村民生工程抓紧抓好。土地整治必须充分尊重农民意愿，坚持走“群众自愿、群众参与、群众受益”的群众路线，坚决做到群众“不同意不干，不乐意不办，不满意不完”，切实维护项目区域农民土地合法权益，提升生产生活水平。为此，要加快建立健全土地整治工作公众参与机制，特别是要进一步拓宽农民参与土地整治的渠道，搭建农民参与土地整治的平台，积极创造条件让土地整治项目涉及群众能够及时、合理地反映自己的需求和愿望，让相关农民参与土地整治项目实施的全过程，切实尊重群众意愿，反映群众诉求，把土地整治工作办成真正的“惠民工程”和“民心工程”。

二是良田建设要以高标准基本农田建设为主。我国中低产田占比约70%，受干旱、渍涝、酸化、盐碱等因素影响，产量低，经建设改造后增产的潜力大。占比30%的高产田基础条件较好，产量水平已经较高，增产潜力有限。因此，瞄准良田建设目标的高标准基本农田建设要立足改善或消除主要限制性因素、全面提升农田质量，有效开展土地平整、土壤改良、灌溉与排水、田间道路、农田防护与生态环境保持、农田输配电以及其他工程建设。

三是良田建设要加强高效利用和科学管护。针对当前一定程度上存在的良田建设“重建设、轻管护”现象，应着手建立建后管护的长效机制。要按照“高标准建设、高标准管护、高标准利用”要求，积极探索管护工作模式，从制度层面落实建后管护补助资金，对建成的良田要及时划入永久基本农田实行保护，确保良田长久发挥功效；建立动态监测系统，完善基础数据和档案资料管理，对建成后的良田、特别是集中连片良田实行跟踪监测；积极组织协调有关部门开展良田后续地力培肥和农业产业发展工作，不断提高耕地质量和土地利用水平，推进农业产业化发展，切实发挥良田在农业现代化发展中的基础平台作用。

四是良田建设要统筹考虑土地整治、增产增收和土地流转问题。土地整治是手段而不是目的，必须着眼保障国家粮食安全和推动农村深化改革等经济社会发展战略而进行部署和推进。针对目前国家粮食安全基础尚不稳固的现状，土地整治要从增加耕地数量、提高耕地质量，进而提升耕地综合产能出发，深入推进土地整治，加强良田建设；针对当前承包地块普遍较为细碎和不适合农业现代化发展需求的事实，土地整治要大力推进土地平整工程、着力配套农田基础设施，切实做好土地权属调整，为促进土地流转、推动农业适度规模经营创造条件，让良田在农业现代化发展中发挥更大作用。

五是农业生产关系应充分适应生产力的变化，在研究农村土地制度改革路径时充分考虑提高农业生产效率。农业作为中国现代化发展的薄弱环节，农业生产关系滞后生产力发展是主要原因所在。为了实现工业化、信息化、城镇化、农业现代化“四化”同步协调发展，必须适应农业现代化的发展需要，着力调整、重构和优化农业生产关系。针对当前农村土地管理已经滞后实践发展的现实，要进一步加大农地制度改革创新力度，切实发挥农地制度改革“红利”，推动农业生产效率逐步提高。土地整治是农地制度改革的理想平台，应立足于此深入推进土地产权管理、经营方式创新等农地制度的改革。

当前，我国正处在经济结构调整和发展方式转变的关键时期，面对部分产业产能过剩和国内需求总体不旺的现状，要进一步调整思路，统筹考虑稳增长、调结构和促改革，把农业和农村作为消解过剩产能和扩大消费需求的重要领域，不断提升农业物质技术装备水平，切实提高农业综合生产能力。宁夏的良田建设在这方面能够提供很好的参考和借鉴。